U0257139

国家社会科学基金西部项目“云南少数民族地区防灾减灾的理论和实践研究”
（项目编号：11XSH018）的成果

云南大学西南边疆少数民族研究中心文库·生态人类学研究系列

李永祥 著

云南少数民族地方性知识与灾害应对

Local Knowledge and Disaster Response of Ethnic Minorities in Yunnan

社会科学文献出版社
SOCIAL SCIENCES ACADEMIC PRESS(CHINA)

“云南大学西南边疆少数民族研究中心文库”编委会

秉承优良传统　创建一流学科

——“云南大学西南边疆少数民族研究中心文库”总序

作为教育部人文社会科学重点研究基地，云南大学西南边疆少数民族研究中心（以下简称“西边中心”）承担着建设中国西南边疆民族研究高地的任务和创建全国民族学一流学科的使命。自2001年以来，西边中心秉承云南大学的优良学术传统、依托本校民族学学科，按照“开放、合作、竞争、流动”的原则，整合校内社会学、法学等相关学术资源，会聚国内外研究力量，深耕中国西南研究并开拓东南亚研究，以深入细致的田野调查回应国内外学术前沿论题及国家和地方的重大战略，推动学科理论方法的创新、政策措施的完善、社会治理能力的提升和优秀文化的传承，引领云南大学相关学科和边疆院校民族学学科的发展。

为了让读者了解“云南大学西南边疆少数民族研究中心文库”的背景，现将云南大学民族学学科及其相关学科做一个简略介绍。

一　优良的学术传统

云南大学的民族学、人类学和社会学学科创建于20世纪30年代末。1938年，校长熊庆来聘请曾任清华大学社会学系主任的吴文藻教授来校工作。1939年，社会学系正式成立，吴文藻担任系主任。同时获得洛克菲勒基金资助，建立云南大学－燕京大学社会学实地调查工作站（因曾一度迁往昆明郊区呈贡县的魁星阁，故学界称之为“魁阁”）。吴文藻先生广延英才，先后会聚了费孝通、许烺光、陶云逵、史国衡、胡庆钧、王康、李有义、田汝康、谷苞等学者，组织一系列调查研究，产生了《云南三村》《祖荫下》《芒市边民的摆》《汉夷杂区经济》《昆厂劳工》《内地女工》等一系列实地研究成果。与此同时，在京师大学等北京高校和中央研究院历史语言研究所求学的云南籍纳西族学者方国瑜先生返回云南大学，创办西南文化研究室，编辑出版《西南边疆》杂志和“国立云南大学西南文化研究丛书”。以吴文藻先生为代表的结构－功能学派和以方国瑜先生为代表的中国历史学派会聚于此，建构起了既具中国特色又有全球视野的学科高地，奠定了云南大学社会学、民族学与人类学悠久而优秀的学术传统。

在中国民族学与人类学恢复重建过程中，云南大学于 1981 年获批中国民族史博士学位授权，成为全国最早招收博士研究生的机构之一；1987 年获批设立人类学本科专业，是中国率先恢复人类学专业的高校之一。

20 世纪 90 年代中期以来，云南大学的民族学实现了跨越式发展，先后获批教育部人文社会科学重点研究基地——云南大学西南边疆少数民族研究中心、国家级重点学科、一级学科博士授权点、民族学博士后科研流动站，组织实施了一系列的田野调查和学科平台建设，培养出一批又一批优秀人才，形成具有凝聚力、创新力和影响力的学术团队，成为中国民族学、人类学的学术重镇，打造了国内一流、国际知名的学科。

二　多维的学科平台

经过近八十年的积累与发展，云南大学民族学已形成以西边中心为枢纽、以多个机构为支撑的功能齐全、优势互补、密切合作的学术平台。

人类学博物馆：2006 年建成，占地 4154 平方米，展览和接待服务面积近 2000 平方米，现有藏品 2000 多件，设有“民族艺术”

“云南民族文化生态村”“云南大学人类学和民族学七十年回顾展”等专题展览，开展文化遗产传承保护活动与研究。

影视人类学实验室：云南大学于1998年与德国哥廷根科教电影研究所合作启动中国民族志电影摄制专业人才培养项目，于2006年建成影视人类学实验室（包括2个电影演播及讨论区域、20个视频点播终端、1个资料室和1个电影编辑室），从事影视人类学的影片拍摄制作与人才培养，征集、整理与存储民族学、人类学影视资料，组织每周一次的观摩与讨论民族志电影的“纪录影像论坛”。

云南省民族研究院：中共云南省委、省政府2006年批准设立的全省两个重点研究院之一，承担整合全省民族问题研究资源，调查研究云南民族问题和民族地区发展，特别是研究“民族团结进步边疆繁荣稳定示范区”建设的重大理论和现实问题的任务。

边疆文化多样性传承保护及其对外传播与产业化协同创新中心：于2011年获准成立的省级协同创新中心，通过整合相关高校及科研机构、各个学科、企业等的资源，促进文化多样性传承保护的研究与实践、中华文化的对外传播和文化创新产业开发，正在探索与推进“互联网＋民族文化”的民族文化传承传播模式。

边疆民族问题智库：2014年年底获批为省级高校智库，围绕边疆民族问题治理、民族关系调适及民族地区发展等重大现实问题展开调查研究，为维护边疆稳定和民族团结进步提供决策咨询。

云南大学民族学与社会学学院：2016年1月由原云南大学民族研究院和公管学院社会学系合并组建，为云南大学实体性教学科研机构，内设综合办公室、人类学系、社会学系、社会工作系、民族学研究所、宗教文化研究所、民族史研究所、边疆学研究所、图书资料室等机构，承担本科生、硕士研究生、博士研究生的培养和科学研究等任务。

三 进取的学术团队

学术队伍建设遵循“各美其美、美人之美、美美与共、天下大同”的学科理念，秉承“魁阁”时期维护学术共同体的优良传统，践行云南大学“会泽百家、至公天下”的精神，力戒文人相轻、自我封闭、师门相斥等学界陋习，围绕方向明确、结构合理、团结协作、勇于探索的团队建设目标，建构学者之间的互动机制、共享机制和协作机制，培育学术队伍的进取意识、合作精神和创新能力，促进学者的共同发展和团队的整体发展。

目前，云南大学民族学队伍已经成为国内学界为数不多的具有突出的凝聚力、创新力和整体实力的学术团队，获得省级学术创新团队称号 2 个、省级民族学课程群优秀教学团队称号 1 个，拥有担任国内外重要学术期刊编委 4 人次，享受国务院政府特殊津贴专家 2 人次，担任国务院学科评议组专家和国家社会科学基金会评委各 1 人。

四 鲜明的研究特色

云南大学的民族学长期坚持立足西南边疆、强调团队合作、重视田野工作、回应重要问题、开拓学术前沿的学术发展道路，不断推出问题意识明确、调查扎实深入、原创意义突出的科研成果。

以中国西南和东南亚为重点研究区域。由于地处西南边疆，创建之初云南大学民族学与人类学就以中国西南为重点研究区域，产出了一系列与国际学术界对话的重要成果。此后，这一传统得到发扬光大，不断推出具有时代特征、创新价值的研究成果，近年推出了“中国西南民族志丛书”“少数民族社会文化变迁丛书”“非物质文化遗产的田野图像”“边疆研究丛书”等系列成果。2009 年开始，为了改变中国民族学、人类学仅以国内为调查研究对象而缺乏海外研究，中国社会科学的国外研究主要以文献资料为依据的状况，同时为了适应全球化进程的深化和“中国崛起”的现实需要，并回应西方人类学重视海外“异文化”调查研究的学科脉络，云南大学人类学、民族学积极开拓东南亚新领域，组织50多位师生奔赴越南、缅甸、老挝、泰国等国家开展田野调查，推出“东南亚民族志丛书”，探讨中国西南与东南亚的族群互动、民族与国家、民族的认同与建构、社会文化的国家建构等前沿性论题。

学科核心内容的全覆盖和多个领域的领先优势。云南大学民族学、人类学的学术研究覆盖文化与生态、生计模式与经济体制、婚姻家庭与亲属制度、信仰与仪式、政治组织与习俗法、语言与文化、社会文化变迁、民族理论与民族政策、中国民族史、边疆问题、现代性与全球化等诸多领域，在中国西南民族史、生态人类学、经济人类学、艺术人类学、民族政治学、法律人类学、象征人类学、民族文化产业等领域具有突出优势，推出了“中国民族家庭实录”“生态人类学丛书”“经济人类学丛书”“艺术人类学丛书”“中国西南民族文化通志”等系列研究成果以及有较大影响的《中华民族发展史》《刀耕火种——一个充满争议的生态系统》《资源配置与制度变化》《民族文化资本化》《现代人类学》等著作。在教育部2013年颁发的第六届高等学校优秀成果奖（人文社会科学）中，云南大学民族学、人类学获得4项，其中一等奖1项、二等奖1项、三等奖2项，是“民族学与文化学”类获奖最多的高校。

研究方法创新的探索与推进。为了改变恢复重建之后的中国民族学、人类学对学科基本方法——田野调查重视不够，民族学、人类学许多师生缺乏田野调查经历和知识，“书斋”的民族学或“摇椅上的人类学家”盛行的状况，云南大学于1999年年底至2000年年初组织了“跨世纪云南少数民族调查”，该调查参与师生达130多人，调查范围覆盖人口在5000人以上的25个云南省少数民族。2003年再次组织“新世纪中国少数民族调查”，调查范围扩大到全国55个少数民族（含台湾高山族），出版了系列调查报告，重新确立了田野调查作为民族学、人类学的核心研究方法和学生训练的必备环节的地位。同时，探索常规化和长期性开展田野调查的路径，2003年开始在云南少数民族农村建立调查研究基地，为教师的长期跟踪调查和学生的田野调查方法训练奠定了基础，进而推动了当地少数民族撰写“村民日志”与拍摄影像的实践，回应国际人类学界后现代人类学方法论的讨论和“让文化持有者发出自己的声音”的学术实验，出版“新民族志实验丛书”，探索与实践“常人民族志”方法。此后，一方面，推进从民族研究向民族学研究的转化，开展既具有明确的前沿意识、问题意识，又具有细致深入的田野调查的民族志研究；另一方面，探索超越小型社区或小群体调查研究传统范式的路径，开展适应历史上早已存在的跨族群、跨区域，甚至跨文明的社会文化互动和全球化时代开放社会的区域研究、跨国研究、跨文明研究和“多点民族志”研究。

《西南边疆民族研究》入选“中文社会科学引文索引（CSSCI）来源集刊”。创办于2003年的专业学术集刊《西南边疆民族研究》刊载民族学与人类学的理论论文、民族志文本、田野调查报告和学术评述等类型的研究成果，受到学界关注与重视，所刊登的部分成果被多种学术文摘、复印资料转载或引用，从2008年起连续入选“中文社会科学引文索引（CSSCI）来源集刊”。此外，还主办英文集刊《中国西南民族学与人类学评论》（*Review of Anthropology and Ethnology in Southwest China*）。

五　规范的人才培养

云南大学民族学、人类学建立了从本科、硕士到博士的完整的人才培养体系，按照知识的完整性、理论的系统性、视野的开阔性、方法的实作性、思维的探索性的人才培养目标，用正确的舆论导向引领人、用浓厚的学术氛围养育人、用严肃的纪律规范人、用严谨的实作训练塑造人的人才培养思路，制定人才培养方案和规章制度，设计教学内容和教学方法，强化田野工作、问卷调查和影视人类学拍摄等实作训练，培养了一批又一批理论基础和田野调查扎实、开拓精神和创新意识突出的优秀人才。

民族学专业本科采取小规模的精英培养模式。实行规范的导师制，按照双向选择的原则，每位指导教师每届指导1～3名学生，担负学生本科阶段的学习、思想、生活、田野调查和论文写作等指导任务，带领学生进入田野，吸纳学生参与科研工作。除了常规课程设置和课堂教学之外，还设置了影像拍摄技术、短期田野考察、田野工作实训、问卷调查实训等实作能力培养课程；在学术报告会、学术沙龙和学术会议之外，专门开设了以本科生为受众主体的“魁阁讲坛”；编辑印制以刊发本科生调查报告及其他类型文章为主的刊物《田野》，培育学生的思考与探索精神。近年来，近半数本科生获准主持校级及以上科研项目，其中包括省级和国家级项目，有许多学生获得各种类型的奖励和荣誉，超过半数的本科毕业生通过推荐免试和报考两条路径进入国内外著名高校攻读研究生，进入国家机关、事业单位及其他机构的毕业生获得良好评价和较好发展。

硕士研究生以学术素养和科研能力的培育为重点。除了国务院学位办颁布的民族学一级学科目录下属的五个二级学科硕士、博士授权和人类学学位授权之外，获准自主增设了民族法学、民族生态学、民族政治学、民族社会学、世界民族与民族问题、民族文化产业等二级学科，研究方向覆盖民族学学科的各个领域和诸多重要的学术前沿问题。课堂教学内容突出理论的前沿性和方法的探索性，教学方法重视学习的自主性和师生的互动性，田野调查强调时间的长期性和参与的深入性，论文写作要求问题的明确性、论述的严谨性和资料的丰富性，通过严格的学年论文、开题报告会、预答辩、匿名评审和答辩等环节确保培养质量。

教材建设和课程建设成效显著。两位学科带头人分别担任马克思主义理论研究与建设工程教育部重点教材《中国民族史》和《人类学概论》编写的首席专家，一批学者参与了国家级重点教材编写工作；“中国少数民族文化概论”“中国少数民族的生态智慧”等课程成为省级精品课程。

“全国民族学与人类学田野调查暑期学校”是云南大学民族学、人类学研究生培养模式创新并已实现常规化的项目。教育部于2008年批准云南大学实施“教育部研究生教育教学创新计划”项目“全国民族学与人类学田野调查暑期学校”，于2009年暑期开始实施，至今已开办5期。暑期学校面向国内外高校的硕士研究生、博士研究生和青年教师，每期学员规模为150人左右。除了来自中国大陆高校的学员之外，每年都有来自中国香港、中国台湾、欧美、澳大利亚、东南亚、南亚等地区和国家高校的学员。每期持续时间为20天左右，其中，课堂培训5天左右，邀请国内外著名专家授课；田野工作10天左右，到云南少数民族农村开展调查。暑期学校已在国内外高校产生了巨大影响，部分学员将暑期学校田野调查点作为其学位论文的研究对象，比利时鲁汶大学已把暑期学校计入其研究生培养学分。

六 广泛的交流合作

云南大学民族学、人类学学科与国内外学术界有广泛而密切的学术交流和长期而深入的学术合作。

学者互访频繁。近年来，我们采取“请进来、派出去”的措施推进学术交流合作，每年邀请来云南大学访问与讲学的国内外民族学、人类学专家在20人次左右，其中包括美国后现代人类学代表人物马库斯（George E. Marcus）、中国台湾中研院院士黄树民和王明珂、日本著名人类学家渡边欣雄、韩国人类学学会原会长全景秀等一批国际知名专家。同时，每年应邀到北美、欧洲、澳洲、日本、韩国、东南亚、南亚以及中国台湾、中国香港访问与参加国际学术会议的专家在20人次左右。

主办与承办高端学术会议。近年来，主办或承办了“国际人类学与民族学联合会第十六次大会”“全球化与东亚社会文化——

首届东亚人类学论坛”“中国西南与东南亚的族群互动国际学术会议”等一系列大规模、高层次的学术会议，每年举办国际学术会议2次左右，其中，“国际人类学与民族学联合会第十六次大会”为国际人类学与民族学联合会（IUAES）首次在中国举办的学术大会，来自全球116个国家和地区的4000多名学者齐聚云南大学，参加了主旨发言、专题会议、名家讲座、人类学影片展映、学术展览、文化考察等系列活动，议题涉及文化、种族、宗教、语言、历史、都市、移民、法律、社会性别、儿童、生态环境、旅游、体育等36个领域和学科，仅学术专题会议就达217场之多。云南大学民族学、人类学学科的教师不仅承担了大量的筹备工作和会务工作，而且有8人次担任了专题会议主席、32人次提交了论文并做学术演讲。

积极争取国际学术话语权。云南大学民族学、人类学努力争取国际学术话语权，于2009年与韩国、日本等国学者共同发起“东亚人类学论坛”并已在中国昆明、日本京都和韩国乌龙县成功举办了三次会议，又于2011年与韩国、日本等国学者共同发起“东亚山岳文化研究会”，已在韩国、中国和日本成功举办了四次会议。

推进科学研究的国际合作。与日本国立民族学博物馆合作开展“中国西南边境的跨国流动与文化动态”项目研究，举办了国际学术研讨会，研究成果分别以中文和日文结集出版；与泰国清迈大学合作开展的“昆（明）—曼（谷）公路的人类学调查与研究”项目已经启动。

长期稳定的国际交流合作机制已经形成。目前，与比利时鲁汶大学、泰国清迈大学、英国女王大学、韩国岭南大学、联合国大学、新西兰坎特伯雷大学等近30所高校签订了学术交流合作协议，实施了一系列的互派教师、合作培养研究生、共同举办学术会议与开展科学研究等合作项目。

中国高等教育的重大发展战略“双一流”建设近期将正式启动，云南大学按照“一流学科”的建设目标全力推进民族学的学科建设，其中的部分调查研究成果将汇入“云南大学西南边疆少数民族研究中心文库”并交由社会科学文献出版社出版。该文库是云南大学民族学“一流学科”建设成果的展示窗口，更是云南大学民族学与学界及社会的交流与讨论平台。恳请学界名家、青年才俊和各界有识之士垂意与指教，以共襄中国民族学的发展大业！

何　明

2017 年 8 月 20 日草于昆明东郊白沙河畔寓所

目　录

绪论：云南少数民族地区防灾减灾研究的意义

本书是国家社会科学基金西部项目“云南少数民族地区防灾减灾的理论和实践研究”（项目批号 11XSH018）的研究成果，该项目对云南少数民族地区的灾害进行了深入研究。云南是一个自然灾害频发的地区，特别是进入 21 世纪之后，灾害非常频繁，少数民族地区能够看到所有种类的自然灾害，如地震、干旱、泥石流、台风、洪水、流行病、风灾、雪灾、冰灾等。但是，在云南省社会科学研究中，还没有专门针对少数民族地区减灾防灾的研究成果，从人类学的角度进行防灾减灾研究的就更少。从这种意义上讲，针对少数民族地区防灾减灾的理论和实践研究就变得非常必要。

一　云南省的灾害概况

自然灾害在云南省的历史长河中普遍发生，包括地震、干旱、泥石流、滑坡、崩塌、暴雨、洪涝、冰雪、冷冻、雷电、瘟疫、虫害等。从文献记载和现实情况来看，云南每年都在发生灾害，只是类型和严重程度不同而已。因此，说云南是“无灾不成年”并不过分，该地区从古至今都具有这个特点。地震是云南省面临的最为严重的灾害之一，886 年到 1995 年，云南共发生 5 级以上的地震 437 次，其中 8 级地震 1 次，7.0～7.9 级地震 19 次，6.0～6.9 级地震 85 次，5.0～5.9 级地震 332 次。[①] 云南省的干旱灾害可

① 王景来、扬子汉编著《云南自然灾害与减灾研究——献给国际减灾十年》，云南大学出版社，1998，第 11 页。

以追溯到西汉时期，始元六年（公元前81年），益州（昆明及其周边广大地区）大旱。干旱在近代史中记载较为详细，据《中国气象灾害大典》中的资料，元代有10年发生了严重的干旱灾害，明代有92年发生干旱灾害，而清代从1644年到1899年，共有144年发生干旱，平均1.8年发生一次干旱灾害。[①] 泥石流滑坡灾害在云南地方史中记载虽然不多，但在《新纂云南通志》《南诏野史》《东川府志》《丽江府志》等中都有记载，说明泥石流滑坡在近代经常发生。此外，冰冻低温、雨雪洪涝、流行病等灾害在云南也普遍存在。

1900～1999年是云南省各种灾害的多发时期。在干旱灾害方面，1900～1999年共发生了11次最为严重的干旱灾害，分别是1906年、1907年、1931年、1937年、1960年、1963年、1969年、1987年、1988年、1992年和1997年。[②] 在洪涝灾害方面，近百年来，共发生了20次严重的洪涝灾害，其中，1997年的洪涝灾害损失高达48.9亿元。[③] 在泥石流滑坡灾害方面，1900～1999年严重的泥石流灾害年份包括1965年、1968年、1984年、1985年、1986年、1989年、1994年、1995年、1996年、1998年和1999年。[④] 这些年份中，最为严重的泥石流灾害发生于1989年的怒江州福贡、泸水、贡山等地，有112条沟发生了泥石流灾害，损失达3600万元。[⑤] 在地震方面，1900～1949年的50年间，有地震记录的年份有49年，只有1903年没有地震记录，这50年间共发生了390次地震。而在1950～1982年，除了1954年和1967年之外，年

---

① 刘建华主编《中国气象灾害大典（云南卷）》，气象出版社，2006，第21～38页。

② 程建刚、晏红明、严华生、解明恩等编著《云南重大气候灾害特征和成因分析》，气象出版社，2009，第5页。

③ 程建刚、晏红明、严华生、解明恩等编著《云南重大气候灾害特征和成因分析》，气象出版社，2009，第8页。

④ 宋媛：《云南省滑坡、泥石流灾害及救灾报告》，载赵俊臣主编《云南灾害与防灾减灾报告2005～2006》，云南大学出版社，2006，第94～117页。

⑤ 唐川、朱静等：《云南滑坡泥石流研究》，商务印书馆，2003，第18页。

年都有地震发生，1982 年之后的 1985 年、1988 年、1995 年和 1996 年都发生了地震。云南近百年中最为严重的地震灾害是 1970 年 1 月 5 日的通海 7.8 级大地震，共造成 15621 人死亡，26783 人受伤。[①]

进入 21 世纪之后，云南省的灾害并未减少，而是越发频繁。地震、干旱、泥石流、滑坡、崩塌、暴雨、洪涝、冰雪、冷冻、雷电、瘟疫、虫害、火灾等连年发生，灾害的频发程度让人震惊。从 2001 年到 2014 年，云南共发生 5.0 级以上地震 49 次。[②] 仅仅 2014 年一年，云南就发生了 10 次 5.0 级以上的地震，在 8 ~ 10 月，就发生了鲁甸和景谷 2 次 6.5 级以上的地震。2014 年中国发生 6.0 级以上的地震共 4 次，有 3 次在云南。鲁甸地震在 2014 年的中国十大灾害中排名第一。

进入 21 世纪之后，干旱灾害在云南大规模发生，降水量呈减少态势，高温干旱时间有增多的趋势，干旱灾害由过去的 2 ~ 3 年一遇变为 1 ~ 2 年一遇。[③] 2005 年的云南干旱程度可以说是 50 年来之最，2009 年、2010 年、2011 年和 2012 年进入了干旱的灾难性时期。2009 年秋季至 2010 年春季，云南降水量比常年同期少 50% ~ 78%，创有记录以来最少。[④] 干旱灾害覆盖地区达到全省面积的 85%，干旱灾害持续数日的超过 150 天。[⑤] 2011 年，云南省的干旱持续发生，东部降雨不足 300 毫米，比往年少三成至五成。[⑥] 2012 年 2 月、4 月、10 月、11 月、12 月降雨少了 50% 以上，高温使全

---

① 李永强：《云南地震死亡人员研究》，云南人民出版社，2012，第 127 页。

② 根据中国地震局官网（http://www.cea.gov.cn/publish/dizhenj/468/496/100701/index.html）数据综合整理，最后访问日期：2014 年 11 月。

③ 程建刚、王建彬主编《云南气象与防灾减灾》，云南科技出版社，2009，第 25 页。

④ 杨韬、解福燕：《云南 2009—2010 年秋冬春连旱成因分析》，《云南环境地理研究》2010 年第 5 期。

⑤ 孙瑾、曲晓波、张建忠：《2010 年中国气象灾害特征及事件分析》，《天气预报技术总结专刊》2011 年第 1 期。

⑥ 薛建军、张立生、孙瑾、杨琨、高兰英：《2011 年灾害性天气特点》，《天气预报技术总结专刊》2012 年第 1 期。

省发生了299起火灾。[①] 2012年的云南降水并不均衡，有的地区出现了非常严重的干旱，1～5月降雨不足10毫米，[②] 2009年至2012年的四年连旱“百年不遇”，在云南历史上实属罕见。云南干旱在2014年和2015年继续发生。2014年的云南干旱灾害仍然比较严重，截至4月10日，云南平均降水量为近62毫米，较历史同期少16.6毫米，少21%，有15个州市出现干旱，局部地区旱情严重，共有84.78万人、41.44万头牲畜饮水困难，245万亩农作物受旱，47条河道断流，34座水库干涸，282眼机电井出水不足。[③] 2015年的干旱在滇西、滇中、滇南地区广泛发生，但以滇西、滇中地区最为严重，大理、丽江、楚雄等地区的干旱形势非常严峻。楚雄州2015年1月至7月初，共有6条中小河流发生断流、66座水库干涸；大春农作物受灾面积79.7万亩，20.98万人和11.2万头大牲畜出现饮水困难。[④] 这些情况说明，云南的干旱灾害年年发生，真的是“无灾不成年”。

21世纪后的云南泥石流、滑坡、崩塌等地质灾害也非常严重，2002年新平“8·14”特大滑坡泥石流，2004年盈江县“7·05”和“7·20”特大泥石流，2010年巧家县“7·13”特大洪涝泥石流、贡山县“8·18”滑坡泥石流，2012年彝良“10·4”山体滑坡，2013年镇雄“1·11”滑坡和“1·31”山体滑坡、盐津县“2·7”滑坡，2014年福贡“6·30”山体滑坡、丽江“7·07”泥石流、云龙“7·09”泥石流、德宏“7·21”泥石流等，都给当地人民造成了严重损失。

在暴雨洪涝灾害方面，进入21世纪后不久的2001年5月，云

---

① 《2012年云南省气象灾害年报》，云南网，http://yn.yunnan.cn/html/2013-02/20/content_2623099.htm，2014年11月12日。

② 王秀荣、赵慧霞、杨琨、张立生、高兰英、毛卫星、吕终亮：《2012年全国灾害性天气特征分析》，《天气预报技术总结专刊》2013年第1期。

③ 《云南15个州市出现旱情河流断流47条》，新华网，http://news.xinhuanet.com/local/2014-04/10/c_1110189145.htm。

④ 《直击云南楚雄干旱重灾区》，云南网，http://picture.yunnan.cn/html/2015-07/09/content_3814477.htm。

南就发生了持续3天的全省性暴雨，5月全省下大雨251县次，暴雨48县次，大暴雨2县次，大雨次数突破历史记录，全省有89个县超过洪涝标准，是云南省近500年来5月中最早出现洪涝灾害的年份之一。[①] 2001年6月2日，玉溪市新平县出现了罕见的大雨并造成山体滑坡，库坝漫顶，房屋倒塌，部分机关、厂矿被淹，耕地被毁，作物损失严重，交通、电力、通信中断，市政设施受损，全县共有9.6万人受灾，造成直接经济损失2.11亿元。2006年夏季，云南出现强降雨天气，持续的大雨、暴雨和大暴雨给红河、思茅、临沧、西双版纳、丽江和楚雄造成洪涝灾害，有的地方出现泥石流滑坡。据统计，全省受灾人口59.7万人，死亡39人，伤52人，损毁房屋2.2万间。[②] 2013年7月，全省普降大雨，昆明、丽江、红河、曲靖等局部地区发生强降雨，昆明主城累计降雨235毫米，造成北京路沿线、穿金路沿线、小屯立交、潘家湾、盘龙江沿线、国贸中心出现特重淹积水，形成暴雨洪涝灾害。[③] 随后的2014年，暴雨洪涝灾害继续给云南带来灾难，云南省减灾委、云南省民政厅《云南灾情快报》（2014年）第87号报道，台风“威马逊”造成云南部分地区普降大雨，引发洪涝、滑坡、泥石流等次生灾害。截至2014年7月23日17时，灾害造成普洱、曲靖、临沧、红河、文山、玉溪、德宏、版纳、保山9个州市50个县124.73万人受灾、31人死亡、14人失踪、19464人紧急转移安置，农作物受灾71.38千公顷、绝收11.14千公顷，房屋倒塌514户1536间、严重损坏2464户8729间、一般损坏7187户20175间，直接经济损失18.47亿元，其中农业损失7.81亿元。[④] 台风所带来的暴雨灾害给云南造成的巨大破坏还包括了2014年7月28日凌

---

① 普贵明、鲁亚斌、海云莎：《2001年5月云南罕见强降水天气过程的成因》，《气象》2002年第6期。

② 邹旭恺：《山东广西秋旱严重云南南部暴雨成灾》，《气象》2007年第1期。

③ 《云南普降大雨局部暴雨 昆明主城区遭暴雨洪涝灾害》，新华网，http://www.yn.xinhuanet.com/newscenter/2013-07/19/c_132556028.htm，2014年11月12日。

④ 云南省减灾委员会、云南省民政厅：《云南灾情快报》2014年第87号。

晨5点在保山市隆阳区瓦房乡发生的重大洪涝灾害，喜坪村上坪子小组3户农户住房被冲走，造成3人死亡、5人失踪、1人受伤；2014年7月28日6时20分在临沧市云县、双江县发生的洪涝灾害，造成4人死亡、2人失踪、7人受伤。

在低温雨雪冰冻灾害方面，仅2008年云南省昭通、曲靖、昆明、玉溪等12个州（市）就有1175.7万人受灾，因灾死亡27人、失踪1人、伤病近2.3万人，紧急转移安置近29万人。灾害使全省农作物受灾面积达1576.46万亩，成灾面积达949.39万亩，绝收面积392.39万亩，因灾造成的种植业损失达45.01亿元。此外，灾害给通信、电力、交通、水利等设施造成损毁，直接经济损失90.9亿元（占2008年云南省GDP的2%）。这次灾害强度是有气象记录以来历年冬季的历史次大值，属于50年一遇的特大冰冻灾害。[①] 2011年1月，云南多次受到冷空气的袭击，导致严重的低温雨雪冰雹灾害，造成昭通、曲靖等12个市州51个县426.5万人受灾，1人死亡，472人伤病，11万多人被紧急转移安置或因灾滞留，34.2万人因灾生活困难需政府救助，4.5万间房屋倒塌损坏，直接经济损失15.7亿元。[②] 上述情况说明低温雨雪冰冻是云南严重的自然灾害之一。

在雷电灾害方面，云南发生雷电灾害的可能性越来越大。据研究，云南省的雷电灾害发生频率因地区而不同，昆明、玉溪、红河、普洱为极易发生雷电灾害的地区，保山、德宏、丽江、临沧则次之，而昭通、怒江、迪庆是最不容易发生雷电灾害的地区。雷电灾害给云南省造成重大损失，仅2005年，全省发生雷电灾害434起，死亡51人、伤91人，直接经济损失2.138亿元。[③]

总结起来，云南灾害不仅在历史上普遍发生，在进入21世纪

---

① 彭贵芬、段旭、舒康宁：《云南2008年冰冻灾害评估》，《气象》2010年第10期。

② 《云南低温雨雪冰冻灾害严重 四百余万人受灾》，中新网，http://www.chinanews.com/gn/2011/01-25/2810899.shtml，2014年11月12日。

③ 王惠、邓勇、尹丽云、许迎杰、景元书：《云南省雷电灾害易损性分析及区划》，《气象》2007年第12期。

之后也普遍存在，并且造成的损失越来越大，必须引起学界和相关部门的注意。

二　云南少数民族地区防灾减灾研究的选题意义、内容和方法

（一）选题意义、研究内容和重点难点

云南是一个自然灾害频发的地区，各种灾害非常频繁，如地震、干旱、泥石流、台风、洪水、流行病、风灾、雪灾、冰灾等。本书以发生在云南少数民族地区的泥石流、干旱、地震和火灾为研究重点，探讨少数民族地区防灾、救灾和灾后重建的理论和实践问题。主要内容包括民族地区的环境脆弱性与灾害的关系；少数民族对于灾害的文化解释；民族传统知识对于防灾、急救和恢复重建的影响；少数民族的社会结构和亲属制度对于救灾和灾后重建的作用；灾后重建中的民族文化变迁和生产生活方式的改变；灾害过程对于族群关系的影响；政府和社会组织对少数民族救灾和灾后重建的各种帮助，出现的冲突和矛盾；妇女、儿童、老弱病残等弱势群体在救灾和灾后恢复重建中的困难、特殊要求和解决方法。

（二）基本观点和创新之处

本书的基本观点是，自然灾害的发生和治理不是一个纯自然的过程，而是一个与社会、文化、人类行为、政治、经济等密切联系的过程。灾害能导致严重的环境脆弱性与人类群体脆弱性，导致文化变迁和当地居民生活方式的改变，导致新的族群关系和竞争模式产生，使人重新思考人类与自然环境的关系，反思乡村发展模式。而云南少数民族大多生活在灾害频发的地区，他们既是受害者又是抗争者。因此，我们需要以少数民族地区的防灾、减灾和灾后恢复重建为核心来研究和关注灾害，构建防灾减灾的人类学理论。

创新之处如下。（1）内容创新。以泥石流、干旱、地震和火灾四种灾害为重点，把少数民族应对三种灾害的方式作为核心内容来研究。（2）观点创新。将灾害看成一个综合的社会文化系统，紧紧抓住少数民族与灾害、环境脆弱性与人类群体脆弱性之间的关系，探索少数民族的防灾能力、减灾方式和社会管理模式，构建灾害人类学理论。（3）研究方法创新。通过人类学的田野调查和分析方法，长期关注灾区的社会和文化，研究者与政府官员和灾区农民交朋友，倾听他们的经验和感受，学习他们的传统知识，邀请受灾户、救灾人员和传统知识拥有者参加小组讨论或小型讨论会。

（三）研究的重点难点

干旱方面以元江、新平和石林县的山区为研究重点，涉及的民族有彝族（车苏、尼苏、撒尼等支系）和哈尼族（卡多支系）；地震方面以盈江、姚安和景谷县为研究重点，涉及的民族有彝族（罗罗支系）、傣族（德宏傣族和景谷傣族）；火灾方面以迪庆州香格里拉市的独克宗古城为田野点，涉及的民族有藏族、纳西族、白族等。

在灾害类型方面，我们以泥石流、干旱、地震和火灾为研究重点；在民族结构上，我们将以彝族、傣族、哈尼族、藏族为研究重点；在内容上，我们将以少数民族地区的环境脆弱性与发展问题，少数民族的传统知识与灾害的关系，包括文化解释，如神话、仪式等，少数民族社会和文化对于灾害的应急和回应，灾后恢复重建中的民族文化保护、变迁、发展项目等问题为研究重点。难点是我们的研究无法覆盖大多数的灾害类型和少数民族，代表性和可行性有一些问题；另外，防灾减灾人类学的理论还处于构建阶段，理论分析是一个难点。

（四）本书的研究方法

本研究是用人类学的研究方法进行的，主要采用定性研究法。该类方法从社会现象和事物属性入手，根据普遍存在和公认的理论、事实和推理进行分析，描述和解释事物的内容规律性。人类学家在一个地区进行长期的田野调查就是典型的定性方法，其成果之一的民族志在社会科学范围内得到了广泛的承认和肯定。但是，本研究也用了一些定量研究法，这是因为灾害研究涉及很多的数据，因此，我们将对其进行收集和分析，以定量研究作为必要的补充。定性和定量相结合是本研究的特点。另外，人类学强调的田野参与观察法，本研究的调查者参与到社区中去，观察灾害对社区和文化的影响，并进行深度访谈，深入采访泥石流、干旱和地震中的受灾户、重灾户、全无户、避险监测者、政府官员、救灾人员、传统知识掌握者等，综合考察灾害与当地社会和文化之间的联系。在人类学民族志及其叙事方式方面，本研究认为灾害是事件性的，对事件的描述是灾害研究中的重要分析方法。有的学者甚至将与事件有关的人类学称为“事件人类学”。对于灾害研究者来说，灾害就是事件的过程，“写灾害”就是“写文化”的一部分。在民族志叙事的讨论中，写文化具有鲜明的色彩，经典的民族志就是建立在写文化的基础上的。因此，灾害人类学民族志的叙事方式是一种以人和事件为中心的叙事方式。本项目 10 个田野点的调查和研究也坚持了这一特点。

三 本书的结构和框架

本书是一部研究云南少数民族地区防灾减灾理论和实践的专著，共有十一章。第一章回顾了中西方少数民族地区灾害和防灾减灾研究的状况；第二章对防灾减灾的概念、理论化和应用研究状况进行了理论分析；第三章、第四章、第五章、第六章、第七章和第八章为个案研究，聚焦在地震、干旱、泥石流和火灾上，对玉溪元江县、新平县、昆明石林县、东川区、怒江泸水市、德宏盈江县、楚雄姚安县、普洱景谷县和迪庆州香格里拉市进行了田野调查；第九章和第十章探讨了云南少数民族文化与防灾减灾之间的关系；第十一章对云南省的灾害和防灾减灾研究进行了人类学理论总结，对防灾减灾实践提出了一些建议。

第一章主要分析了中西方人类学家对少数民族地区灾害的研究状况，尽管中西方学者有关“少数民族”的理论不尽相同，但是，学者们对少数民族地区防灾减灾的研究却具有很大的相似性和可借鉴性。本章对于人类学中的地震、干旱、泥石流等灾害进行了述评，对这些灾害的国内外防灾减灾方法也进行了讨论。西方灾害研究主要集中在第三世界国家，而中国人类学家的灾害研究几乎都集中在少数民族地区，因为中国大灾难有很多发生在西部少数民族地区，如汶川大地震、青海玉树地震、甘肃舟曲泥石流、云南盈江地震、姚安地震、西南大旱等，对少数民族地区的灾害进行深入研究具有重要的理论和实践价值。

第二章聚焦于防灾减灾和灾害人类学理论，回顾和分析了国际防灾减灾战略的应用性研究成果，对防灾减灾的定义与其理论化过程，以及与灾害和致灾因子的关系进行了详细的讨论。本章还梳理了防灾减灾的人类学理论框架，如文化和行为回应、应用人类学理论、社会文化变迁理论、政治生态学理论等，同时也吸收了其他学科的理论，如韧性理论、脆弱性理论、风险社会理论等。这些理论和框架能够为我们理解和解释民族地区的灾害与防灾减灾提供理论支撑。

第三章聚焦于石漠化地区的干旱灾害，对元江和石林的两个田野点进行研究。本章发现，几乎所有地区的抗旱方式都分为两种，即政府的应对方式和村民的应对方式，但两种方式不能绝对分开，在大多数地区，对干旱灾害的应对是以政府为中心进行的，任何一个地区的受灾程度和应对能力都不是均衡分布的，资源分配也必然不同，政府需要根据轻重缓急进行分配。本章同时发现，乡村农民在生产和生活中应对干旱灾害的方式是多样的。生产中的抗灾方式包括建设小水窖，调整种植结构，控制烤烟苗生长，提前整理烤烟备耕土地；生活中的抗灾方式包括寻找水源点、建设水池、轮流供水、村民互助、节约用水等；实在不得已时就开始出售大牲畜、买水喝等。这些措施有力地缓解了水危机中生产和生活上的困难。

第四章聚焦于以社区需求为导向的地震灾害应对，以盈江和姚安地震为田野点进行调查研究，主要的研究集中在地震灾害的恢复重建与社区需求、重建方式和由此带来的各种影响上。由于地震灾害的预报非常困难，云南少数民族地区地震灾害的防灾减灾主要以建筑物的恢复重建方式进行，也就是说，灾区建筑物、产业和社会文化的恢复重建是防灾减灾的主要方式。研究发现，搬迁或者异地重建的矛盾较多，而原地恢复重建出现的矛盾较少，前者是文化变迁的原因之一。从重建方式上讲，“统规统建”的矛盾较多，“统规自建”或者分散自建的矛盾较少。当然，无论是异地搬迁重建还是“统规统建”都有很成功的例子。

第五章聚焦于传统建筑与地震灾害的关系，以景谷地震为例进行研究。本章认为，云南少数民族丰富多彩的建筑文化，如干栏式建筑、“三坊一照壁”、土掌房、木楞房、“穿斗式”瓦房、蘑菇房、石片房、平顶雕式等，都具有防灾减灾的功能。本章的田野调查地点景谷县永平镇的穿斗式和干栏式建筑都能有效减少地震灾害带来的损失，景谷县发生深度 5 公里的 6.6 级大地震，但只有 1 人死亡，就是传统建筑起到的减灾效果。

第六章聚焦于泥石流滑坡灾害，以新平县和怒江州泸水市为例进行调查和研究。泥石流滑坡灾害的发生除了自然因素之外，还与人为因素有着密切的联系。因此，泥石流灾害的防灾减灾不只是对雨天进行监测和关注，还要思考长期的可持续发展战略，那就是对生态系统进行保护，使系统的恢复力不断增强，从根本上保证生态系统处在安全的范围之内，这是泥石流防灾减灾的根本任务。

第七章聚焦于我国泥石流灾害最为频发的地区——昆明市东川区。东川区的主体民族虽然是汉族，但是，它被包围在少数民族地区之中，东川在古代也居住了少数民族，彝族的祖先六组分支就是发源于东川与禄劝接壤的地带。因此，本项目对泥石流灾害的典型地区给予了必要的关注。本章从人类学的角度，对东川泥石流灾害发生的原因、治理方式和对当地人民所产生的影响进行考察，反思东川的环境脆弱性问题、生态韧性的问题及人类学意义。

第八章聚焦于民族地区的火灾害，以独克宗古城为例进行考察。民族地区古村寨、古建筑、古城等面临火灾害问题，独克宗古城火灾、丽江古城火灾、大理巍山明代建筑火灾等就是例证。独克宗的防灾减灾在很多方面值得学者和灾害实践者总结，包括灾害预防、备灾物资储备、灾前演练、传统知识的结合、文化遗产和文物的保护和重建方式等，都蕴含很多的经验和教训。

第九章聚焦于云南少数民族的神话与防灾减灾之间的关系。民族神话是历史和社会记忆的组成部分，是人类对自然环境、社会文化、道德和哲学思想的记录。神话中有很多灾害和防灾减灾的内容，灾害神话如洪水神话、干旱神话、地震神话、火灾神话、风雷雨电神话等，记录了人类对于灾害的认知过程和环境演进方式，神话内包含着深厚的文化隐喻和认知途径。研究灾害神话，可以解释人类行为与环境和灾害之间的关系，探索其历史内涵和史实价值，特别是各民族对于灾害认知的异同，以及神话所具有的防灾减灾功能和价值。灾害神话是在生产和生活中代代相传的，对于各民族人民来说，灾害神话不只是发生在遥远的古代，还与当下的环境和社会现实有着密切的联系，神话对于灾害发生的自然和社会因素的解释，对当今的云南民族地区仍有启发意义。

第十章聚焦于云南少数民族文化、传统知识与防灾减灾之间的关系。云南少数民族的文化、宗教思想、仪式、伦理道德和传统知识与防灾减灾有着密切的关系，民族文化和传统知识被认为是世界范围内与自然资源的传承和生态整体保护有关的具有很高价值的信息资源，它为人类提供了自然科学无法提供的洞察力，它对灾害发生的解释、救灾活动的开展、灾后恢复建设的完成等，都有重要的作用。本章认为少数民族传统生态和环境知识与防灾减灾之关系也很密切，传统生态和环境知识是各民族实践的结果，它深深地嵌入社会，很多成员能够通过传统生态和环境知识达到预防和减灾的目的。

第十一章对防灾减灾进行理论总结，认为防灾减灾的应用研究不能仅仅停留在咨询报告上，还需要系统地进行理论思考，从实践中总结出来的理论更能指导实践。理论不仅需要应用于实践，还需要在实践中进行修正。本章同时强调，防灾减灾应回归到文化上来，组织机构对于灾害预防也是建立在文化基础上的。“回归文化”在防灾减灾研究中发挥着极其重要的作用。本质是对防灾减灾的实践经验进行反思和总结，分析云南省防灾减灾实践过程中所取得的成就、经验和不足，针对云南少数民族地区和全省的情况，提出了一些建议。这些建议有的是从宏观上提出来的，有的是从微观上提出来的，但是，都建立在防灾减灾的基础上。总的观点是，云南省的防灾减灾体系建设要将其纳入社会经济发展的总体规划，提倡抗灾式发展，防灾减灾要与经济社会一起协调和跨越发展。

通过对四种灾害类型和 10 个田野点的调查和分析，笔者认为本研究对防灾减灾的理论和实践有如下几个方面的贡献。第一，对防灾减灾的中西方理论进行了深入的理论回顾，对防灾减灾定义、理论化和应用问题进行了界定，特别是对国际学者对于防灾减灾核心概念的最新状况进行了讨论。第二，对防灾减灾的理论框架进行了初步的构建，特别是从人类学的角度对防灾减灾进行了深入的研究。第三，对云南少数民族文化中的防灾减灾价值进行了讨论，提出防灾减灾需要尊重自然规律、回归文化的思路。第四，对云南少数民族地区的四种灾害类型，包括地震、干旱、泥石流、火灾进行了深入研究，针对每个灾害类型又选择了多个田野点进行调查，以增加对不同地区、不同文化背景下的防灾减灾方法的梳理。第五，对政府层面和少数民族地区的防灾减灾方法及其存在的问题进行了剖析，针对具体的问题提出了初步的对策建议，具有一定的应用价值。第六，从人类学的角度对防灾减灾进行了理论总结，特别总结了防灾减灾在灾害人类学研究中的理论和实践意义。

当然，本书的研究还有很多需要拓展的地方，特别是防灾减灾研究需要有不同学科的参与，包括自然科学和社会科学合作，对不同的灾害类型、跨国经验和国际实践进行总结和借鉴，我们还需要不同部门的合作和参与，形成强大的防灾减灾研究团队，只有这样，云南省的防灾减灾理论和实践研究才能取得进步。云南省灾害状况由于地理状况、地质结构、政治、经济和社会文化等更加复杂，防灾减灾的任务非常艰巨，除了政府需要采取坚实的措施之外，我们也需要从学理上进行深入研究，为云南省的防灾减灾服务。本研究是从人类学的角度进行的，其优点是坚持到社区进行长期的田野调查，了解到与灾民有关的社会和文化知识，以及他们面临的困难和要求。防灾减灾主要针对的就是灾区人民，他们是我们工作的核心，只有他们的生活改善了，防灾减灾的任务才算实现。因此，我们在任何时候都不能偏离乡村社区这个中心，要从社区田野中寻求问题的解决方法。国际经验证明，防灾减灾的政策和策略不是均衡地贯彻到整个社会，可能面临更大灾害风险的群体理所当然就要受到关注。不幸的是，几乎所有的社会都具有一个共同的特点，那就是忘记那些风险更大的人，即使是在灾害发生之后，这些人也不一定能够得到相应的帮助。本研究的核心就是从社区入手来探讨防灾减灾的人类学意义，如果云南省的灾害理论研究者和实践工作者能够从中获得有价值的信息和相关经验，那么，本研究的目的也就实现了。

第一章　中西方人类学家的少数民族地区灾害研究

一　西方社会科学家的灾害和防灾减灾研究

本研究是从人类学的角度进行防灾减灾研究的，强调人类学的理论和方法，但并不排斥其他社会科学的理论和方法，本研究也吸收了其他社会科学的理论和方法，因为除了人类学之外，其他的社会科学家也对灾害和防灾减灾进行了深入的研究，事实上，几乎所有社会科学的灾害研究都在回答相似或者相同的问题，多学科交叉的情况在灾害研究中普遍存在，这些交叉的社会科学包括地理学、社会学、历史学、经济学等。

地理学是研究致灾因子和灾害的基础学科之一，地理学家主要关注自然与社会系统之间的关系，他们将灾害看成人类社会和文化系统的基本特征，而不是一种极端的自然事件。[①] 地理学家重视防灾减灾研究，认为致灾因子的防治主要包括识别威胁，分析与自然的关系，劝说人们避险，更为深远的防灾减灾策略包括了土地管理、保险等。[②] 一些地理学家持与联合国国际减灾战略相似

---

① Hewitt, Kenneth, "The Idea of Calamity in a Technocratic Age," in *Interpretations of Calamity*: *From the Viewpoint of Human Ecology*, Kenneth Hewitt eds., Boston: Allen & Unwin, 1983, pp. 3 – 32.

② Kendra, James M., "Geography's Contributions to Understanding Hazards and Disasters," in *Disciplines*, *Disasters and Emergency Management*: *The Convergence and Divergence of Concepts*, *Issues and Trends from the Research Literature*, D. McEntire and W. Blanchard eds., Emittsburg, Maryland: Federal Emergency Management Agency. http://training.fema.gov/emiweb/edu/ddemtextbook.asp, 2005.

的观点，认为防灾减灾的方法有结构性与非结构性之分。结构性的方法主要是工程的方法，包括翻新结构、加强结构等；非结构性减灾方法主要是社会文化的方法，不仅包括短期计划，如应急计划、教育计划、影响预测、警告过程，还包括长期计划，如房屋建设、土地使用控制、保险、教育和培训等。[①] 上述内容说明了地理学家在灾害和防灾减灾研究方面的贡献。

社会学是最早研究灾害的社会科学之一，社会学者发表了很多优秀的研究成果，对灾害的定义、理论化、灾害应急和管理、防灾减灾方法等都做出了重要贡献。在20世纪80年代之前，社会学长期主导灾害的社会科学研究理论和实践方向。早期的社会学研究灾害主要集中在人类怎样回应和应对灾害的问题上，特别是个人和社会组织对于灾害的应对方式。[②] 社会学家认为灾害的基本问题是社会秩序，灾害是环境脆弱性的原因和结果。后来，社会学家更关注社会网络工作和组织形式，并进行多学科的交叉和跨文化的比较研究。[③] 社会学对灾害的定义进行过详细的讨论，认为灾害定义如果得不到统一的话，会影响到学科的建设与发展。[④] 社会学非常重视社区的研究，认为文化在防灾减灾中有重要作用，提倡对灾害进行跨文化比较研究。[⑤] 与西方社会学家相似，中国社会学家对于灾害和防灾减灾研究有重要的贡献。

---

① Alexander, David, "Natural Disaster: A Framework for Research and Teaching," *Disaster*, Vol. 15, No. 3, 1991, pp. 209 – 226.

② Drabek, Thomas E., "Sociology, Disasters and Emergency Management: History, Contributions, and Future Agenda," in *Disciplines, Disasters and Emergency Management: The Convergence and Divergence of Concepts, Issues and Trends from the Research Literature*, D. McEntire and W. Blanchard eds., Emittsburg, Maryland: Federal Emergency Management Agency, http://training.fema.gov/emiweb/edu/ddemtextbook.asp, 2005.

③ Kreps, G. A., "Sociological Inquiry and Disaster Research," *Annual Review of Sociology* 10, 1984, pp. 309 – 330.

④ Quarantelli, E. L., "What is a Disaster? (Editor's Introduction)" *International Journal of Mass Emergencies and Disasters*, Vol. 13, No. 3, 1995, pp. 221 – 229.

⑤ Drabek, Thomas E., "Methodology of Studying Disasters: Past Patterns and Future Possibilities," *American Behavioral Scientist*, 1970, pp. 331 – 343.

经济学是与灾害研究关系最为接近的学科，经济学家探讨灾害对经济的影响，对灾害的经济损失评估、经济援助、减灾计划、资源分配、保险、区域发展、风险分析、脆弱性等都有突出的贡献。① 在中国，经济学的灾害研究主要集中在经济损失、评估、保险等领域，在经济学家看来，灾害的核心问题是经济，灾害后果是可以计量的经济损失。② 中国经济学家还重视风险评估、防灾减灾和恢复重建的研究。③ 近期的经济学家特别重视巨灾风险和防灾减灾新型智库建设的研究，何树红、钱振伟等学者在此方面有较大贡献。④

历史学、公共管理学、社会工作、比较政治学等都对灾害研究有着重要的贡献。西方的历史学家非常重视对灾害史的研究，并认为灾害历史学与灾害人类学之间有着密切的关系。⑤ 公共管理学从组织机构的角度进行灾害管理研究，强调减灾避灾、减灾措施中的教育、培训等，在美国“9.11”之后，公共管理学也强调国土安全，以避免恐怖主义对于国内居民的伤害。⑥ 社会工作在灾

---

① Clower, Terry L., "Economics Applications in Disaster Research, Mitigation, and Planning," *in Disciplines, Disasters and Emergency Management: The Convergence and Divergence of Concepts, Issues and Trends from the Research Literature*, D. McEntire and W. Blanchard eds., Emittsburg, Maryland: Federal Emergency Management Agency. http://training.fema.gov/emiweb/edu/ddemtextbook.asp, 2005.

② 郑功成：《灾害经济学》，商务印书馆，2010，第4页。

③ 唐彦东：《灾害经济学》，清华大学出版社，2011，第297、320页。

④ 何树红、陈浩、杨世稳：《巨灾风险分散模式研究》，《经济问题探索》2010年第1期；钱振伟、张艳、高冬雪：《基于模型选择方法的农业巨灾风险承受能力评估》，《财经科学》2014年第5期；钱振伟、华日新、彭博：《云南政策性森林火灾保险试点调查》，《保险研究》2011年第9期。

⑤ Garcia-Acosta, Virginia, "Historical Disaster Research," in Susanna M. Hoffman and Anthony Oliver-Smith eds., *Catastrophe and Culture: The Anthropology of Disaster*. Santa Fe, New Mexico: School of American Research Press, 2002, pp. 49-66.

⑥ Waugh, Jr., William L., "Public Administration, Emergent Management, and Disaster Policy," in *Disciplines, Disasters and Emergency Management: The Convergence and Divergence of Concepts, Issues and Trends from the Research Literature*, D. McEntire and W. Blanchard eds., Emittsburg, Maryland: Federal Emergency Management Agency. http://training.fema.gov/emiweb/edu/ddemtextbook.asp, 2005.

害研究和减灾方面也有着很大的贡献，社会工作者主要强调减灾干预，对组织、志愿者、脆弱群体的精神伤害、环境问题、减灾措施、跨文化比较等都有丰富的实践经验和深入的研究。[①] 比较政治学的灾害研究主要集中在政治组织、人类行为、国家脆弱性等与灾害的关系上，特别是国内外灾害管理和实践的比较也包括国际合作关系，尤其是反恐的国际合作研究。[②]

与中西方社会科学家一样，人类学家对灾害的理论和实践也进行了深入的研究，并且聚焦的问题和方法有很大的相似性。不同的是，人类学家的灾害研究主要集中在国际欠发达地区，以第三世界国家的少数民族地区居多。因此，本课题在对西方研究进行学术回顾的时候主要集中在人类学家对于少数民族地区的研究上，但在综述防灾减灾的概念和理论化时，也综合了其他社会科学和自然科学的理论和方法，因为不同学科相互交流和补充，回答相同或相似的问题，是防灾减灾研究的发展趋向。

二　西方人类学家的少数民族地区灾害和防灾减灾研究

在讨论西方人类学家对于少数民族地区灾害的研究之前，有必要对中西方学者关于少数民族的概念进行简要分析，因为中西方学者对“少数民族”概念有着不同的理解。西方人类学家主要

---

① Zakour, Michael J. , “Social Work and Disasters,” *in Disciplines, Disasters and Emergency Management: The Convergence and Divergence of Concepts, Issues and Trends from the Research Literature*, D. McEntire and W. Blanchard eds. , Emittsburg, Maryland: Federal Emergency Management Agency, http://training. fema. gov/emiweb/edu/ddemtextbook. asp, 2005.

② McEntire, David A. and Sarah Mathis, “Comparative Politics and Disaster: Assessing Substantive and Methodological Considerations,” *in Disciplines, Disasters and Emergency Management: The Convergence and Divergence of Concepts, Issues and Trends from the Research Literature*, D. McEntire and W. Blanchard eds. , Emittsburg, Maryland: Federal Emergency Management Agency, http://training. fema. gov/emiweb/edu/ddemtextbook. asp, 2005.

从事他者的研究，无论是在非洲还是在亚洲，他们的研究群体在我们看来都有少数民族的意味。但是，西方学者的“少数民族”具有“少数人”的意思，即英语中的“minority”。如，在美国，这些人中有拉美人、非洲人、亚洲人等，他们是美国社会中的弱势和贫困群体，经常居住在城市贫困地区，所以，关于这些人群的研究被认为是少数民族研究的一部分。另外，他们还用“族群”（Ethnic Group）来表示少数民族，但“民族”和“族群”也有区别，[①] 他们认为中国的少数民族与国家有着密切的联系。[②]

尽管中西方学者在少数民族概念上存在不同的理解，但并不影响他们对少数民族地区进行减灾防灾的理论和实践研究，如同美国人类学家奥利弗－史密斯（Oliver-Smith）所认为的一样，概念上的非一致性并不影响灾害人类学的研究。[③] 因此，对于少数民族地区的灾害研究具有非常重要的学术和实践意义，特别是西方人类学家研究的又是发展中国家的世居民族地区，这些地区被认为是少数民族的组成部分，并与中国的少数民族概念具有相似性。笔者认为，西方人类学家对少数民族地区灾害的研究已经取得了丰硕成果，他们的观点主要包括如下几个方面。

第一，少数民族居住在环境脆弱地区，发生灾害的频率较高。他们认为少数民族居住在泥石流、洪水等灾害容易发生的地

---

① 〔美〕郝瑞：《田野中的族群关系与民族认同——中国西南彝族社区考察研究》，巴莫阿依、曲木铁西译，广西民族出版社，2000，第260～283页；〔美〕郝瑞：《再谈“民族”与“族群”——回应李绍明教授》，《民族研究》2002年第6期。

② Harrell, Stevan, “Ethnicity, Local Interests, and State: The Yi Communities in Southwest China,” *Comparative Studies in Society and History*, Vol. 32, No. 3, 1990, pp. 515－548.

③ Oliver-Smith, Anthony, “‘What is a Disaster?’: Anthropological Perspectives on a Persistent Question,” in Anthony Oliver-Smith and Susanna M. Hoffman (eds.), *The Angry Earth: Disaster in Anthropological Perspective*, London: Routledge, 1999, pp. 18－34；〔美〕安东尼·奥利弗－史密斯：《何为灾难？——人类学对一个持久问题的观点》，彭文斌、黄春、文军译，《西南民族大学学报》（人文社会科学版）2013年第12期。

区,[①] 居住在污水附近,[②] 或者高山地区，而环境脆弱的地区发生灾害的可能性比其他地区大。由于地方经济不发达或者家庭和个体的经济能力有限，他们的建筑物和综合防灾能力弱。在发达国家，如美国、日本等，一些少数民族群体的英语和日语能力有限，他们往往收听不到或者听不懂与灾害有关的信息，使他们御灾能力减弱，因此，他们与人口在该国占多数的民族相比，面临着更大的风险压力，并且其抗风险能力可能比发达国家或者地区的其他弱势群体还弱。

第二，少数民族在灾害中受到更大的损失，灾后恢复的时间也更长。学者们认为，一些少数民族无能力承建标准的建筑，在地震等灾害发生时非常容易受损伤，也就是布莱姬等人所认为的“阶级地震”。[③] 如此的状况在非洲干旱与发达国家干旱的比较中就可以看出，1980～2000 年，非洲因干旱死亡的人数超过 55 万人，而同时间发达国家因干旱死亡的人数不到 100 人。[④] 而且非洲的干旱灾害恢复期会持续好几年，干旱深深地影响到当地的政治、经济和文化，特别是在畜牧地区，牲畜的恢复需要持续数年的时间才能达到灾前的水平。[⑤] 而发达国家的干旱灾害的结束以雨季的到

① Torry, William I., “Anthropological Studies in Hazardous Environments: Past Trends and New Horizons,” *Current Anthropology*, Vol. 20, No. 3, 1979, pp. 517 – 540. Zaman, M. Q., “The Social and Political Context of Adjustment to Riverbank Erosion Hazard and Population Resettlement in Bangladesh,” *Human Organization*, Vol. 48, No. 3, 1989, pp. 196 – 205.

② Fitchen, J., “Anthropology and Environmental Problems in the U. S.: the Case of Groundwater Contamination,” *Practicing Anthropology*, Vol. 10, No. 5, 1988, pp. 18 – 20.

③ Blaikie, Piers, Terry Cannon, Ian Daivs, and Ben Wisner, *At Risk: Natural Hazards, People's Vulnerability, and Disasters*, 1994, London: Poutledge, p. 9.

④ UNISDR（联合国国际减灾战略）:《从不同的角度看待灾害：每一种影响背后，都有原因》, http://www.unisdr.org/we/inform/publications, 2011。

⑤ McCabe, J. Terrence, “Impact of and Response to Drought among Turkana Pastoralists: Implications for Anthropological Theory and Hazards Research,” in Susanna M. Hoffman and Anthony Oliver-Smith (eds.), *Catastrophe and Culture: The Anthropology of Disaster*, 2002, pp. 213 – 236. Santa Fe, New Mexico: School of American Research Press. 中译见杰·特伦斯·麦凯布《图尔卡纳游牧民对干旱的冲击与回应：人类学理论和灾害研究的启示》，刘源译，彭文斌校，《西（转下页注）

来为标志，干旱对社会、经济和文化的影响远不像非洲那么严重，说明干旱灾害在不同地区产生的影响是不一样的。同级别的地震发生在日本等发达国家与发生在亚洲其他地区的结果也不一样，2014年发生在云南鲁甸的地震就说明了这一点，本次地震仅为6.5级，但它造成昭通市鲁甸县、巧家县、昭阳区、永善县和曲靖市会泽县108.84万人受灾，589人死亡，2401人受伤，22.97万人被紧急转移安置，2.58万户8.09万间房屋倒塌，4.06万户12.91万间房屋严重损坏，15.12万户46.61万间房屋一般损坏。[①] 而2000年发生在日本鸟取县的7.3级地震则未造成人员死亡，受伤人数也只有182人；2005年发生在日本宫城县的7.2级地震也没有造成人员死亡，受伤人数只有100人。[②] 这些情况说明了发达国家与发展中国家在地震灾害上的区别，发展中国家或者贫困地区需要很长时间才能够恢复到灾前水平，而发达国家或者地区则由于经济、技术等因素，灾后重建时间更短，且质量更高。

第三，人类学家认为灾害深深地嵌入一个社会的政治、经济和文化。[③] 换言之，社会中的政治、经济和文化无论是在灾前还是在灾后都影响着灾害，不同群体在灾害中的状况也与他们的经济能力、社会地位和文化信仰有关，社会中的弱势群体，如老人、妇女和儿童受到的灾害比常人大，特别是在少数民族地区，弱势群体的脆弱性会成为非常突出的问题，对斯里兰卡海啸的研究成果证明，妇女的打扮、传统习惯和宗教观念都会影响她们逃生

（接上页注⑤）南民族大学学报》（人文社会科学版）2013年第6期。

① 《云南鲁甸地震遇难人数增至589人》，中国地震局，https://www.cea.gov.cn/cea/dzpd/dzzt/370016/370020/3577465/indcx.html，2014年8月6日发布。

② 〔日〕寶馨、戸田圭一、橋本学编『自然災害と防災の事典』丸善出版、平成23年、35頁。

③ Oliver-Smith, Anthony "'What is a Disaster?': Anthropological Perspectives on a Persistent Question," in Anthony Oliver-Smith and Susanna M. Hoffman (eds.), *The Angry Earth: Disaster in Anthropological Perspective*, 1999, pp. 18 - 34. London: Routledge. 中译见安东尼·奥利弗-史密斯《何为灾难？——人类学对一个持久问题的观点》，彭文斌、黄春、文军译，《西南民族大学学报》（人文社会科学版）2013年第12期。

方式，[①] 而海地地震中儿童的伤亡超过126万人。[②] 因此，救灾中要对少数民族中的弱势群体给予特殊的关注。

第四，灾后恢复重建导致民族文化变迁。国外学者指出，在一些国家在恢复重建的过程中，很多少数民族未被征求意见就被迫搬出原来的社区，与亲人分离，[③] 他们也得不到应有的帮助。政府和社会组织在少数民族地区救灾时面临的问题远比主流民族地区复杂得多。

第五，少数民族有自己的传统知识和社会系统，能有效应对灾害，或者说能够对灾害进行有效回应。灾害的大小由文化倒塌与否决定，[④] 那些受自然灾害困扰多的少数民族有丰富的应对灾害的传统知识，即使社会平衡系统遭到破坏，文化系统和社会凝聚力也能使社会功能得到恢复和发挥作用，也就是社区存在连续性。[⑤] 当然，少数民族的防灾、减灾和灾后恢复不能仅靠传统知识，还需要社会各界的帮助。[⑥] 但是，在大多数人类学家看来，少数民族传统知识是减少灾害的重要资源。[⑦] 例如，非洲地区各民族

---

① Gamburd, Michele R. and Dennis B. McGilvray, "Sri Lanka's Post-Tsunami Recovery: Cultural Traditions, Social Structures and Power Struggles," *Anthropology News*, Vol. 51, No. 7, 2010, pp. 9 – 11.

② Ensor, Marisa O., "Protecting Haiti's Children: Disasters, Trafficking and Human Rights," *Anthropology News*, Vol. 51, No. 7, 2010, pp. 26 – 27.

③ Oliver-Smith, Anthony, "Communities after Catastrophe: Reconstructing the Material, Reconstituting the Social," in Stanley E. Hyland (ed.), *Community Building in the Twenty-First Century*. Santa Fe, New Mexico: School of American Research Press, 2005, pp. 45 – 70.

④ Porfiriev, Boris N., "Disaster and Disaster Areas: Methodological Issues of Definition and Delineation," *International Journal of Mass Emergencies and Disasters*, Vol. 13, No. 3, 1995, pp. 285 – 304.

⑤ Torry, William I., "Anthropology and Disaster Research," *Disasters*, Vol. 3, No. 1, 1979, pp. 43 – 52.

⑥ Bolin, Robert and Lois Stanford, "Constructing Vulnerability in the First World: The Northridge Earthquake in Southern California, 1994," in Anthony Oliver-Smith and Susanna M. Hoffman (eds.), *The Angry Earth: Disaster in Anthropological Perspective*, London: Routledge. 1999, pp. 89 – 112.

⑦ Oliver-Smith, Anthony, "Anthropological Research on Hazards and Disasters," *Annual Review of Anthropology* 25, 1996, pp. 303 – 328.

在应对干旱灾害的时候，就有很多的传统知识值得关注，福里尔利特在对非洲亚撒哈拉地区原住民应对干旱灾害的方式进行研究的时候，发现当地茨瓦纳人（Tswana）能食用250多种野生食物，泰塔人（Taita）的儿童能找到80种野生果子作为小吃，他们常常能给家中的主食配上野生绿菜。他们的食品保存和储藏方式能有效地应对干旱灾害。[①] 这些研究说明不同地区的传统知识对于防灾减灾实践具有重要的意义。

西方人类学家的少数民族地区灾害研究领域和观点当然不止这些，一些发生在第三世界国家的灾害与内部民族冲突之间的关系在学界同样受到重视，如2004年发生在印度尼西亚、泰国、斯里兰卡等国的海啸就是鲜明案例，斯里兰卡是一个灾前就充满各种民族矛盾的国家，在灾害发生之后，社会上出现了短暂的团结，但恢复重建工作开始之后，一系列的旧矛盾又呈现出来，项目利益、地盘扩张、政治利益保护等都在重建中得到体现，导致灾害恢复重建时困难重重，有的项目难以持续下去，甚至导致总统下台。[②] 所有这些，都说明少数民族地区灾害研究的重要性和价值，它不仅为我们了解灾害的社会属性提供帮助，还为民族地区的灾害管理提供各种经验。

三　中国人类学家的少数民族地区灾害和防灾减灾研究

中国人类学家的灾害研究几乎都集中在少数民族地区，这是因为近几年的中国大灾难大多发生在西部少数民族地区，如四川

① Fleuret, Anne, "Indigenous Responses to Drought in Sub-Saharan Africa," *Disasters*, Vol. 10, No. 3, 1986, pp. 224 - 229.

② Gamburd, Michele R., "The Golden Wave: Discourses on the Equitable Distribution of Tsunami Aid on Sri Lanka's Southwest Coast," in Dennis B. McGilvray and Michele R. Gamburd (eds.), *Tsunami Recovery in Sri Lanka: Ethnic and Regional Dimensions.* London and New York: Routledge, 2010, pp. 64 - 83.

汶川大地震、青海玉树地震、甘肃舟曲泥石流、云南盈江地震、姚安地震、西南大旱等，人类学家对于这些地区的研究，也不可避免地集中在少数民族的范围之内。当然，少数民族地区也生活着很多汉族，除了大城市及其周边的汉族之外，乡村地区汉族与少数民族相互杂居，与当地少数民族有婚姻、生产和生活上的联系。在分析少数民族地区灾害的时候，那些杂居汉族也被纳入少数民族地区的范畴之内。总体上看，中国西部主要是少数民族聚居地，人类学家对这些地区进行灾害研究的时候，会将注意力集中在少数民族身上。

中国人类学家对于少数民族地区的灾害研究主要集中在如下几个方面。

第一，对特大灾害中的少数民族文化保护和变迁的研究。最为典型的是汶川大地震中的羌族文化保护研究，有的学者研究地震对于羌族人口的影响，[①] 有的则研究地震对非物质文化遗产造成的损失。[②] 地震灾害中的民族文化保护和变迁一直是人类学的研究重点，持续受到学者们的关注。

第二，对少数民族地区巨灾风险分担机制的研究。杨正文提出，少数民族地区的风险分担机制就是要实行国家内部的对口援助计划，即选择一个东部发达地区的省份或者市县对西部少数民族重灾区进行对口援助。[③] 这样的巨灾风险分担机制在汶川大地震中取得了很好的效果，对灾害管理创新具有重要的意义。

第三，对少数民族地区灾害中的妇女、残疾人、老年人、儿童等弱势群体的研究。如尹仑等认为藏族妇女不仅能够对气候变化及其带来的灾害做出有效的应对，还能在外界各种援助力量的支持下，基于女性自身文化和传统知识提出气候灾害防范、互助

---

① 喇明英：《汶川地震对羌族人口的影响》，《四川省情》2008 年第 6 期。

② 吴建国、张世均：《“汶川地震”对羌族非物质文化保护和传承的影响》，《西南民族大学学报》（人文社会科学版）2009 年第 6 期。

③ 杨正文：《巨灾风险分担机制探讨——兼论“5·12”汶川大地震“对口援建”模式》，《西南民族大学学报》（人文社会科学版）2013 年第 5 期。

和治理机制等应对措施。[①] 在救灾过程中，较多地帮助妇女、儿童、残疾人等弱势群体是保证灾区社会公平的重要内容，这在哀牢山泥石流灾害中体现得尤为突出。[②]

第四，对于干旱灾害的研究。干旱灾害是人类学的关注重点。其中有的是从生态人类学的角度研究灾害，如曾少聪对西南大旱的研究就是从生态人类学的视野进行的。[③] 还有的研究重视旱灾的成因，对抗灾方式、存在问题及其政策建议进行探索，[④] 或者探讨干旱对少数民族社会产生的影响及少数民族抗击方式，如傈僳族地区的干旱灾害虽然严重，但是当地村民，包括妇女等弱势群体采取了很多措施，妇女是干旱的主要受害者，也是应对干旱灾害的中坚力量。[⑤]

第五，对少数民族地区的环境安全和石漠化研究。石漠化是中国西南地区的严重生态脆弱性问题，贵州、云南、广西、湖南等省区是重灾地区，石漠化问题成了人类学家的研究对象。杨庭硕对于石漠化问题的人类学研究具有开拓性的意义。他以麻山苗族为例，探讨了苗族传统知识在石漠化灾变治理中的价值，认为苗族生计中的地方性知识和技能，在石漠化灾变救治中具有不可替代的特殊价值，这些传统知识可能成为根治石漠化灾变的可行方法。[⑥] 杨庭硕重视传统知识的观点得到了石峰、游涛、罗康隆等人的支持。石

---

① 尹仑、薛达元、倪恒志：《气候变化及其灾害的社会性别研究——云南德钦红坡村的案例》，《云南师范大学学报》（哲学社会科学版）2012 年第 5 期。

② 李永祥：《泥石流灾害的人类学研究——以云南省新平彝族傣族自治县“8.14 特大滑坡泥石流”为例》，知识产权出版社，2012。

③ 曾少聪：《生态人类学视野中的西南干旱——以云南旱灾为例》，《贵州社会科学》2010 年第 11 期。

④ 方素梅、陈建樾、梁景之：《西南大旱与广西河池的抗旱救灾调查》，载郝时远主编《特大自然灾害与社会危机应对机制——2008 年南方雨雪冰冻灾害的反思与启示》，社会科学文献出版社，2013，第 288 ~ 329 页。

⑤ 李永祥：《傈僳族社区对干旱灾害的回应及人类学分析——以云南元谋县姜驿乡为例》，《民族研究》2012 年第 6 期。

⑥ 杨庭硕：《苗族生态知识在石漠化灾变救治中的价值》，《广西民族大学学报》（哲学社会科学版）2007 年第 3 期。

峰通过对黔西北石漠化地区生态恢复的研究，认为苗族充分利用本民族的生态地方性知识发挥了“文化制衡”的重要作用。不同的是，除了文化的力量，还要强调当地的社会保障机制。[①] 游涛也认为苗族传统植树技能对治理石漠化具有重要作用。[②] 在近期的研究成果中，罗康隆、彭书佳通过对广西瑶族的研究，揭示了民族传统生态知识在治理石漠化灾变中的意义，认为瑶族在长期的生产生活中创造出了一套适用于当地生存环境的传统生态智慧石漠化灾变应对方法，化解了生存环境中的结构性缺陷问题。[③] 环境脆弱性和石漠化是中国西南少数民族地区灾害研究的重要内容。

第六，对少数民族地区其他灾害的研究。人类学家对少数民族地区灾害的研究是广泛的，如扎洛对于青藏高原东部牧区藏族进行的雪灾防范制度的考察，指出受气候变暖、草场退化、人口大幅增长等因素影响，牧民面临的雪灾风险呈上升趋势，如何提高和完善防范雪灾的能力仍然是当地政府和牧民面临的重大挑战。[④] 他认为要完善当前雪灾救助机制，就要区分牧业灾害与农业灾害在生产资料损失，灾民与长期贫困人口在人力资本方面的差异性。[⑤] 梁景之对青海牧区频发的鼠虫灾害的防治方法的研究，[⑥]

---

① 石峰：《苗族石漠化地区生态恢复的本土社会文化支持》，《云南民族大学学报》（哲学社会科学版）2010 年第 2 期；罗康隆：《地方性知识与生存安全——以贵州麻山苗族治理石漠化灾变为例》，《西南民族大学学报》（人文社会科学版）2011 年第 7 期。

② 游涛：《浅谈贵州喀斯特石漠化地区苗族传统植树技能》，《贵州民族研究》2010 年第 4 期。

③ 罗康隆、彭书佳：《民族传统生计与石漠化灾变救治——以广西都安布努瑶族为例》，《吉首大学学报》（社会科学版）2013 年第 1 期；罗康隆：《麻山地区苗族复合生计克服“缺水少土”的传统生态智慧》，《云南师范大学学报》（哲学社会科学版）2011 年第 1 期。

④ 扎洛：《雪灾防范的制度与技术——青藏高原东部牧区的人类学观察》，《民族研究》2008 年第 5 期。

⑤ 扎洛：《雪灾与救助——青海南部藏族牧区的案例分析》，《民族研究》2010 年第 6 期。

⑥ 梁景之：《生物灾害的防治与社会变迁——青海省东部牧区的个案分析》，《民族研究》2008 年第 5 期。

还有方素梅、梁景之、陈建樾在广西雨雪冰冻灾害及其应对机制方面的调查,[①] 以及其他学者对艾滋病等流行病灾害、[②] 艾滋病防控中的民族和性别问题、[③] 流行病史[④]等的研究。在少数民族地区灾害研究中，还有一股非常重要的力量，那就是对于灾害史的研究，包括了对某一地区地震史的研究,[⑤] 以及对于各种类型的灾害史和综合史的研究,[⑥] 这些研究都显示了人类学家对于少数民族地区灾害的关注，对灾区人民和文化的关怀。这些研究都将对灾害人类学以及防灾减灾的理论和实践产生深远的影响。

综上所述，中国人类学家对于少数民族地区的灾害研究，成果是丰富的，内容涉及也非常广泛，这些研究将对中国少数民族地区的灾害研究产生深远的影响。

四　地震、干旱、泥石流和火灾的人类学研究

本书主要涉及地震、干旱、泥石流和火灾四种灾害，因此下文将主要梳理关于这四种灾害的人类学研究。

（一）人类学的灾害类型研究

人类学家对不同的灾害类型进行了深入的研究，包括地震、

---

① 方素梅、梁景之、陈建樾：《雨雪冰冻灾害与民族地区危机应对机制研究——对贵州黔东南和广西桂林的个案调查》，载郝时远主编《特大自然灾害与社会危机应对机制——2008 年南方雨雪冰冻灾害的反思与启示》，社会科学文献出版社，2013，第 114 ~200 页。

② 兰林友：《中国艾滋病防治的人类学研究：社会文化行为的分析》，《广西民族大学学报》（哲学社会科学版）2010 年第 6 期。

③ 景军、郇建立：《中国艾滋病研究中的民族和性别问题》，《广西民族大学学报》（哲学社会科学版）2010 年第 6 期。

④ 沈海梅：《从瘴疠、鸦片、海洛因到艾滋病——医学人类学视野下的中国西南边疆》，载陈刚主编《应用人类学最新发展和在中国的实践文集》，民族出版社，2012，第 217 ~237 页；周琼：《清代云南瘴气与生态变迁研究》，中国社会科学出版社，2007。

⑤ 王川田、利军：《民国时期川西地震及社会的应对》，《西南民族大学学报》（人文社会科学版）2013 年第 7 期。

⑥ 周琼：《云南历史灾害及其记录特点》，《云南师范大学学报》2014 年第 6 期；夏明方：《民国时期自然灾害与乡村社会》，中华书局，2000。

干旱、泥石流、洪水、飓风、龙卷风、石油泄漏、火灾、流行病、战争、恐怖主义等各种与自然和人为事件有关的灾害。灾害发生在世界各地，而人类学家从事的是对第三世界国家的研究，灾害资料可以广泛收集，与其他社会科学家相比，人类学家的灾害研究资料更加齐全。但是，人类学家对灾害类型的研究不是均衡的，有的灾害研究得多，有的灾害研究得少，例如，对地震、干旱、洪水、飓风等灾害研究得比较多，对泥石流、风灾、雷电等灾害研究得比较少。人类学对于灾害类型的研究包括了不同的灾害阶段，如预防、应急、减灾、恢复重建等，但不同的灾害有不同的研究重点，如对于地震灾害主要关注灾后恢复重建，对于干旱灾害聚集在应对方式上，对于石油泄漏则主要关注它所造成的环境后果，等等。中国的灾害人类学研究源于汶川大地震，尽管之前有一些人类学家研究过灾害，但成果甚少，汶川地震不仅使人类学家更加关注灾害，还丰富了人类学分支——灾害人类学的内容。如今，灾害人类学的文章在全国核心期刊中随处可见，《民族研究》《西南民族大学学报》《云南师范大学学报》《民族学刊》《云南民族大学学报》《贵州民族研究》《云南社会科学》《思想战线》等刊物上有很多的灾害人类学论文发表出来，说明灾害人类学在中国已经进入了一个新时期。本书将对地震、干旱、泥石流和火灾的人类学研究进行简要述评，目的是为其他学科的学者提供一个简要概括和线索，为不同学科的学者提供一些交流信息。

（二）地震灾害的人类学研究

地震是“指大地突然发生的震动。地震分为天然地震和人工地震两大类。天然地震主要包括构造地震、火山地震、陷落地震、陨石地震等……人工地震是指因工业爆破、地下核爆炸、大型水库蓄水、深井高压注水等引起的地震”。[①] 地震研究无论是在自然科学界还是在社会科学界，无论是在发达国家还是在发展中国家，

① 马宗晋、张业成、高庆华、高建国：《灾害学导论》，湖南人民出版社，1998。

都得到了很好的研究，尽管现在各国的地震预报能力还非常有限，但是都采取了很多的防御措施，以尽量减少损失。在自然科学界，地震研究主要集中在地震监测、预报以及抗震材料的研究、生产、使用等方面。在此方面，美国、日本、欧洲各国等发达国家走在最前面，起到了领头羊的作用。美国的西部海岸各州是地震频发的地区，西雅图从1946年到2001年共发生过4次6级以上的地震，其中仅2001年的地震就造成20多亿美元的经济损失。[①] 日本处在地震带上，是地震多发的地区，全球大约15%的地震发生在日本列岛及其周边海域。[②] 日本是一个非常重视灾害研究和防灾减灾实践的国家，其研究和应用成果在全球很有代表性，并得到国际上的认同。

关于人类学家对地震灾害的研究，先驱者当然是来自美国佛罗里达大学人类学系的奥利弗－史密斯（Oliver-Smith）教授。1971年，他在南美秘鲁进行人类学田野调查的时候当地发生了大地震，于是，他把原来设计的以政治经济为主的田野调查内容转为灾害研究，但是，他在研究中碰到了一个棘手的问题，那就是人类学家在1950～1960年虽然做过关于灾害的研究，但除了个别人类学家写过太平洋岛屿台风和火山爆发现场的文章之外，有关非工业化国家的灾害研究在那个年代几乎没有，所有的灾害研究基本上集中于欧洲和美国，[③] 地震灾害的人类学研究更是空白。奥利弗－史密斯在地震灾害方面进行了长期的研究，历时超过40年。随后，地震灾害的人类学研究成果越来越多。

地震灾害的人类学研究重点在恢复重建阶段，强调了长期的跟踪调查，如奥利弗－史密斯对于秘鲁地震进行了十多年的跟踪调查，认为地震灾害恢复重建所延续的是原来的社会分层，而非

---

① http://www.seattle.gov/emergency/hazards.htm，2014年4月7日。

② 〔日〕樋口次之『地震おそれずあなどらず』第一法规出版株式会社、平成3年、35頁。

③ Oliver-Smith, Anthony, *Contemporary Anthropological Research on Hazards and Disasters.* A Paper Presented on the International Conference on Anthropology of Disaster and Hazards' Mitigation and Prevention Studies, Kunming, China, August, 2013.

革新后的模式。[1] 对于弱势群体和脆弱性的关注是人类学地震灾害研究的重点，低收入群体、性别、年龄、族群、移民等都得到了很好的分析，[2] 特别是地震灾害中的妇女、儿童等弱势群体成为人类学家的聚焦对象。研究证明，妇女在地震中的死亡人数比男性多，她们在援助物资的分配中处于不平等的地位，女性得不到平等的分配，即使是专门供给妇女的物资也得不到保证。[3] 儿童在灾害中更为脆弱，在海地大地震中，有126万名儿童受到影响，其中有70万人是年龄在6~12岁的小学生，更为严重的是有45万名儿童被迫离开家园，数千名儿童还与他们的父母分离。[4] 这些情况说明了地震灾害中的妇女、儿童等弱势群体应该得到特别的关注和研究，他们是防灾减灾的重点群体。

地震灾害的应急方式、行为回应、灾后重建、文化变迁等是人类学研究的重点之一，奥利弗－史密斯认为，回应方式包括了个人和组织、文化和大灾难、政治和权力、经济和发展之间的关系。[5] Henry也提出了相似的观点，但他认为灾害行为回应集中体现在文化制度上，包括宗教、仪式、经济和政策等方面。[6] 一些人

---

① Oliver-Smith, Anthony, "Planning Goals and Urban Realities: Post-Disaster Reconstruction in a Third World City," *City and Society*, Vol. 2, No. 2, 1988, pp. 105 - 126.

② Bolin, Robert and Lois Stanford, "Constructing Vulnerability in the First World: The Northridge Earthquake in Southern California, 1994," in Anthony Oliver-Smith and Susanna M. Hoffman (eds.), *The Angry Earth: Disaster in Anthropological Perspective*, pp. 89 - 112, 1999. London: Routledge。

③ Henrici, Jane, "A Gendered Response to Disaster: In the Aftermath of Haiti's Earthquake," *Anthropology News*, Vol. 51, No. 7, 2010, p. 5.

④ Ensor, Marisa, "Protecting Haiti's Children: Disasters, Trafficking and Human Rights," *Anthropology News*, Vol. 51, No. 7, 2010, pp: 26 - 27.

⑤ Oliver-Smith, Anthony, "Anthropological Research on Hazards and Disasters," *Annual Review of Anthropology* 25 (1996): 303 - 328.

⑥ Henry, D., "Anthropological Contributions to the Study of Disasters," in *Disciplines, Disasters and Emergency Management: The Convergence and Divergence of Concepts, Issues and Trends From the Research Literature*, D. McEntire and W. Blanchard, eds. Emittsburg, Maryland: Federal Emergency Management Agency, http://training.fema.gov/emiweb/edu/ddemtextbook.asp, 2005.

类学家集中研究灾后恢复重建和文化变迁。在以社区为基础的重建过程中，地方组织、领导制度、社会结构等都得到强调。① 很多学者对于灾害与文化的关系进行过讨论，认为灾害自人类社会产生的一刻起就成为其一部分，并以文化形式体现出来，灾害能够从基础上动摇一个社会的文化。② 因此，人类学家认为灾害是自然和社会文化融合在一起的过程，本质上它是由社会构建的。社会构建的灾害可能与自然因素联系在一起，而自然因素形成的灾害，也不可避免地与人类社会的各种复杂因素联系在一起。③ 这在地震灾害中体现得尤为突出。

中国地震灾害的人类学研究以汶川大地震中的文化保护和变迁为主，最为典型的是汶川大地震中的羌族文化保护研究，有的学者研究地震对羌族人口的影响，④ 有的则研究地震对非物质文化遗产造成的损失。⑤ 强调恢复重建中的羌族文化保护要与文化旅游开发相结合，注重社区参与旅游发展的模式，包括：加大宣传力度，重塑旅游形象；展示特色文化，创制羌族品牌；开发地震遗址，拓展旅游项目；等等。⑥ 文化重建方面的内容包括数据库建设、恢复文化原貌、鼓励羌族人民参与文化重建等。⑦ 学者们提出了各种羌族文化保护措施，如蒋彬和张原针对灾后重建过程中文

① D'Souza, Frances, "Recovery Following the Gediz Earthquake: A Study of Four Villages of Western Turkey," *Disasters*, Vol. 10, No. 1, 1986, pp. 35 - 52.

② Bator, Joanna, "The Cultural Meaning of Disaster: Remarks on Gregory Button's Work," *International Journal of Japanese Sociology* 21, 2012, pp. 92 - 97.

③ Oliver-Smith, Anthony, " 'What is a Disaster?': Anthropological Perspectives on a Persistent Question," in Anthony Oliver-Smith and Susanna M. Hoffman (eds.), *The Angry Earth: Disaster in Anthropological Perspective*, pp. 18 - 34, 1999, London: Routledge.

④ 喇明英：《汶川地震对羌族人口的影响》，《四川省情》2008 年第 6 期。

⑤ 吴建国、张世均：《“汶川地震”对羌族非物质文化保护和传承的影响》，《西南民族大学学报》（人文社会科学版）2009 年第 6 期。

⑥ 张金玲、汪洪亮：《灾害与重建语境中的羌族村寨文化保护与旅游重振——以汶川雁门乡萝卜寨为例》，《贵州民族研究》2009 年第 4 期。

⑦ 周毓华：《汶川大地震之后的羌族文化重建研究》，《西藏民族学院学报》（哲学社会科学版）2009 年第 5 期。

化保护与发展所遭遇的困难和问题，提出了将羌族传统文化的保护与灾后重建、非物质文化遗产保护、民族文化资源开发结合起来的建议，他们在探求羌族传统文化保护与发展的原则、途径和方式的同时，提出一些具有可操作性的政策、措施和项目建议。[①] 黄文、杨艺甚至提出了六大项目，如文化空间项目、大禹文化项目、羌语文化项目、释比传承人项目、羌族民间演艺项目、旅游产品创意项目等。[②] 喇明英提出了建立羌族文化保护区的观点，[③] 石硕强调灾区村寨的恢复重建是保护羌族文化的关键，受灾村寨应以羌族村民为主体进行，以"自建"为主，杜绝外界各种"规划"及由政府包办的主导性干预，外界应在充分尊重羌族民众主体意愿的前提下提供资金等辅助性帮助。[④]

对于羌族文化保护存在担忧的学者非常多，其中，王明珂的观点很有代表性，他认为不同地区的羌族都有各自特色，无论是房屋重建，还是经济、社会、文化层面的重建，都须考虑羌族内部之多元性。[⑤] 吴建国、张世均也认为地震后受灾羌族群众的异地搬迁会导致羌族文化载体的消失。这就意味着很多重要的羌族非物质文化遗产会因此后继无人，羌族文化面临灭绝威胁。[⑥] 这些都是中国人类学家对于汶川大地震的研究成果。

---

① 蒋彬、张原：《羌族传统文化的保护与发展研究》，《西南民族大学学报》（人文社会科学版）2009 年第 4 期；蒋彬、吴定勇：《传媒议程设置与震后羌族文化重振》，《西南民族大学学报》（人文社会科学版）2012 年第 9 期。

② 黄文、杨艺：《灾后羌族非物质文化遗产传承发展的共生研究——对阿坝州羌族文化生态保护实验区的实践解析》，《西南民族大学学报》（人文社会科学版）2011 年第 5 期。

③ 喇明英：《汶川地震后对羌族文化的发展性保护研究》，《西南民族大学学报》（人文社会科学版）2008 年第 7 期。

④ 石硕：《岷江上游的人文背景与民族特点——兼论岷江上游区域灾后重建过程中对羌文化的保护》，《西南民族大学学报》（人文社会科学版）2008 年第 9 期。

⑤ 王明珂：《民族学与灾后重建——震灾中的羌族：简况与建议》，《西北民族研究》2008 年第 3 期。

⑥ 吴建国、张世均：《"汶川地震"对羌族非物质文化遗产保护和传承的影响》，《西南民族大学学报》（人文社会科学版）2009 年第 6 期。

（三）干旱灾害的人类学研究

干旱灾害主要发生在非洲和亚洲地区，其中，非洲干旱地区包括了肯尼亚、埃塞俄比亚、索马里、乌干达、苏丹、赞比亚、坦桑尼亚、博茨瓦纳等国，但亚洲的中东、印度、孟加拉国、中国等也是干旱灾害的重灾区。据统计，1980 年至 2010 年，非洲干旱灾害共发生 197 次，死亡 55 万多人，2.9 亿人受到影响；而亚洲的情况也非常严重，1980 年至 2010 年，亚洲共发生干旱灾害 105 次，死亡 5300 多人，13 亿人受到影响。[①] 非洲和亚洲的干旱灾害死亡人数占全球干旱灾害死亡人数的 99.97%，受干旱影响人数占全球受干旱影响人数的 96%。由此可见，干旱灾害在非洲和亚洲非常严重，是最主要的灾害类型之一。因此，干旱灾害也必然受到包括人类学家在内的社会科学家和自然科学家的关注。

什么是干旱灾害？这是所有的干旱灾害研究者都要回答的问题。联合国国际减灾战略认为干旱是“一段低于正常雨量的持续期”。干旱有四种不同的定义方式：气象，降水背离正常值的测量，由于气候差异，对是否算发生干旱的标准也有所不同；农业，土壤中的水分含量不再满足特定农作物的需要；水文，地表和地下水低于正常水平；社会经济，水缺乏开始对人造成影响。[②] 在中国，不同学科的学者对干旱进行了定义。程建刚、晏红明、严华生、解明恩等认为，“干旱是水分供求不平衡造成的自然灾害，主要指久晴无雨或少雨，造成空气干燥，土壤缺水，水源枯竭，影响农作物和牲畜正常生长发育而减产的现象，包括农业干旱缺水、城市干旱缺水和农村人畜饮用水短缺等”。[③] 黄雨、张德亮认为干

---

① 联合国国际减灾战略（UNISDR）：《从不同的角度看待灾害：每一种影响背后，都有原因》，www.unisdr.org/we/inform/publications，2011。

② 联合国国际减灾战略（UNISDR）：《从不同的角度看待灾害：每一种影响背后，都有原因》，www.unisdr.org/we/inform/publications，2011。

③ 程建刚、晏红明、严华生、解明恩等编著《云南重大气候灾害特征和成因分析》，气象出版社，2009，第 3 页。

旱灾害是水分供应不平衡造成的水分短缺现象。[①] 马宗晋、张业成、高庆华、高建国认为，干旱是指“降水异常偏少，造成空气过分干燥，土壤水分严重亏缺，地表径流和地下水量大幅度减少的现象”。[②] 由此可见，干旱灾害的定义不仅复杂多样，而且没有得到统一。

在人类学领域中，干旱灾害被认为是，当庄稼需要正常生长的时候，这个季节的土壤却无法提供足够的水分确保庄稼生长。干旱不像洪水和旋风一样可以立即看到结果，它在开始时期是有潜伏性的。[③] 简言之，干旱灾害是水分供应不平衡造成的水分短缺现象。[④] 干旱是四大自然灾害之一，正因如此，干旱灾害的人类学研究在世界范围内受到广泛关注，Torry、Brammer、McCabe、Turton、Moseley、Fleuret 等对此有杰出贡献。干旱灾害的人类学研究主要集中在非洲地区，包括肯尼亚、埃塞俄比亚、索马里、苏丹、赞比亚、坦桑尼亚、博茨瓦纳等国，但亚洲的印度、孟加拉国、中国等也在受关注之列。非洲干旱灾害受到人类学家的关注符合人类学的传统，因为很多人类学家从事非洲研究，干旱是非洲环境的主要特征之一，人类学家会不可避免地对周围的环境和发生的事件进行研究。如同 Hoffman 所指出的一样，人类学家对灾害研究重视，一部分原因是人类学家在田野点经历了灾害，另一部分原因是全球范围内越来越多的地区出现的灾害使人类学家和田野点都受到牵连。[⑤] 因此，非洲干旱灾害多年来受到人类学家的关注和研究。人类学家在对干旱灾害进行深入探讨之后，得出如下结

---

① 黄雨、张德亮：《云南省干旱成灾因素分析及减灾对策初探》，《云南农业大学学报》（社会科学版）2011 年第 2 期。

② 马宗晋、张业成、高庆华、高建国：《灾害学导论》，湖南人民出版社，1998，第 97 页。

③ Brammer, Hugh, “Drought in Bangladesh: Lessons for Planners and Administrators,” *Disasters*, Vol. 11, No. 1, 1987, pp. 21 – 29.

④ 黄雨、张德亮：《云南省干旱成灾因素分析及减灾对策初探》，《云南农业大学学报》（社会科学版）2011 年第 2 期。

⑤ Hoffman, Susanna M., “Of Increasing Concern: Disaster and the Field of Anthropology,” *Anthropology News*, Vol. 51, No. 7, 2010, pp. 3 – 4.

论：第一，干旱是气候学制度下的一个共同特征；第二，当地世居民族处理环境压力的方式取决于社会网络的保持，富裕者将剩余物品分配给较为贫困的人；第三，目光短浅的发展大大加重了环境和社会负担，导致与干旱灾害有关的压力产生；第四，很多发展项目的关注焦点已经从增加生产转变为减灾和恢复。[①] 这些观点在人类学界具有一定的代表性。

非洲干旱灾害回应方式受到很多学者的关注。Turton 对埃塞俄比亚西南莫西地区的干旱灾害进行了详细的考察，认为该地区干旱灾害的回应方式主要表现在三个方面：第一是生计的多元化，如牧业、粮食、狩猎、捕鱼等；第二是社会组织之间的合作，即家庭男主人们与妻子的兄弟们生活和合作创造了一种网络关系，这样可以抵御更大的风险和粮食短缺问题；第三是人口控制。[②] McMabe 对肯尼亚图卡纳地区的干旱应对方法进行了考察，发现图卡纳地区的干旱应对方法包括将依赖他人生活者从较贫困的家庭转移到较富裕的家庭，从朋友和亲戚那里借牲畜，把大牲畜换成小牲畜，让女儿结婚。[③]与上述学者不同的是，Moseley 的研究集中在美洲安第斯民间应对干旱的方法之上，他发现安第斯的民间应对方法包括在比较潮湿的地方开发新的耕地，增加粮食储备，增加移动以获得远地区资源、更多的信息流通和交流，搬迁到高产量的地区。[④]

---

① McMabe, J. Terrence, "Success and Failure: The Breakdown of Traditional Drought Coping Institutions among the Pastoral Turkana of Kenya," *Journal of Asian and African Studies* XXV, 3 - 4, 1990, pp. 146 - 160.

② Turton, David, "Response to Drought: The Mursi of Southwestern Ethiopia," *Disasters*, Vol. 1, No. 4, 1977, pp. 275 - 287.

③ McMabe, J. Terrence, "Success and Failure: The Breakdown of Traditional Drought Coping Institutions Among the Pastoral Turkana of Kenya," *Journal of Asian and African Studies* XXV, 3 - 4, 1990, pp. 146 - 160.

④ Moseley, Michael E., "Modeling Protracted Drought, Collateral Natural Disaster, and Human Responses in the Andes," in Susanna M. Hoffman and Anthony Oliver-Smith (eds.), *Catastrophe and Culture: The Anthropology of Disaster*, pp. 187 - 212. Santa Fe, New Mexico: School of American Research Press, 2002. 中译见迈克·莫斯利《安第斯的久旱、并发性自然灾害及人类的反馈模式》，申晓虎译，彭文斌校，《云南民族大学学报》（哲学社会科学版）2013 年第 3 期。

O'Brien 等人认为，干旱灾害的抗灾方式主要是能力建设；[①] Brammer 强调要重视当地的传统文化，因为农民管理土壤和庄稼能力的提升会减少干旱造成的影响，农民也能够通过阵雨来保持他们耕地的湿润性。[②] 当然，还有一些学者强调干旱灾害的抗灾方式既要强调当地居民的传统社会制度和文化，还要强调以市场为基础的抗灾方式。[③] 换言之，干旱灾害与市场价格之间存在密切的联系，抗击灾害的方式应与市场相结合。

然而，非洲干旱灾害的特点是复杂的，它们常常导致很多严重的次生灾害，具体如下。（1）饥荒灾害。非洲干旱中经常出现的次生灾害是饥荒，表现为食品供给不足，很多人挨饿，因此，人们在处理干旱灾害的同时还要处理饥荒问题。（2）流行病灾害。疾病成为非洲干旱灾害的主要次生灾害之一，干旱灾害造成水资源不足，而水源资源不足又使卫生条件受到影响，为疾病的产生创造了条件。（3）社会动乱。干旱灾害还会造成严重的社会动乱，在很多情况下，社会动乱对于灾民的影响甚至超过了干旱灾害本身，国际组织处理社会动乱的难度甚至超过了处理干旱灾害的难度。（4）难民问题。干旱导致粮食减产，加上疾病和社会动乱，产生了很多难民并使他们逃向邻国。[④] 当然，应该指出的是，难民本身不是灾害，他们是灾害的受害者，但是，难民问题错综复杂，需要付出的人力、财力不比灾害应对本身少。所以，难民问题是非洲干旱灾害中的棘手问题。上述次生灾害不是独立存在的，它们与干旱灾害互为因果，有的次生灾害之间也有因果关系，如饥

① O'Brien, Geoff, O'keefe, Phil, Rose, Joanne and Wisner, Ben, "Climate Change and Disaster Management," *Disasters*, Vol. 30, No. 1, 2006, pp. 64 – 80.

② Brammer, Hugh, "Drought in Bangladesh: Lessons for Planners and Administrators," *Disasters*, Vol. 11, No. 1, 1987, pp. 21 – 29.

③ Fleuret, Anne, "Indigenous Responses to Drought in Sub-Saharan Africa," *Disasters*, Vol. 10, No. 3, 1986, pp. 224 – 229.

④ McMabe, J. Terrence, "Success and Failure: The Breakdown of Traditional Drought Coping Institutions Among the Pastoral Turkana of Kenya," *Journal of Asian and African Studies* XXV, 3 – 4, 1990, pp. 146 – 160.

荒、动乱、难民、疾病等。当干旱灾害与这些次生灾害纠结在一起时，抗旱救灾就会变得更加困难。因此，非洲干旱灾害的预警系统必须考虑到这些因素。例如，人类学家 Torry 就对非洲干旱中的饥荒预警系统进行了深入研究，认为饥荒预警系统与食品短缺、国内受助者和国际 NGO 之间有着错综复杂的关系。[①] 尽管 Torry 对饥荒预警系统的内容和指标没有进行详细的勾画，但他的研究显示出人类学对于饥荒预警系统理论的重视。与此不同的是，Morgan 对于干旱预警系统的研究更为具体，认为预警系统中的资料和指标包括人类营养、农业指标、雨量和农业气象学、食品安全、区级报告等。[②] Elizabeth 也认为非洲干旱预警系统中所收集的资料应包括：(1) 雨量（每月雨量、干旱持续时间、雨量强度）；(2) 农业产量（高粱生产地区、谷物预测、具体的产量数据）；(3) 市场价格和生产量（基本谷物种类、牲畜）；(4) 统计资料（学校、非正常的人口移动）；(5) 健康和营养资料（婴儿出生率和死亡率）；等等。[③] 预警系统的研究虽然以自然科学为主，但是社会科学家，特别是人类学家对于预警系统的研究也证明了预警系统的建立在社会文化的领域内是完全有可能的，预警系统研究是灾害人类学研究中不可缺少的组成部分。

关于干旱灾害的人类学研究在我国也取得了很大的成就，特别是在西南大旱之后，很多与干旱灾害有关的文章发表出来。例如，中国社会科学院曾少聪研究员就对云南干旱进行了深入的研究，他认为云南缺水主要是自然因素导致，而人类行为提升了干旱缺水的程度，因此，需要从可持续发展的角度保护人类赖以生存的环境。[④]

---

① Torry, William, "Famine Early Warning Systems: The Need for an Anthropological Dimension." *Human Organization*, Vol. 47, No. 3, 1988, pp. 273 - 281.

② Morgan, Richard, "The Development and Applications of a Drought Early Warning System in Botswana," *Disaster*, Vol. 9, No. 1, 1985, pp. 44 - 50.

③ Eldridge Elizabeth, Cordelia Salter and Denis Rydjeki, "Towards an Early Warning System in Sudan," *Disasters*, Vol. 10, No. 3, 1986, pp. 189 - 196.

④ 曾少聪：《生态人类学视野中的西南干旱——以云南旱灾为例》，《贵州社会科学》2010 年第 11 期。

付广华则提出要通过保护传统知识以应对灾害,[①] 中国社会科学院方素梅、陈建樾、梁景之提出要通过保护生态来治理水土流失,同时,还要对民族地区给予资金支持等。[②] 笔者也对云南傈僳族社区进行了深入的田野考察,发现傈僳族人民是通过以下方式应对干旱灾害的:寻找自然水源点;汽车拉运,人背马驮保饮水;学校、生产和家中节约用水;建立抗旱先锋队和“三包”责任制,帮助弱势群体;提前春耕备耕,调整种植结构;外出打工;针对脆弱环境,申请生态移民;等等。[③] 与傈僳族相似,彝族也有传统的干旱应对方式。[④] 此外,笔者还对云南和非洲的干旱灾害进行了跨文化的比较研究,[⑤] 云南大学林超民教授的研究对云南干旱与发展之关系问题进行了深刻反思,[⑥] 这些研究建立在长期观察基础上,并进行了深入的访谈,对民族地区的抗旱救灾起到了较好的促进作用。

(四)泥石流灾害的人类学研究

泥石流灾害广泛地发生在世界各地,无论是发达国家还是发展中国家,都有泥石流灾害的发生,例如,美国西雅图自1890年以来,共发生1511次泥石流灾害,当局对易发生的地区进行了深入研究,发现西雅图的泥石流易发地区共占该城市面积的8.4%。在记载泥石流的文献中,人们发现最普遍的发生时间是1月,并且

---

① 付广华:《气候灾变与乡土应对:龙脊壮族的传统生态知识》,《广西民族研究》2010年第2期。

② 方素梅、陈建樾、梁景之:《西南大旱与广西河池的抗旱救灾调查》,载郝时远主编《特大自然灾害与社会危机应对机制——2008年南方雨雪冰冻灾害的反思与启示》,社会科学文献出版社,2013,第288~329页。

③ 李永祥:《傈僳族社区对干旱灾害的回应及人类学分析——以云南元谋县姜驿乡为例》,《民族研究》2012年第6期。

④ 李永祥:《石漠化地区的环境脆弱性、烤烟种植与干旱应对》,《云南社会科学》2016年第4期。

⑤ 李永祥:《干旱灾害的跨文化比较研究——以非洲干旱与云南干旱的比较研究为例》,《云南师范大学学报》(哲学社会科学版)2013年第6期。

⑥ 林超民:《云南大旱的人文思考》,载周琼、高建国主编《中国西南地区灾荒与社会变迁》,云南大学出版社,2010,第20~31页。

几乎所有的泥石流都与过量的降水有关。[①] 风暴是造成西雅图泥石流灾害最主要的因素，例如，在1997年的最大风暴中，不到一个月的时间里，西雅图就发生了300多次的泥石流。[②] 上述情况说明，泥石流灾害对于西雅图地区的影响已经达到了非常严重的程度。

日本也是泥石流灾害多发的国家，这个国家在气象预报中出现暴雨和台风的时候总会对泥石流灾害进行预警。2014年8月20日，在日本广岛发生了非常严重的泥石流灾害。据报道，此次泥石流灾害导致74人死亡，4000多人离开家园避难。[③] 日本频繁地发生泥石流灾害是由该国的地质地貌决定的，日本国土面积的75%由山地构成，其中有77座活火山，占全球活火山数量的10%左右，这些活火山也容易在日后导致泥石流发生。更为严重的是，日本从20世纪60年代开始就经历了大规模使用土地的发展方式，包括大城市周边居住区的开发，海岸线的改造，大坝、高速公路建设等，这些大型项目的建设严重地改变了日本原有的地形地貌，为泥石流的发生创造了条件。[④] 在日本很多城市的防灾减灾系统中，有很大一部分与泥石流灾害有关，政府基本上标明了潜在的泥石流发生点，并指明了居民的逃跑方向。无论是一般性的大雨还是台风，日本的灾害预警系统中都有泥石流灾害的内容。

中国是泥石流灾害多发的国家，有灾害点100万处以上，其中特大滑坡点7800处，特大泥石流灾害点11100处，每年财产损失64亿元。[⑤] 泥石流的发生又以西部地区居多，如2008年汶川地震

---

① "Emergency Management Landslides", http://www.seattle.gov/emergency/hazards/landslides.htm，2014年4月7日。

② Office of Emergency Management, City of Seattle. *SHIVA-The Seattle Hazard Identification & Vulnerability Analysis.* Online http://www.seattle.gov/emergency, 2014.

③ Emergency Management Landslides, http://en.wikipedia.org/wiki/2014_Hiroshima_landslides, 2014 Hiroshima Landslide, 2014年10月7日。

④ The Japan Landslide Society. 2014. Landslide in Japan. http://www.tuat.ac.jp/-sabo/lj/ljap0.htm。

⑤ 陈颙、史培军：《自然灾害》，北京师范大学出版社，2007，第303页。

引发的泥石流、2010年甘肃舟曲县的泥石流等，都是中国重大泥石流灾害的典型代表。这里要特别强调的是，2010年8月7日22时发生特大泥石流，造成1481人死亡，284人失踪，1824人受伤，[①] 如此重大的泥石流灾害在全球都是罕见的。

对于泥石流发生的原因，学者们认为有自然的因素，也有人为的因素。总的来说，无论是自然科学家还是社会科学家都认为，泥石流灾害与人类活动有着密切的联系，甚至认为人类活动是泥石流灾害发生的主要原因。那些需要大量开挖的项目地点，是泥石流灾害的主要发生地。大规模毁坏森林是泥石流发生的主要原因。

在美国西雅图的泥石流灾害研究者看来，自然因素包括陡坡、土地松软湿润饱和以及暴雨，但他们承认大多数泥石流存在人为因素。[②] 在我国，学者们认为人类工程活动引发的滑坡泥石流灾害占总滑坡泥石流灾害的1/2多，所以，工程是泥石流灾害的最大诱因。除了工程之外，在山高坡陡、地质不良的山区，由于无计划地砍伐树木、开垦农田，森林植被遭破坏，从而加速了侵蚀，缩短了岩石物理风化过程，易导致崩坍、滑坡活动，一遇暴雨，大量径流迅速汇集，造成严重的水土流失，招致泥石流暴发。[③] 郑功成指出，中国泥石流灾害的情况是“一半天灾，一半人祸”，在大量的灾情资料中，人为引起的泥石流灾害占50%左右，铁路、公路、水渠等工程的不合理开挖、弃土、弃渣、采石，以及其他乱砍滥伐都能诱发泥石流灾害。[④]

人为造成泥石流灾害的情况在云南东川、哀牢山等地的泥石流中得到印证，例如，王志华就认为，在东川的泥石流灾害中，

---

① 孙瑾、曲晓波、张建忠：《2010年中国气象灾害特征及事件分析》，《天气预报技术总结专刊》2011年第1期。

② “Emergency Management Landslides”，http://www.seattle.gov/emergency/hazards/landslides.htm，2014年4月7日。

③ 姚一江：《滑坡和泥石流——人类活动诱发的山地灾害》，《水土保持通报》1985年第1期。

④ 郑功成：《中国灾情论》，中国劳动社会保障出版社，2009，第95页。

触发泥石流暴发的人类活动，主要有乱砍滥伐、过度放牧、陡坡垦殖、不合理开挖、随意弃渣等。[①] 而滇南哀牢山区的泥石流灾害也有人为的因素，2002 年 8 月 14 日发生在新平县的特大滑坡泥石流被认为与过度开发有关。事实上，即使是舟曲特大泥石流，人们也承认该泥石流发生的原因既有自然因素又有人为因素。自然因素是指地质地貌原因，5.12 汶川大地震震松了山体，很多地方出现裂缝，如果出现持续的强降雨和暴雨就会诱发泥石流灾害。人为因素包括了正在修建的 4 座拦渣坝工程，其中的 1 号坝残体内部堆着石块、沙砾，稍微用些力便可徒手抽出石块，这些工程在灾害发生时不仅没有起作用，而且产生了不利的影响。[②]

这些研究具有非常重要的实践意义，因为仅仅从自然的角度来解释泥石流的发生过程是很困难的，不仅是在解释泥石流灾害缘由的问题上出现困难，在解释其结果、影响、重建方式、效果评价等方面亦然。正如人类学家 Wisner 等人所认为的那样，几乎所有的灾害都有“自然”和“人类活动”两个方面因素纠缠不清地捆绑在一起，特别是在更大的时空框架之内，灾害在“自然”的范围之内无法得到真正的理解。[③] 泥石流灾害的复杂情况刚好说明了这一点，在对其发生原因进行分析的时候，若没有对人为因素的分析，则对泥石流灾害发生原因的解释就很难让人信服。

在对泥石流灾害的研究中，预防和减灾是最为重要的研究内容之一。很多国家对此非常重视，美国、日本等国在泥石流研究方面走在最前列。日本于 1936 年成立了“日本泥石流协会”（The Japan Landslide Society），并于 2003 年创了《日本泥石流协会期刊》，每年 6 期，发表了很多与泥石流灾害有关的论文，当然，这些研究大多是从自然科学的角度进行研究的。日本的泥石流防灾

① 王治华：《东川泥石流与人类活动》，《中国地质》1990 年第 6 期。

② 《8.7 甘肃舟曲特大泥石流》，百度百科，http://baike.baidu.com/2014 - 10 - 03，2014 年 10 月 7 日。

③ Wisner, Ben, Piers Blaikie, Terry Cannon and Ian Davis. *At Risk: Natural Hazards, People's Vulnerability, and Disasters*. London: Routledge, 2004, p. 9.

减灾研究也是由地理地质学家、工程师等完成的，他们对每个泥石流点都有详细的记录，包括了泥石流的位置（location）、发生滑坡的时间（date of slide）、范围（size of slide）、损坏状况（damages）、地理和机制上的失败和滑坡类型（geology and mechanism of failure and type of movement）、减灾措施（mitigation measures）等。[①] 泥石流灾害与人类活动的关系极其密切，防灾减灾也需要以人类活动为主体进行，换言之，减少或者限制能够造成泥石流灾害的人类活动（包括项目、发展计划、荒山开发等）是最为主要的方式。

在我国，自然科学家对泥石流的预防和减灾进行了深入的研究，提出了很多建设性的观点，如崔鹏提出了一些泥石流防灾减灾的具体意见，包括：对低频泥石流的防范；植被好的地方的泥石流防范；科学选址，避免灾害造成人员死亡；进行减灾教育，建立群策群防体系；加强预警监测，制定临灾预案；加强预防监督，杜绝人为灾害；发展灾害保险业务，分担灾害风险。[②] 陈循谦专门针对东川泥石流提出了几条具体的意见：预防和治理相结合；加强监督工作；合理利用和开发山区资源；大力做好水土保持工作；建设基本农田，提高面积产量；发展多种经济，活跃山区经济；保护自然环境，恢复生态平衡；建立劳务积累制和小流域承包制；强化泥石流的预警工作。[③]

姚一江也对泥石流的减灾工作提出了一些建议[④]，这些建议说明了大工程建设，如铁路、公路、水坝、大型矿山等对泥石流灾害的影响，泥石流的防灾减灾工作也要围绕这些工程进行。此外，

---

① The Japan Landslide Society. 2014. Landslide in Japan. http://www.tuat.ac.jp/-sabo/lj/ljap0.htm.

② 崔鹏：《中国 2004 年泥石流灾害特点及其减灾的启示》，《山地学报》2005 年第 4 期。

③ 陈循谦：《论东川市水土流失、泥石流的危害和治理》，《水土保持学报》1989 年第 4 期。

④ 姚一江：《滑坡和泥石流——人类活动诱发的山地灾害》，《水土保持通报》1985 年第 1 期。

生态环境对泥石流防灾减灾也具有重要的意义。除了自然科学家之外，还有一些人类学者也提出了面对泥石流灾害要重视传统知识的建议。[①]

泥石流灾害是主要的自然灾害类型之一，它与地震、干旱、洪水等灾害一样，是防灾减灾的主要研究和防范对象，加强对泥石流灾害的研究，包括自然科学和社会科学的研究，能够为泥石流灾害的防灾减灾做出贡献。然而，尽管泥石流灾害在发展中国家发生比较频繁，特别是亚洲太平洋地区，但是，人类学家对于泥石流的研究是比较少的，目前很少有西方人类学家对泥石流灾害进行系统的民族志调查。泥石流在中国的研究受到自然科学家的重视，但是很少受到社会科学家的关注。当然，国际上也有一些学者对泥石流灾害进行了研究，例如，Pilgrim 对喜马拉雅山泥石流进行了研究，认为泥石流灾害治理是一种社会建构的过程，因为当灾害发生时，社区和政府的关系是政治性的，当地政府合法地掌握着救灾所需要的一切物资分配的权力，而政府对于社区中的救灾需求又以长期消灭贫困和提高生活质量为出发点，对泥石流的救灾需要更长时间的统筹，尽管泥石流灾害在喜马拉雅山地区经常发生，但是大众对于泥石流风险和危机的认识却经历了长期的变迁过程。[②]

与此相似的是，在 2002 年，云南省新平县水塘、戛洒两镇的哀牢山主峰地段发生了百年不遇的泥石流，造成了 64 人死亡和 3 亿多元财产损失。与此相关的研究成果也有很多，包括对泥石流灾害的应急回应研究，从不同社区、不同文化的泥石流应急方式出发，探索不同民族对于泥石流灾害的应急方式，如《傣族社区和文化对泥石流灾害的回应——云南新平县曼糯村的研究案例》

---

① 何茂莉：《山地环境与灾害承受的人类学研究——以近年贵州省自然灾害为例》，《中央民族大学学报》（哲学社会科学版）2012 年第 6 期。

② Pilgrim, Nicholas Kumoi, "Landslides, Risk and Decision-making in Kunnaur District: Bridging the Gap between Science and Public Opinion," *Disasters*, Vol. 23, No. 1, 1999, pp. 45 – 65.

就探讨了傣族对泥石流灾害发生的应急方式，发现傣族人的回应建立在傣族文化的基础上，文化对于减少伤亡和损失，以及政府的灾害急救和管理都具有重要的意义。[①] 此外，相关研究也关注传统知识对泥石流灾害的防灾减灾的重要意义，如灾后恢复重建中出现的各种问题和文化变迁，以及政府对泥石流灾害预防工程的规划和建设。[②] 虽然泥石流灾害的人类学研究者并不多，其他社会科学家也比较少见，但是，泥石流灾害的发生是人为因素和自然因素相互交融的结果，我们完全有理由看到不同的社会科学家关于泥石流灾害的研究。

（五）火灾害的人类学研究

与泥石流灾害相似，火灾害受到人类学家的关注并不多。然而，火在人类社会中具有重要的作用，它是人类社会中必不可少的，火的由来必定与各种神话传说联系在一起，而用火惩治恶神，在战争中用火攻，火战也是神话传说和历史记忆的重要组成部分。此外，由火带来的风险、灾害以及与火有关的防灾减灾能力建设是灾害人类学研究的重点内容。国际关于火灾害的研究虽然不多，但仍然有不少成果；而随着中国国内古寨古城的火灾害增加，火灾害的人类学研究也受到了关注。

最为著名的火灾害人类学家是美国原旧金山大学人类学教授、自由研究者苏珊娜·霍夫曼（Susanna M. Hoffman），她对 1991 年 10 月发生在美国加州奥克兰地区的火灾进行了系统的人类学调查，并将加州火灾比喻为“魔兽”，把自然比喻为“母亲”，她的比喻具有象征主义人类学的取向。“魔兽”代表着某种危险，制造紧急事件的坏神，而“母亲”则象征着保护人类的正能量。因此，火灾被当成“魔兽”受到诅咒，而自然被当成“母亲”得到赞扬。

① 李永祥：《傣族社区和文化对泥石流灾害的回应——云南新平县曼糯村的研究案例》，《民族研究》2011 年第 2 期。

② 李永祥：《泥石流灾害的人类学研究——以云南省新平彝族傣族自治县“8.14 特大滑坡泥石流”为例》，知识产权出版社，2012。

她还认为，火灾害后的恢复重建与其他灾害后的恢复重建具有很多的相似性，文化在火灾害中被毁灭，但又在灾后得到重生。[①]

在中国，火灾害的人类学文章并不多见，但廖君湘的《侗族村寨火灾及防火保护的生态人类学思考》和吴大华、郭婧的《火灾下正式制度的"失败"——以黔东南民族地区村寨为例》具有一定的代表性。廖君湘的研究主要集中在侗族火灾发生的原因、造成的损失和防灾分析上，他认为侗族古建筑防火的关键在于重新调适侗族文化与生态变化的关系，在传承传统和确保消防安全之间找到平衡。[②] 吴大华、郭婧认为目前农村地区防火的正式制度是失败的，因为农村防火具有地方性，因此，农村防火的关键是注重对地方性知识的考量和借鉴。[③] 另外的人类学者或者其他社会科学者对于火灾害的研究，还处于对灾害学的概论性讨论中。此外，西南民族大学兰婕写了一篇关于贵州侗族火灾的硕士学位论文。在上述研究者中，除了美国学者苏珊娜·霍夫曼之外，其他学者对火灾害的关注还是比较少的。

五 小结

本章对西方社会科学家对灾害的研究、中西方人类学对少数民族地区灾害和防灾减灾以及相关的理论进行了必要的介绍。尽管中西方学者对"少数民族"的理论不尽相同，但是，对少数民族地区防灾减灾的研究却具有很大的相似性和可借鉴性。本研究

---

① Hoffman, Susanna M., "The Monster and the Mother: The Symbolism of Disaster," in Susanna M. Hoffman and Anthony Oliver-Smith, *Catastrophe and Culture: The Anthropology of Disaster*, pp. 113 – 142. Santa Fe, New Mexico: School of American Research Press, 2002. 中译见〔美〕苏珊娜·霍夫曼《魔兽与母亲——灾难的象征论》，赵玉中译，《民族学刊》2013 年第 4 期。

② 廖君湘：《侗族村寨火灾及防火保护的生态人类学思考》，《吉首大学学报》2012 年第 6 期。

③ 吴大华、郭婧：《火灾下正式制度的"失败"——以黔东南民族地区村寨为例》，《西北民族大学学报》2013 年第 3 期。

不是一种对策研究，而是一种以应用研究为基础的综合性研究，不仅重视传统社会中各民族成员对环境脆弱性、灾害预警预报、救灾和恢复重建的观察，还关注了长期的社会文化变迁。防灾减灾被放入更大的框架中进行分析和解释，希望能为云南民族地区防灾减灾能力建设提供新的工作思路。

中西方灾害人类学的研究具有一定的特点。第一，它主要聚焦在“他者”的研究上，特别是对第三世界国家的灾害研究具有很大的贡献，正是因为人类学家对不发达边远地区的灾害研究传统，人们才能够了解和解释不同地区世居民族对于灾害的应对方式，人类学家参与观察的研究方法更增加了研究的可信度。

第二，人类学家主要关注社区的研究，同时强调传统文化对灾害的应对方式。人类学家 Torry 指出：灾害的理论本质上是社区的理论，即社区的连续性和变迁。[①] 因此，社区重建不是简单的房屋重建，还包括了经济、文化、社会等方面的重建。与此同时，人类学家还非常重视传统文化的灾害应对方式。

第三，人类学家认为灾害深深地嵌入一个社会的政治、经济和文化之中。[②] 换言之，社会中的政治、经济和文化无论是在灾前还是在灾后都影响着灾害，不同群体在灾害中的状况也与他们的经济能力、社会地位和文化信仰有关，社会中的弱势群体，如老人、妇女和儿童在灾害中受到的伤害比常人大，特别是在少数民族地区，弱势群体的脆弱性会使其成为关注对象。

第四，人类学家注重对灾害（特别是恢复重建过程中）导致的社会公平性冲突和矛盾的研究。学者们认为，在恢复重建的过

① Torry, William I., "Anthropology and Disaster Research," *Disasters*, Vol. 3, No. 1, 1979, pp. 43 - 52.

② Oliver-Smith, Anthony, "'What is a Disaster?': Anthropological Perspectives on a Persistent Question," in Anthony Oliver-Smith and Susanna M. Hoffman (eds.), *The Angry Earth: Disaster in Anthropological Perspective*, London: Routledge 1999, pp. 18 - 34. 中译见〔美〕安东尼·奥利弗-史密斯《何为灾难？——人类学对一个持久问题的观点》，彭文斌、黄春、文军译，《西南民族大学学报》（人文社会科学版）2013 年第 12 期。

程中，很多少数民族未被征求意见就被迫搬出原来的社区，与亲人分离，[①] 他们得不到应有的帮助等。政府和社会组织在救灾时面临的问题远比主流民族地区复杂得多。灾害导致的社会冲突和问题受到人类学家的关注。

第五，在方法论方面，人类学家对地震、干旱和泥石流的研究以传统的田野观察和民族志叙事为主，兼有定量和定性相结合、比较研究和个案研究相结合。[②]

---

① Oliver-Smith, Anthony, "Communities after Catastrophe: Reconstructing the Material, Reconstituting the Social." in Stanley E. Hyland (ed.), *Community Building in the Twenty-First Century*, pp. 45 – 70. Santa Fe, New Mexico: School of American Research Press, 2005.

② 李永祥：《论灾害人类学的研究方法》，《民族研究》2013 年第 5 期。

第二章　防灾减灾的概念、理论化和应用

一　防灾减灾的概念

防灾减灾研究是灾害研究的重要组成部分，任何学科的灾害研究都涉及防灾减灾问题，或者说，灾害研究的最终目的是防灾减灾。防灾减灾在自然科学和社会科学中都得到了深入的研究，自然科学中的防灾减灾研究主要偏重于技术问题，也就是结构性的防灾减灾；而社会科学重视非结构性的防灾减灾研究，通过社会组织、文化、政治、经济等方法达到预防和减灾的目的。在防灾减灾的社会科学研究中，经济学、社会学、管理学、社会保障学、人类学、发展学等从不同的角度，对防灾减灾进行过深入的研究，在国际减灾机构中，都有这些学科的人员参与。经济学家认为，防灾减灾就是要寻求灾害损失的最小化，同时维护社会经济的可持续发展。这就需要政府、社会、企业和居民采取行动，实现相应的经济效果。[①] 社会学家认为，防灾减灾的关键是社会文化功能得到保持，其中最为关键的问题是文化系统崩溃与否，灾害之所以是灾害，是因为其是文化应对失败的结果，[②] 或者是文化保

---

① 郑功成：《灾害经济学》，商务印书馆，2010，第291页。

② Carr, L. J., "Disasters and the Sequence-Pattern Concept of Social Change," *American Journal of Sociology* 38, 1932, pp. 207 – 218.

护功能的崩溃。[1] 因此，保护社会文化系统是防灾减灾的关键。灾害保障学家认为，防灾减灾就是要建立灾害保障体系，也就是要寻求一种以政府救灾、灾害社会保险和灾害商业保险为主，以灾害互助保障和社会援助为辅的灾害保障方式。[2] 历史学家认为灾害的历史与人类的历史一样久远，人类在受到灾害打击的同时开始认识灾害，有了防灾、减灾、救灾的思想和实践。[3] 这些在实践中产生的意识、措施、制度等在今天的防灾减灾中起到了资鉴作用。[4] 由于当代社会的复杂特点，灾害类型的繁多和交错，并随着防灾减灾技术的不断发展和进步，一种新的综合防灾减灾对策和方案将受到不同学科研究者的重视。本章虽然主要从人类学的角度进行讨论，但是，多学科的概念也在本章得到体现。

"防灾减灾"是一个词组，它由"防灾"和"减灾"构成，它们相互区别又密不可分。"防灾"在西方文献中使用的词语包括"prevention""preparation""precaution"等，而"减灾"的词语包括"mitigation""relief"等。在汉语中，与防灾减灾有关的词语还包括"御灾""备灾""抗灾""救灾""灾后重建"等。这些概念从灾害过程上分为两大类——灾害发生之前的概念和灾害发生之后的概念。"防灾""备灾""御灾""防震""防洪""防火""防旱""防汛"等属于灾害发生之前的概念，而"减灾""救灾""救火""自救""互救""恢复重建"等属于灾害发生之后的概念。防灾减灾则包括了灾害发生之前和发生之后的概念，从此种意义上讲，是一个综合概念。

---

① Dombrowsky, W., "Again and Again: Is Disaster What We Call 'Disaster'? Some Conceptual Notes on Conceptualizing the Object of Disaster Sociology," *International Journal of Mass Emergencies and Disasters* Vol. 13, No. 3, 1995, pp. 241 - 254. Carr, L. J., "Disasters and the Sequence-Pattern Concept of Social Change," *American Journal of Sociology* 38, 1932, pp. 207 - 218.

② 曾国安：《灾害保障学》，湖南人民出版社，1998，第159页。

③ 张建民、宋俭：《灾害历史学》，湖南人民出版社，1998，第1页。

④ 周琼：《灾害及其防治、应对》，载周琼、高建国主编《中国西南地区灾害与社会变迁——第七届中国灾害史国际学术研讨会论文集》，云南大学出版社，2010，第3页。

“防灾”和“减灾”的概念是既密切联系又相互区别的，它们在国内外不同领域中都得到了深入的讨论。联合国减轻灾害风险战略的专家们将“防灾”定义为“全面防止致灾因子和相关灾害的不利影响”，“减灾”被定义为“减轻或限制致灾因子和相关灾害的不利影响”。[①] 联合国减轻灾害风险的专家们认为，防灾的方法是事先采取行动，如消除有洪水风险的水坝和堤岸，土地使用章程中规定不许在高风险地带建立定居点，以便在任何时候发生地震时确保重要建筑不被损毁等。减灾的方法也有具体措施，如保护工程技术，抗御致灾因子的建筑，改进环境政策和提高公共意识，等等。防灾减灾的关系密切，防灾的目的是减灾，减灾的目的是增强人们的抗灾能力，结果是防灾任务转变成减灾任务。正是由于这些原因，防灾和减灾术语被不经意地交替使用，或者结合在一起使用。但是，这样并不表示它们之间不需要进行区别，“防灾”是指灾害发生前的工作，目的是防止灾害发生或者减少不利影响，“减灾”则可以是灾害发生之前的工作，也可以是灾害发生之后的工作。

人类学者对于防灾减灾概念的研究以社区和文化为基础，社区是人类学家的核心概念之一，在灾害研究中也得到强调，托瑞甚至认为灾害的理论本质上是社区的理论，即社区的连续性（continuity）和变迁（change）。[②] 人类学对于不同的灾害类型有不同的防灾减灾方式，在社区中体现得极明显。如孟加拉国平坝地区的房屋被建在地势较高的地台和底座上，并且具有一个“假屋顶”，人们能够将粮食储藏在屋顶下面，如果洪水进入家里，家庭住户能够在床上做饭、吃饭、睡觉和储藏食品，如果有需要，还能够通过在支架下放上砖头将床升起来。另外的物品被储藏在较高的支架上，或者放在从屋顶吊下来的麻网内。牲畜被关在为它们制

---

① 联合国国际减灾战略（UNISDR）：《2009 UNISDR 减轻灾害风险术语》，http://www. unisdr. org/we/inform/publications，2009。

② Torry，William I.，“Anthropology and Disaster Research，” *Disasters*，Vol. 3，No. 1，1979，pp. 43 – 52.

作的木地台里以得到特殊保护。[1] 人类学者的防灾减灾研究重视环境和文化，强调传统知识在防灾减灾中的作用。防灾减灾在人类学家看来就是知识、经验、文化、观察和社区组织相结合的产物。

然而，"防灾减灾"并不是"防灾"和"减灾"两个概念的简单相加，而是一种具有理论和实践基础的意义系统。在实践中，首先要重视防灾工作，换言之，防灾减灾工作的核心是"防灾"，没有防灾方面的投入，减灾和灾后恢复重建就要付出较大的代价。因此，防灾的投入不是没有多少意义的投入，而是一种有回报的投入。国际经验认为，每投入1美元的防灾资金，就可以为今后节约4~7美元的恢复重建费用。日本在1995年之后将每年5%的财政预算投入防灾减灾事业，2011年东京大地震及海啸发生时减少了很多损失，而孟加拉国无法做到有效的防灾投入，结果不得不将40%的发展资金用于灾后重建。[2] 很多国家只重视救灾物资的投入和准备，不会在防灾方面进行投入，结果损失巨大。因此，防灾减灾的关键是"防"，只有做好防灾才会实现减灾。另外，要重视救灾，救灾包括了专业救灾、村民自救和互救等。救灾是一个综合的应急工作，核心是社会文化系统的维护和功能的继续发挥。还有灾后恢复重建，这些工作可能持续很长时间，如果重建工作没有做好或者考虑不充分，就会产生新的困难和矛盾，影响时间可能超过10年。由此可以看出，"防灾""减灾"是一种相辅相成的关系，它们经常混合在一起使用，但是，防灾和减灾也不是均衡的二等分，它们在投入上各有轻重。防灾减灾的投入重点是防灾，防灾中的投入能够减少灾害损失，并在救灾和恢复重建方面减少投入。因此，防灾的目的是减灾。实现了减灾，防灾的目的也就达到了。

---

① Shaw, Rosalingd, "Living with Floods in Bangladesh," *Anthropology Today*, Vol. 5, No. 1, 1989, pp. 11 - 13.

② 联合国国际减灾战略（UNISDR）:《从不同的角度看待灾害：每一种影响背后，都有原因》，http://www.unisdr.org/we/inform/publications，2011。

二　防灾减灾的理论化

理论化的过程就是基本概念内涵和外延不断延伸的过程，也是探讨基本概念和其他核心概念关系的过程。防灾减灾与灾害研究中的两个关键概念“致灾因子”和“灾害”的关系极其密切。“致灾因子”被定义为“一种危险的现象、物质、人的活动或局面，它们可能造成人员伤亡，或对健康产生影响，造成财产损失，生计和服务设施丧失，社会和经济被搞乱，或环境损坏”。[①] 而“灾害”被定义为“一个社区或社会功能被严重打乱，涉及广泛的人员、物资、经济或环境的损失和影响，且超出受到影响的社区或社会能够动用自身资源去应对”。[②] 联合国国际减灾战略认为“世界上不存在什么‘自然’灾害，只存在自然致灾因子”。[③] 其在《从不同的角度看待灾害：每一种影响背后，都有原因》一文中写道：“灾害绝不是‘自然的’。”自然提供致灾因子——地震、火山爆发、洪水等，但灾害是在人为因素的影响下产生的。我们无法防止火山爆发，但是我们可以防止火山爆发演变成一场灾害。[④] 此外，其在另一篇文章《减轻灾害风险：一个实现千年发展目标的工具》中表明了致灾因子和灾害相区别的观点：纯粹的“自然”灾害是不存在的。许多致灾因子是自然形成的，而且是不可避免的，例如飓风、洪水、干旱和地震。它们是“致灾因子”，但如果没有充分准备，它们会潜在地伤害人类、破坏经济和环境。当致灾因子引发灾难，使社区乃至整个国家没有外援就无法应对时，“灾难”就发生了。因此，灾害既不是不可避免的，也不是

① 联合国国际减灾战略（UNISDR）：《2009 UNISDR 减轻灾害风险术语》，http://www.unisdr.org/we/inform/publications，2009。

② 联合国国际减灾战略（UNISDR）：《2009 UNISDR 减轻灾害风险术语》，http://www.unisdr.org/we/inform/publications，2009。

③ UNISDR，“Who We Are?”，http://www.unisdr.org/who-we-are/what-is-drr，2014。

④ 联合国国际减灾战略（UNISDR）：《从不同的角度看待灾害：每一种影响背后，都有原因》，http://www.unisdr.org/we/inform/publications，2011。

"自然"的。[1] 在人类学界，防灾减灾与灾害和致灾因子的关系也得到了深入的讨论，如美国灾害人类学家奥利弗-史密斯（Oliver-Smith）和霍夫曼认为灾害是由自然、变动或者环境构建出来的能够潜在地造成破坏的因子/力量与在社会和经济影响下出现的脆弱性条件下的人口状况相结合的事件/过程，其结果能对满足个体和社会的物质生存、社会秩序和意义的需要造成可视性的破坏。[2] 致灾因子是自然的，灾害是人为的，这种在灾害研究（特别是防灾减灾研究）中具有理论和实践方面的意义。在理论方面，可以充分阐述灾害的预防和减轻理论，为人类反思自身的行为提供理论支撑，特别是避免因为怕负责任而将灾害的原因完全归结到自然之上的情况发生。在实践方面，既然确信所有的灾害都是人为的，那么就完全有可能预防和减轻，通过各种措施达到防灾减灾的目的。即使致灾因子有自然的成分也有人为的成分，笔者还是认为致灾因子是可以预防的成分，因为完全不可避免的致灾因子如地震、火山、飓风、泥石流、干旱等只是所有自然致灾因子中的一部分，更何况泥石流、干旱等还有人为因素在其中。很多的致灾因子则可能完全是人为造成的，如石油泄漏、核泄漏、城市火灾等。

由此可知，自然致灾因子是一些自然现象，如地震、火山活动、热带气旋、海啸、干旱、沙尘暴、雨雪、冰冻、洪水、泥石流等，它们可能造成损失，也可能不会造成损失；灾害则是人为造成的各种致灾因子的损失。如此的观点虽然受到一些学者的质疑，[3] 但也

---

① 联合国国际减灾战略（UNISDR）：《减轻灾害风险：一个实现千年发展目标的工具》，http://www.unisdr.org/we/inform/publications，2010。

② 〔美〕安东尼·奥利弗-史密斯、苏珊娜·M. 霍夫曼：《人类学者为何要研究灾难》，彭文斌编译，《民族学刊》2011 年第 6 期。Anthony Oliver-Smith and Susanna M. Hoffman, "Introduction: Why Anthropologists Should Study Disaster," in Susanna M. Hoffman and Anthony Oliver-Smith (eds.), *Catastrophe and Culture: The Anthropology of Disaster*, Santa Fe, New Mexico: School of American Research Press, 2002.

③ Bose, Ashish, "Are Natural Disasters Manmade?" *Economic and Political Weekly*, Vol. 35, No. 43/44, 2000, pp. 3793 - 3794.

得到越来越多不同学科学者的支持，如美国华盛顿大学郝瑞教授坚持认为自然灾害并不存在，他提醒我们必须认识到灾害是当社会-生态系统无法承受来自系统以外的干扰所造成的影响时人们所遭受的极端事件。[①] 由此可知，灾害是由自然致灾因子和人为因素结合在一起造成重大损失的现象，清楚地表明在致灾因子向灾害转化的过程中，人为因素起着很重要的作用。需要说明的是，区别了灾害和致灾因子，灾害的预防和减灾在理论上就进入了可控的框架和范围之内。

防灾减灾中面临的一个重要问题就是能力建设，能力建设被定义为“社区、社会和机构可以用来实现确定目标的各种力量、软实力和资源的总和”。[②] 通常情况下，能力建设包括基础设施、物资、机构、社会应对能力，以及人的知识、技能及综合的软实力，如社会关系、领导水平、管理能力等。在我国，防灾减灾的工作主要是通过减灾、气象、地震、水利、民政等部门进行的。能力和体系建设是一个系统的工程，不同的灾害类型与不同的民族和经济状况都会出现能力上的差异，如地震灾害的防灾减灾能力建设与干旱灾害的防灾减灾能力建设不一样，极端贫困者和富裕者的防灾减灾能力也不一样，不同的环境和社会脆弱性条件下的防灾减灾能力建设也不一样，等等。因此，我们要将防灾减灾融入经济和社会发展中，提倡抗灾式发展，在注重灾害普遍性的同时，也要对不同灾害类型的特殊性给予足够的重视。

环境脆弱性、环境退化和生态韧性与防灾减灾的关系极其密切。环境退化是脆弱性产生的直接原因，换言之，如果环境保持在稳定的状态下，就很难形成脆弱性，脆弱性能够在自我或者一定条件下恢复，也是判断生态变得临时性脆弱还是永久性脆弱的

---

① Harrell, Stevan, Intensification, Resilience, and Disaster in Chinese History. A Paper Presented on the International Conference on Anthropology of Disaster and Hazards' Mitigation and Prevention Studies, Kunming, China, August , 2013.

② 联合国国际减灾战略（UNISDR）：《2009 UNISDR 减轻灾害风险术语》，http://www. unisdr. org/we/inform/publications，2009。

重要参考因素。生态韧性被定义为一个系统能承受干扰动乱并保持基本功能和结构的能力。[①] 环境脆弱性小，那么韧性就强；环境脆弱性大，那么韧性就弱。生态系统的韧性强弱取决于环境退化与否、脆弱性大小与否，这些都会导致致灾因子的发生，都与防灾减灾有着密切的联系。

防灾减灾还与传统知识（或者地方性知识）和风险观察能力有着密切的联系。传统知识被认为是世界范围内与自然资源的传承和生态整体保护有关的具有很高价值的信息资源。传统的知识系统为人类提供了自然科学没有或者无法提供的洞察力。[②] 各民族对于周边环境脆弱性和致灾因子及灾害的观察建立在传统知识的基础上，知识系统中具有我们科学上所称的预警系统，虽然传统社区中的预警系统不像科学的预警系统那样能够在大的地区范围内产生影响，但它能够有效地收集到与危险、灾害相关的各种信息，并将其传播给社区的大多数（即使不是每一个）成员，使成员能够在较短的时间内采取行动。通常情况下，如果潜在的灾难信号出现，有责任的领导人就应该预测到危机，并采取行动来阻止意外的发生。[③] 在泰国，2004 年海啸发生之前，一个部落首领看到海面突然下降，觉得危险即将来临，所以他立刻决定将部落的人疏散到山上，使得 1800 多人得救。[④] 世居民族社会中通过传统知识来实现防灾减灾目的的情况普遍存在，这是灾害研究中很值得注意的重要部分。

防灾减灾研究中一个很重要的概念是“适应”，这也是人类学

---

① Walker, Brian & David Salt, *Resilience Thinking: Sustaining Ecosystems and People in a Changing World.* Washington, Covelo & London: Island Press, P. xiii, 2006.

② Hunn, Eugene, “What is Traditional Knowledge?” in Nancy M. Williams and Graham Baines (eds.) *Traditional Ecological Knowledge: Wisdom for Sustainable development*, Canberra: Centre for Resource and Environmental Studies, Australian National University, 1993, pp. 13 – 15.

③ 〔美〕马克斯·H. 巴泽曼、〔加〕迈克尔·H. 沃特金斯：《未雨绸缪：可预见的危机及其防范》，胡平、张磊译，商务印书馆，2007，第 9 页。

④ 联合国国际减灾战略（UNISDR）：《从不同的角度看待灾害：每一种影响背后，都有原因》，http://www.unisdr.org/we/inform/publications，2011。

家奥利弗－史密斯（Oliver-Smith）等人一直强调的。适应是早期生态人类学中很重要的概念，早期的生态人类学被认为处于唯心主义和唯物主义的辩论范围，文化被认为是适应环境的工具，是工具性的而非形式的。[①] 斯图尔德认为生态学的基本意义就是研究"环境适应"，而环境是所有生命网络的一部分。在那里，所有的动物和植物都相互作用并有独特的领地。适应的概念被用来解释进化中的新基因的起源，阐释表现形式的变化，描述生命网络的竞争方式。[②] 因此，适应在早期就被用来解释环境与文化的关系，防灾减灾在某种程度上就是当地人的环境适应和文化适应，包括灾害隐患点和搬迁点的环境与文化适应。

在防灾减灾以及其他概念的理论化过程中，出现了如同奥利弗－史密斯等人所认为的"家族性近似"的情况。奥利弗－史密斯认为，灾害不是一些可以固定和严格界定的现象，而是一个具有争议性的概念，其边缘的模糊性构成了系列广泛的物质和社会事件与过程的"家族性近似"现象。[③] 笔者认为防灾减灾与其他的核心概念之间出现了一种复杂的"家族性近似"情况。

三　防灾减灾的应用

联合国国际减灾战略（UNISDR）、国际气象组织、世界银行、世界卫生组织等都对减轻灾害风险，即防灾减灾进行了深入持久的应用研究。除了国际组织之外，世界各国都对防灾减灾进行了

---

① Biersack, Aletta, "Introduction: From the "New Ecology" to the New Ecologies," *American Anthropologist*, Vol. 101, No. 1, 1999, pp. 5－18.

② Steward, Julian Haynes, *Theory of Culture Change*: *The Methodology of Multilinear Evolution*. Urbana: University of Illinois Press. (Ch. 2. The Concept and Method of Cultural Ecology), 1955, pp. 30－43.

③ 〔美〕安东尼·奥利弗－史密斯：《何为灾难？——人类学对一个持久问题的观点》，彭文斌、黄春、文军译，《西南民族大学学报》2013 年第 12 期。Oliver-Smith, Anthony, "'What is a Disaster?': Anthropological Perspectives on a Persistent Question," in Anthony Oliver-Smith and Susanna M. Hoffman (eds.), *The Angry Earth*: *Disaster in Anthropological Perspective*, 1999, pp. 18－34. London: Routledge.

应用研究，取得了一系列的研究成果，在实践中积累了丰富的经验。联合国国际减灾战略（UNISDR）每年都有新的研究报告发表出来，不仅对各种术语进行了定义，还将国际上不同国家的防灾减灾经验公布于世，让不同国家、不同文化背景和政治制度的人可以相互借鉴和学习，共同交流。在阅读国际相关研究报告和论文的时候，笔者认为学者们对于防灾减灾概念和方法有一致性看法，防灾减灾工作的核心是"防灾"，即"减轻灾害风险"（Disaster Risk Reduction，DRR）。减轻灾害风险（DRR）被定义为"通过系统的努力来分析和控制与灾害有关的不确定因素，从而减轻灾害风险的理念和实践，包括降低暴露于致灾因子的程度，减轻人员和财产的脆弱性，明智地管理土地和环境，以及改进应对不利事件的备灾工作"。[①] 与减轻灾害风险有关的各种活动都被建议在防范的范围之内开展，联合国国际减灾战略（UNISDR）和国际组织坚信，通过长期的努力和实践，人类会在减轻灾害风险（DRR）上取得长足的进步，并有很多可以分享的经验和吸取的教训。这些经验和教训对于不同地区、不同民族的防灾减灾具有重要的意义。

那么，怎样进行防灾减灾或者减轻灾害风险呢？具体能够采取什么有效的方法呢？它们由什么构成呢？防灾减灾方法分为结构性方法和非结构性方法，结构性方法主要是工程的方法，包括翻新结构、加强结构等；非结构性方法主要是社会文化的方法，包括短期计划，如应急计划、教育计划、影响预测、警告过程，还包括长期计划，如房屋建设、土地使用控制、保险、教育和培训等。[②] 结构性方法其实就是工程性措施，而非结构性方法就是非工程性措施。这被联合国国际减灾战略（UNISDR）多次提到。很多学者认为，工程性措施和非工程性措施应该同时得到关注，但

① 联合国国际减灾战略（UNISDR）：《2009 UNISDR 减轻灾害风险术语》，http://www. unisdr. org/we/inform/publications，2009。

② Alexander, David, "Natural Disaster: A Framework for Research and Teaching," *Disaster*, Vol. 15, No. 3, 1991, pp. 209 - 226.

要根据致灾因子和灾害发生和管理的不同时段来区分什么时候应该强调工程性措施，什么时候应该强调非工程性措施。有意无意强调其中的一种会造成灾害损失严重或者防灾减灾效果不明显。减灾行为的四个阶段——准备、响应、恢复和灾后的减灾措施调整。每一个阶段的区分并非十分严密，只是依据思路、组织、行动、研究和调整灾害管理政策粗略划分的。[①] 对于综合性的防灾减灾研究，世界银行的专家们提出了四条给国家的建议和一条给援助机构的建议。第一，政府能够而且应该确保人们可以方便地获取信息。第二，政府应该允许土地和房地产市场自我调节，如有必要就采取针对性的干预措施作为补充。第三，政府必须提供充足的基础设施和其他公共服务，并且发掘多用途基础设施的潜力。第四，必须建立有利于公共监督的良好制度。第五，国际援助机构也应在灾害语法事务中发挥作用。[②] 这些建议对于我国的防灾减灾实践研究有借鉴作用。

防灾减灾的计划和方法随着国家和灾害类型的不同而不同，如地震灾害、泥石流灾害、干旱灾害等各自的防灾减灾方法并不一致，而国家、地区、文化、技术、经济等也影响到防灾减灾的具体方法。尽管如此，我们也会总结出一些具有一致性的东西，如日本学者就认为暴风雨灾害的防灾减灾方法需要知道如下状况：①村民知不知道哪些地方有危险；②知不知道避难场所在哪里；③知不知道避难图；④有没有进行过避难训练；⑤有没有自我防灾组织。[③] 日本的评判标准可能与其他国家的并不一致，但是对于乡村来说具有很大的共同性。

在中国，防灾减灾强调综合战略，这是中国减灾委基于中国的灾害状况提出来的，即“基于中国灾害问题及其治理现实，立

① 〔美〕丹尼斯·S. 米勒蒂主编《人为的灾害》，谭徐明等译，湖北人民出版，2008，第7页。

② 世界银行：《自然灾害，非自然灾害：有效预防的经济学》，http://www. world-bank. org，2010。

③ 〔日〕京都大学防灾研究所编《风水害论》，山海堂，2003，第134页。

足国家全局与长远发展，从国家战略层面与宏观、综合的视角，探究符合时代发展要求并与中国发展变化中的国情相适应的综合防灾减灾方案”。[①] 很多学者认为应将防灾减灾看成国家安全的重要组成部分，上升为基本国策，并写入宪法，[②] 这无疑具有重要的意义。另外，中国的防灾减灾应用研究涉及政治、经济、科技、文化等方面，一个地区的防灾减灾实践是跨部门多领域相结合的结果。换言之，防灾减灾是整个国家和全体人民的事情。防灾减灾涉及不同的部门，如林业、水利、土地、气象、农业、民政、卫生、地震等部委办局；涉及不同的学科，如工程学、地质学，以及人类学、社会学、历史学、保障学、法学等；涉及不同的群体和文化背景，如妇女、儿童、少数民族、残疾人等；涉及不同的地区，如高山地区、沿海地区、城市、地震带等；涉及不同的灾害类型，如地震、泥石流、洪水、干旱、火山等；涉及不同的内容，如物资采购、交通运输、工程建设等。由此可知，防灾减灾的内容因灾害类型的不同而不同，所涉及的内容也千差万别。例如，对于洪水、海啸多发地区，游泳培训是防灾减灾的内容；在极度贫困的地区，减贫是防灾减灾的重要内容之一。

中国防灾减灾研究中有重视自然科学、轻视社会科学的情况。很多研究者承认，防灾减灾方法有工程性和非工程性（有的地方也称为结构性和非结构性）的方法，前者主要指的就是自然科学的方法，而后者主要指的是社会科学的方法。两种方法实际上是不可分离的，因为防灾减灾涉及所有的人，仅仅靠自然科学的方法无法达到防灾减灾的目的。因此，增强全民的防灾减灾能力对于减轻灾害损失至关重要。所以，以人为中心，以社区为基础的防灾减灾方法是今后灾害的研究重点。要做到这些，就必须摒弃目前学界和政府中一些重视自然科学、轻视社会科学的现象。事

---

① 国家减灾委员会办公室：《国家综合防灾减灾战略研究课题成果汇编》（打印稿），2013。

② 丁一汇、朱定真主编《中国自然灾害要览》（上卷），北京大学出版社，2013，第25～26页。

实证明，自然科学与社会科学的结合能够相互补充并取得很好的效果。尽管如此，我国社会科学工作者依然对防灾减灾进行了应用研究，取得了丰硕成果。对于人类学家来说，防灾减灾的应用研究主要围绕汶川地震、西南大旱等灾害进行，聚焦的领域很多，有的注重对恢复重建中的羌族民族文化的保护，特别是非物质文化的保护，有的强调恢复重建中的民族旅游开发和产业重建，还有的强调巨灾风险分担机制中的对口援助方法。[①]

四　防灾减灾的相关理论

（一）脆弱性理论

脆弱性被广泛地用来解释灾害发生的原因和预防的方式与防灾减灾之间的密切关系，并且越来越受到自然科学家和社会科学家的关注。脆弱性由英文的 vulnerability 翻译而来，被定义为个人或者群体的状况影响他们参加、处理、抗击和恢复受自然灾害（一种极端的自然事件或者过程）损害的能力，指一个社区、系统或资产的特点和处境使其易于受到某种致灾因子的损害。[②] 在联合国国际减灾战略看来，脆弱性的定义较为具体，它指一个社区、系统或资产的特点和处境使其易受到某种致灾因子的损害。[③] 在国内，脆弱性被定义为：①它表明该系统、群体或个体存在内在的不稳定性；②它表明该系统、群体或个体对外界的干扰和变化（自然的或人为的）比较敏感；③在外来干扰和外部环境变化的胁迫下，该系统、群体或个体易遭受某种程度的损失或损害，并且

---

① 杨正文：《巨灾风险分担机制探讨——兼论“5·12”汶川大地震“对口援建”模式》，《西南民族大学学报》（社会科学版）2013 年第 5 期。

② Ben Wisner, Piers Blaikie, Terry Cannon and Ian Davis, *At Risk: Natural Hazards, People's Vulnerability, and Disasters*, London: Routledge, 2004, p. 11.

③ 联合国国际减灾战略（UNISDR）：《2009 UNISDR 减轻灾害风险术语》，http://www. unisdr. org/we/inform/publications.

难以复原。[1] 这些定义指向生态系统和社会群体两个部分，前者是致灾因子出现的主要原因，后者与致灾因子相结合导致了灾害。与脆弱性相似的概念是环境退化，它指环境的衰退过程，即生态系统功能失去作用。

脆弱性指环境系统易受到致灾因子的损坏，同时，社会系统的抗灾能力变弱。换言之，环境脆弱性与社会脆弱性往往同时存在。环境脆弱性和社会脆弱性相结合为灾害发生创造了条件，即在环境脆弱性条件下，致灾因子碰到了脆弱的社会群体，灾害就容易发生。防灾减灾就是减少环境脆弱性和社会群体脆弱性，即在减少环境脆弱性的同时加强群体的抗灾能力建设。

脆弱性理论在防灾减灾的实践中具有重要的意义，环境脆弱性由过去的自然演变和退化变为人为的过度开发，全球范围内的资源消耗，工业排污，对热带雨林的乱砍滥伐，大型水库、矿山等项目开发和建设导致了环境质量的整体下降，尽管有的环境脆弱性是由地质地貌等特点决定的，但是，不管何种原因造成的环境脆弱性，都是潜在的灾害风险。这些灾害风险即使不在21世纪转化为灾害，也有可能在未来某一时期变成现实。因此，加强对环境脆弱性的研究，对于现代防灾减灾体系建设有着重要的意义。

（二）文化对灾害的回应

很多社会科学家深信，人类文化和行为能够对灾害做出有效回应，其理论源头可以追溯到20世纪30年代的社会学和地理学对这一问题的讨论，学者们认为人类行为会对灾害做出回应。[2] 灾害与人类行为和文化的关系，在人类学家开始研究灾害之后便得到了深入的讨论，他们认为人类对于灾害的回应是通过文化来实现的。换言之，人类的行为更多的是建立在文化的基础上，这种回

---

① 刘燕华、李秀彬主编《脆弱生态环境与可持续发展》，商务印书馆，2001，第8页。

② 〔美〕丹尼斯·S. 米勒蒂主编《人为的灾害》，谭徐明等译，湖北人民出版社，2008，第7页。

应具有社区的特点，人类学家认为灾害的理论本质上是社区的理论。[①] 行为回应包括了个人和组织机构对于灾害的回应，文化和巨灾、政治和权力，以及经济和灾害之间的关系。[②] 由于灾害、社区和文化都具有多样性的特点，灾害应对方式也不一致，即不同民族对相同的灾害类型会有不同的回应方式，相同的民族对不同的灾害也会有不同的回应方式。

文化和行为回应是人类学研究灾害的基础，人类文化包括了非常广泛的内容，如生产生活、宗教、社会结构、建筑、艺术等，可以说，几乎所有的人类应对灾害的方式都与文化有关。人类学家甚至认为，文化是人类的宇宙学，是人类对他们的神灵、祖先、宇宙、地球和世界的看法。文化是人类的精神、信仰、释疑，以及人类想象人类起源的依据和存在的目的。文化是人类洞察力的向导，引导人们感知颜色、闻到气味、听到声音和触摸，因此人类得以过滤和加工信息。[③] 文化对于灾害的感知也在这些洞察力之内。

文化和行为对于灾害的回应，关键点就在于文化系统的功能，即 Carr 于 1932 年所称的文化系统崩溃与否的问题，灾害之所以是灾害，就是因为其是文化应对的失败，[④] 或者是文化保护功能的崩溃，[⑤] 如只要船只能够抵抗风暴，河堤能够抵住洪水，城市建筑物

---

① Torry, William I. , "Anthropology and Disaster Research," *Disasters*, Vol. 3, No. 1, 1979, pp. 43 – 52.

② Oliver-Smith, Anthony, "Anthropological Research on Hazards and Disasters," *Annual Review of Anthropology* 25, 1996, pp. 303 – 328.

③ Hoffman, Susanna, The Anthropological Perspective on Disaster and the Key Concept of Culture. A Paper Presented on the International Conference on Anthropology of Disaster and Hazards' Mitigation and Prevention Studies, Kunming, China, August, 2013.

④ Carr, L. J. , "Disasters and the Sequence-Pattern Concept of Social Change," *American Journal of Sociology* 38, 1932, pp. 207 – 218.

⑤ Dombrowsky, W. , "Again and Again: Is Disaster What We Call 'Disaster'? Some Conceptual Notes on Conceptualizing the Object of Disaster Sociology," *International Journal of Mass Emergencies and Disasters*, Vol. 13, No. 3, pp. 241 – 254. Carr, L. J. , "Disasters and the Sequence-Pattern Concept of Social Change." *American Journal of Sociology* 38, 1932, pp. 207 – 218.

能够经受地震，那么，风暴、洪水、地震就都不是灾害。灾害之所以被称为灾害，或者致灾因子之所以转变成灾害，就是因为保护社会的文化功能崩溃了。[①] 由此可知，防灾减灾中的重要内容就是检验社会文化系统是否能够抵抗外来力量的冲击，如果说，在自然力量的攻击下，人类文化的保护系统没有崩溃，那么，它们在功能上是合适的，否则，它们是不合适和崩溃的。[②] 同样，如果一个文化系统的功能无法抵抗外来力量的冲击并保护这个社会，那么就应该考虑修正这个社会的文化系统，至少应该修正其中的部分，建筑物的设计、材料使用以及施工中的管理等，都有可能被认为是文化修正的一部分。

文化在灾害研究中得到强调，是因为灾害从发生、急救到恢复重建等都与文化紧密地联系在一起，灾害不仅会在文化和社会中留下深深的印记，还会以神话、传说、故事等方式流传下来，在灾害预防和应急的过程中成为一种应对方式。文化的多样性也体现出灾害应对方式的多样性。从国际经验可以看出，文化在灾前、灾害急救和灾后恢复重建中都扮演着重要的角色。因此，人类学家才坚持，恢复重建的过程就是文化功能恢复的过程，如果不考虑文化重建，而仅仅是盖房子的话，就很难说灾区恢复重建已经达到了目的。

（三）风险社会理论

现代社会可以说是一种风险社会，它充满了各种不确定的因素和危机，这是德国著名社会学家贝克的观点。他的观点在后来的切尔诺贝利核泄漏事故、疯牛病、亚洲金融危机、恐怖主义、

---

① Carr, L. J., "Disasters and the Sequence-Pattern Concept of Social Change," *American Journal of Sociology* 38, 1932, pp. 207 - 218.

② Dombrowsky, W., "Again and Again: Is Disaster What We Call 'Disaster'? Some Conceptual Notes on Conceptualizing the Object of Disaster Sociology," *International Journal of Mass Emergencies and Disasters* Vol. 13, No. 3, 1995, pp. 241 - 254. Carr, L. J. "Disasters and the Sequence-Pattern Concept of Social Change," *American Journal of Sociology* 38, 1932, pp. 207 - 218.

大地震等事件中得到充分的体现，事实证明，风险社会距离人类并不遥远。

在贝克看来，风险由最初的自然成分逐渐变成“人化”，并向“制度”和“技术”转化。人类对自然的干扰范围和深度增加了，人为风险也就成为自然风险的主要内容，虽然人类社会的发展使人类抗风险能力得到增强，但是，人类的制度和技术本身又出现了新的风险。由于风险不断扩散，风险所造成的灾难性后果也在不断扩散，产生的影响也有多样性。①

灾害是风险社会的标志，它可能发生在任何地区、任何时候，尽管有人认为地震与他们无关，但火灾、空难、风雪雨电等会发生在世界各地。那些居住在非地震带的人们也会以各种方式到地震带旅游、出差等，都会有灾害风险。更危险的是，灾害风险也正在变得像贝克所认为的一样——“人化”，并有“制度”和“技术”的特点，人为风险借助制度、道德等因素，使很多人感到风险无处不在，地震、泥石流、干旱、污染、食品安全问题等都具有这种特点。

灾害是在诸多风险条件下转化和产生的，这些风险有的是人为的，有的是自然的，但人为因素促成灾害的情况在世界各地普遍存在。风险与环境脆弱性、资源开发、大型工业项目、环境污染等有关，有的已经转化成灾害，有的正在走向危机。问题的关键是人类社会还在不断地制造相同或者相似的灾害风险，后代人可能为此承受更多的灾害。因此，社会风险理论对于研究防灾减灾具有重要的意义。

（四）文化变迁理论

人类学家认为灾害是文化变迁的主要原因之一。奥利弗－史密斯认为，灾害打破了作为一个整体的社会生存需求和满足之间

---

① Beck, Ulrich, *Risk Society: Towards a New Modernity*, London: Sage Publications. (Ch. 1), 1992, pp. 19－50. 中译见乌尔里希·贝克《风险社会：指向一种新现代性》，何博闻译，译林出版社，2004。

的平衡，因此，它不可避免地会发生变化，但今后仍然会回到平衡状态。[1] 换言之，灾害发生之后，旧的文化系统功能整体上已经趋于失败，而新系统的建立是一个漫长的过程，因此，文化开始变迁。

文化变迁主要源于以下几个方面：第一是灾害应对系统的失灵，这一系统可能会在灾害突发后由于各种原因而发生变化；第二是搬迁移民，特别是异地搬迁移民，能够导致文化的深刻变化。灾民在进行恢复重建的时候，大多数人希望进行文化保护，并认为恢复重建时的文化保护好坏是衡量恢复重建成功与否的关键因素之一。然而，文化包含了很多内容，如亲属关系、生计、经济、政治、衣、食、居住地的利用、时间规划、空间安排、人类等级、社会角色与关系、儿童养育、法规和法律等[2]；文化变迁也包含了很多内容，文化中的任何一项变迁都会导致一个民族发生深刻的变化。

很多地方的恢复重建是通过搬迁或者移民来实现的，由于原来的居住地存在潜在的致灾因子和灾害风险而不适宜人类居住，小到一个村子，大到一个集镇或者县城，都会导致文化出现深刻变化。一些搬迁到异地的少数民族群体，会面临文化变化，如果群体较弱，文化保护的意识又薄弱，那他们就会完全放弃自己的文化而接受另一种文化。重建是一个复杂的过程，即使是在当地恢复重建，文化也仍然在发生变化，特别是在设计师对灾民的传统建筑风格和文化特征比较陌生，又不征求意见的时候，房屋模式必然发生改变，而房屋模式的改变会导致文化符号的消失，从而导致礼仪、仪式、规则等发生变化。

---

① Oliver-Smith, Anthony, "Disaster Rehabilitation and Social Change in Yungay, Peru," *Human Organization*, Vol. 36, No. 1, 1977, pp. 5 – 13.

② Hoffman, Susanna, The Anthropological Perspective on Disaster and the Key Concept of Culture. A Paper Presented on the International Conference on Anthropology of Disaster and Hazards' Mitigation and Prevention Studies, Kunming, China, August, 2013.

(五)生态韧性理论

系统生态学中的韧性理论(resilience theory)在人类学及其他社会科学中有广泛的应用。韧性理论最初是由加拿大生态学家霍林于1973年提出的，他将韧性定义为社会－生态系统能承受干扰并继续保持其功能的能力。韧性是一个系统内部持续关系的决定因素，是这些系统吸收变量状态的测量能力，从而使变量和参数得到保持。韧性是生态系统的特点，该系统的可能性结果是持续或者灭绝。① 韧性的定义被提出来之后，学者们对其不断进行修正和补充，总体分为两种走向：第一种是将韧性定义为生态系统能够在不改变自我组织过程和结构的情况下抵抗干扰的总量，第二种是将韧性定义为系统主体在干扰时回到稳定状态的时间。② 2006年，瓦尔克和萨尔特将韧性定义为一个系统能承受干扰动乱并保持其基本功能和结构的能力。③ 后来，韧性概念向社会科学的领域延伸，人类学、社会学、语言学等都使用了系统生态学中的韧性概念进行本学科的研究。社会生态系统逐步被学者们所接受。在今天，社会生态系统被认为一个由自然和人类要素组成并相互作用和影响的网络。④ 韧性理论之所以重要，是因为它跟环境和人类社会的脆弱性有着密切的关系。韧性减弱，脆弱性就增强；相反，韧性增强，脆弱性就减弱。⑤ 我们需要分析韧性是在什么样的情况下失去作用或者下降的，脆弱性在哪种程度上达到极限，而使得

---

① Holling, C. S., "Resilience and Stability of Ecological Systems." *Annual Review of Ecology and Systematics* 4, 1973, pp. 1－23.

② Gunderson, L. H., "Ecological Resilience in Theory and Practice." *Annual Review of Ecology and Systematics* 31, 2000, pp. 425－439.

③ Walker, Brian & David Salt, *Resilience Thinking: Sustaining Ecosystems and People in a Changing World.* Washington, Covelo & London: Island Press, P. xiii, 2006.

④ Harrell, Stevan, Intensification, Resilience, and Disaster in Chinese History. A Paper Presented on the International Conference on Anthropology of Disaster and Hazards' Mitigation and Prevention Studies, Kunming, China, August, 2013.

⑤ Harrell, Stevan, Intensification, Resilience, and Disaster in Chinese History. A Paper Presented on the International Conference on Anthropology of Disaster and Hazards' Mitigation and Prevention Studies, Kunming, China, August, 2013.

社会生态系统无法恢复到原来的状态。通常情况下，韧性的减弱是扩大再生产导致的，扩大再生产需要社会形态系统有一个缓冲区，一旦突破了这个缓冲区，韧性就减弱，脆弱性就增强。如果社会生态系统远离原来的状态，并且再也无法回到这个缓冲区之内的话，那么，该社会生态系统就会进入另一种状态或者另一种体系之中。[①]

韧性与脆弱性及其社会中的防灾减灾能力有着密切的关系，韧性度高，脆弱性就弱，防灾减灾能力就变强；而韧性度低，脆弱性就强，防灾减灾能力就变弱。所以，灾害的形成与否与三者关系密切。但是，三种逻辑关系也不是如此简单，在各种生态危机、致灾因子和灾害的状况中，我们看到了不同的韧性、脆弱性等，需要进行不同的能力建设，以减轻灾害风险。

生态系统韧性的理论对于防灾减灾具有重要的意义。如果生态脆弱性不断增加，那么，系统韧性就趋向减弱，防灾减灾所需要的投入就要加大。因此，系统的韧性状况是判断未来灾害发展趋势的因素之一。目前，韧性的理论从生态学，特别是系统生态学延伸到了社会科学，人们甚至对语言学、心理学等都用韧性的理论进行分析，说明韧性理论对于自然科学和社会科学都产生了广泛的影响；各国学者都将生态系统的韧性定义用于灾害研究，包括防灾减灾领域的研究，说明韧性理论在灾害研究中具有重要的理论和实践意义。

（六）应用人类学理论

人类对灾害的研究，不仅需要重视基础研究，还需要对其进行应用研究。西方应用人类学家在研究的同时，还帮助政府制定政策和解决问题，使学科得到了新的发展，使其研究价值及学科地位得到广泛认可。[②] 近几十年来，应用人类学对于灾害的研究得

---

① Gunderson, L. H., "Ecological Resilience in Theory and Practice," *Annual Review of Ecology and Systematics* 31, 2000, pp. 425 – 439.

② 陈刚：《西方应用人类学最新发展述评》，《民族研究》2011 年第 1 期。

到迅速发展，因为应用人类学不仅关注灾害的应对方式、救灾方式和重建方式，还关注灾害管理过程中的政治、经济和文化问题，包括妇女、儿童、残疾人、老年人、贫困者等弱势群体问题。[①] 灾害是一个现实的问题，无论是在哪个国家，灾害的应用人类学研究都得到了重视，中国灾害人类学也不例外，在汶川大地震之后，灾害的应用人类学研究就发挥了重要的作用，很多研究成果被采纳，体现出应用人类学灾害研究的价值。

然而，防灾减灾的应用人类学研究没有受到应有的重视，防灾减灾是一项实践性很强的领域，它需要应用人类学者的参与。当然，防灾减灾研究也需要理论的支持，因为只有建立在深厚的理论研究的基础上，才可能进行卓有成效的应用研究。换言之，应用研究只有以深厚基础理论为铺垫，应用根基才会扎实和牢靠，才能被社会所接受，这是在进行防灾减灾研究时尤其不能忽视的。

防灾减灾的应用人类学研究也面临着挑战，特别是在对一些具体问题或者对策进行应用研究的时候，我们就会发现很多困难，例如，学者提出的对策建议与政府部门的实践要求之间有一定的距离，由此产生了怎样将理论研究与实际操作联系或者结合在一起的问题，对于人类学家来说，在进行应用研究的时候，需要到实际操作单位调研，到乡村社区调研，只有与实践者在一起或者与他们合作，应用人类学研究才能满足社会需要。当然，应用人类学的灾害研究在多大程度上能够在决策咨询中起作用是一个问题，人类学强调的是理论研究、社区研究，但是，人类学应用研究通常不受重视，人类学家的建议通常被忽略，这样的情况无论是在西方还是在东方的灾害研究中都普遍存在。然而，人类学家仍然在坚持应用研究，无论是在理论方面还是在实践方面，人类学家都在积极地给政府和国际组织出谋划策，显示了学科的作用。

---

① Oliver-Smith, Anthony, "Anthropological Research on Hazards and Disasters," *Annual Review of Anthropology* 25, 1996, pp. 303 - 328.

本书也是从人类学的角度出发，对民族地区的防灾减灾提出笔者自己的建议，虽然所起的作用很难预知，但是，在此方面所进行的探索，不仅是实践的需要，也是学科的需要。

五　防灾减灾的研究前景与展望

防灾减灾研究属于应用研究的组成部分，但是，应用研究要有坚实的理论研究作为基础，防灾减灾的研究也是这样，没有灾害人类学的基础理论研究，防灾减灾的研究就不可能取得成就。因此，我们提倡一种防灾减灾的基础研究和应用研究相结合的方法，即首先对防灾减灾进行基础理论研究，然后再进行应用研究。防灾减灾基础理论和应用研究在全球范围内都取得了很大的成就，但这些研究具有两种情况，基础理论以学院派为主，而应用研究以非政府组织为主，特别是国际发展组织在应用研究方面取得了很大的成就。学院派在基础理论方面的成就有目共睹，但他们在应用研究方面的成就则比较缺乏；而发展组织在应用研究方面取得了成就，但在基础研究方面比较缺乏。所以，如果能够在基础研究和应用研究方面取得进步，那么对于全球性的防灾减灾无疑是非常重要的。

防灾减灾研究需要基础理论和应用研究并重的方法。防灾减灾需要有坚实的理论研究作为基础，没有基础理论的支撑，应用研究就像空中楼阁，经不起实践的检验，防灾减灾的工作也不可能取得成就。防灾减灾研究的目的是实践，基础研究需要为实践工作做出贡献，所以，在进行基础研究的时候，还要为当下的防灾减灾提出政策建议，仅仅重视理论化的研究与防灾减灾的政策实践之间还有一段距离，我们不仅需要通过实践丰富学科的理论，还需要在实践中检验理论，更为重要的是，我们研究的最终目的是实现防灾减灾。防灾减灾的基础研究和应用研究相结合的方法不仅是学科的需要，也是我国灾害管理的实践工作的需要，是倡导政府的实践工作与学者的研究工作相结合，改变理论与实践相分离的方法。

防灾减灾的自然科学和社会科学研究在国际、国内都取得了丰硕成果。在国际上，联合国国际减灾战略（UNISDR）等组织每年都有研究报告发表出来，这些研究有的是年度报告，有的是专题研究，除了综合性的防灾减灾研究之外，还有针对不同国家、不同灾害类型的研究报告，特别是国际上一些最新的防灾减灾经验、跨国跨区域合作经验等，都能够为不同国家、不同地区、不同文化背景和不同灾害类型的防灾减灾提供有益的经验。国内的防灾减灾研究也已经取得了丰硕成果，但是，国内外的防灾减灾合作研究并不非常充分，特别是社会科学中的中外合作研究明显不足。众所周知，美国、日本等发达国家在防灾减灾方面已经取得成就，很多经验值得我们借鉴，即使是发展中国家，包括非洲的抗旱经验和南亚的防洪经验也值得我们参考，应倡导更多的国内外防灾减灾研究的交流和合作，促进不同学科、不同地区的灾害合作研究，从而相互补充和吸收经验，为我国的防灾减灾服务。

中国国内的防灾减灾研究以自然科学为主，他们的研究成果自然不用列举。与云南有关的防灾减灾研究成果包括了王景来、扬子汉编著的《云南自然灾害与减灾研究——献给国际减灾十年》，程建刚、王建彬主编的《云南气象与防灾减灾》，等等。然而，中国国内的防灾减灾研究大多是各自为政的，即自然科学的研究者与社会科学的研究者通常不会进行合作，但事实上，自然科学与社会科学，如历史学、社会学、政治学、人类学、经济学等学科之间的合作非常重要，需要提倡多学科的合作方式，特别是针对决策咨询和政策研究的时候，自然科学家与社会科学家的合作能够发挥各自优势，不同学科殊途同归，为最终的目的——防灾减灾服务。因此，应改变减灾中不重视社会科学家参与的情况。

防灾减灾研究，特别是民族地区的防灾减灾研究总是与民族文化有着密切的联系。很多国家的研究者，特别是人类学家、地理学家等都重视研究当地的传统知识。人们已经发现，传统知识对于防灾减灾具有重要的意义，有必要对民族传统文化的防灾减灾意义进行深入挖掘，从文化上为防灾减灾注入活力。事实上，民族传统文化的防灾减灾已经有过一些研究，如《具有抗震性能的云南省农村穿斗式木结构住房》[①] 和《泥石流灾害的传统知识及其文化象征意义》[②] 等，都探讨了民族传统文化对于防灾减灾的意义。然而，与我国丰富的民族文化相比，这样的研究还远远不够，不同民族、不同灾害类型的传统知识没有得到深入挖掘，除了地震、泥石流等灾害之外，还有干旱、饥荒、火灾、冰冻、洪涝、雷电、流行病等灾害，各民族都有相关的传统知识，能够对防灾减灾起到很好的预防作用。由此可知，在防灾减灾这一点上，民族传统文化与现代科学知识之间并不排斥，相反，它们能够相辅相成，这就是很多自然科学家重视民族文化研究的原因之一，高建国教授对于穿斗式木结构住房的研究就是其中一例。

生态环境是以系统的方式呈现的，因此，灾害管理和防灾减灾工作也是系统性的。最重要的做法就是将防灾减灾作为中国发展的重要内容纳入国民经济发展的规划中，在发展的高层设计中体现防灾减灾的重要性。因此，提倡多部门、多领域、多学科的合作是预防泥石流灾害最有效的方法，如将泥石流灾害的防灾减灾纳入国民经济和发展计划中，重绿色产业，轻工业；重绿色GDP，轻高耗能、高污染产业；重长期的可持续发展，轻短期的项目利益；等等。这都是今后防灾减灾研究中应该坚持的。

综合防灾减灾对策是今后相当长一段时期国内外防灾减灾研究的重点内容。2013 年，国家减灾委完成了“国家综合防灾减灾战略研究课题”，该课题集合了自然科学和社会科学的高端人才，研究重点放在防灾减灾的综合性、宏观性、前瞻性和长远性的顶

---

① 高建国：《具有抗震性能的云南省农村穿斗式木结构住房》，载周琼、高建国主编《中国西南地区灾荒与社会变迁——第七届中国灾害史国际学术研讨会论文集》，云南大学出版社，2010，第 13 ~ 19 页。

② 李永祥：《泥石流灾害的传统知识及其文化象征意义》，《贵州民族研究》2011 年第 4 期。

层设计上，该研究报告将成为我国未来 10 ~ 30 年的防灾减灾事业的指导思想。[①] 国家防灾减灾战略的提出不仅与国际上的减轻灾害风险的综合措施一致，还与人类学家所认为的灾害深深地嵌入一个社会的政治、经济和文化的观点一致，灾害能够导致不确定性、无序和社会文化的崩溃。[②] 灾害不仅会与外部的环境发生关系，还会与社会内部的结构和文化发生关系。社会中的知识，不论是科学技术方面的还是地方性的，都被用来作为减少破坏和脆弱性的手段。

六　小结

本章讨论的是防灾减灾的理论和实践问题，所有学科的灾害研究目的都是防灾减灾。然而，防灾减灾在不同国家、地区和文化背景下都有自己的使用方法和定义，国际上用减轻灾害风险来表示我国的防灾减灾，但两者既有区别又有联系，由于汉语的使用习惯，我国通常使用的是"防灾减灾"。然而，防灾减灾并不是"防灾"和"减灾"两个概念的简单相加，也不是均衡的二等分，而是一种具有理论和实践基础的系统意义。在防灾减灾工作中，"防灾"是核心，"减灾"是目的；"防灾"是在灾害发生之前的各项准备活动，"减灾"是达到防灾、救灾和灾后恢复重建及产业恢复的目的。没有防灾方面的投入，减灾和灾后恢复重建就要付出较大的代价。防灾减灾研究受到不同学科研究者的重视，他们提出了各种建议和方法，包括结构性的和非结构性的，即工程的和社会文化的防灾减灾方法。由此可知，不同学科学者合作以及

---

① 国家减灾委员会办公室：《国家综合防灾减灾战略研究课题成果汇编》（打印稿），2013。

② Oliver-Smith, Anthony, " 'What is a Disaster?': Anthropological Perspectives on a Persistent Question," in Anthony Oliver-Smith and Susanna M. Hoffman (eds.), *The Angry Earth: Disaster in Anthropological Perspective*, 1999, pp. 18 – 34. London: Routledge.

综合的防灾减灾战略研究将成为今后防灾减灾研究的发展趋势。防灾减灾有多种解释框架，与灾害类型、学科背景等有着密切的联系。防灾减灾的理论也有多种源头，并与自然科学和其他社会科学，如社会学、历史学等相关联。

第三章　云南少数民族地区干旱灾害与防灾减灾

一　云南少数民族地区干旱灾害的总体情况

干旱是云南少数民族地区典型的灾害之一，干旱在汉文文献和少数民族文献中都有丰富的记载，如彝族文献中的记载表明了这一地区曾经出现过严重的干旱，彝族的很多仪式也与干旱有关。人类发展史证明，干旱与人类的历史一样久远，彝族史诗《查姆》《梅葛》《万物的起源》等里面都有干旱灾害的记载。在云南，干旱灾害的历史可以追溯到西汉时期，始元六年（公元前 81 年），益州（今昆明及其周围地区）大旱。干旱灾害在元明清时期的记载极其丰富，据《中国气象灾害大典》中的资料，元代发生了 10 次严重的干旱灾害，分别是 1322 年、1323 年、1326 年、1327 年、1331 年、1334 年、1337 年、1342 年、1352 年和 1365 年。这些干旱灾害主要发生在昆明、楚雄等地区。明代的干旱记载也非常多，共有 92 年发生过干旱灾害，而清代的记载更为细致，从清代初期的 1644 年到 1899 年，共有 144 年发生过干旱，平均 1.8 年发生一次干旱灾害。[①]

干旱灾害在 20 世纪频繁发生，1900～2000 年，云南发生干旱灾害的年份分别是 1906 年、1907 年、1931 年、1937 年、1958 年、

① 刘建华主编《中国气象灾害大典》（云南卷），气象出版社，2006，第 21～38 页。

1960年、1963年、1969年、1989年、1983年、1987年、1988年、1992年、1997年，其中降雨量最少的是1963年，降雨量只达到常年平均水平的64%。[①] 楚雄是经常发生干旱的地区，1949~2000年，楚雄的干旱重灾之年有1953年、1959年、1960年、1963年、1967年、1975年、1976年、1977年、1980年、1984年、1987年、1988年、1989年、1992年、1993年，共15年。除了大旱之年外，还有中度干旱和轻度干旱的年份，1952~1990年出现持续干旱年共有26年，其中春夏两季连旱年有24年。[②] 据相关研究，在1950~1997年，云南省农作物受旱面积高达1479万公顷，占气象灾害的43%，云南省50%的县市每年都受到不同程度的干旱影响，每年受旱面积约31万公顷。[③] 事实上，除了滇西的怒江州外，云南省年年均有春旱，只是严重程度不同而已，但在受旱严重的受灾年中，春旱占70%以上，说明云南各地都有干旱现象出现。[④]

进入21世纪之后，云南省的干旱灾害变得更加频繁，降水呈减少态势，高温干旱时间有增多的趋势，干旱灾害由过去的2~3年一遇变为1~2年一遇。[⑤] 2003年、2004年、2005年、2006年、2007年都发生了严重的连续性干旱灾害。需要强调的是，2005年的干旱灾害可以说是50年来之最，特别是滇西的大理、丽江、怒江、迪庆，滇中的昆明、玉溪、楚雄，滇东的曲靖、文山等地干旱较为严重。干旱造成全省农作物受灾面积达1518.14千公顷，成灾965.9千公顷，绝收228千公顷；造成619.5万人、386万头大牲畜饮水困难，近千座小型水库及众多塘坝干涸。[⑥] 干旱灾害造成

① 刘瑜、解明恩：《1997年初夏云南严重干旱的诊断分析》，《气象》1998年第8期。

② 鲁永新：《楚雄州干旱分布特征及成因分析》，《楚雄师范学院学报》2009年第9期。

③ 程建刚、王建彬主编《云南气象与防灾减灾》，云南科技出版社，2009，第25页。

④ 王景来、扬子汉编著《云南自然灾害与减灾研究——献给国际减灾十年》，云南大学出版社，1998，第175页。

⑤ 程建刚、王建彬主编《云南气象与防灾减灾》，云南科技出版社，2009，第25页。

⑥ 刘瑜、赵尔旭、黄玮、孙丹、琚建华：《2005年初夏云南严重干旱的诊断分析》，《热带气象学报》2007年第1期。

的损失越来越严重，2001～2006年平均直接经济损失27.06亿元，与1996～2000年的18.40亿元相比，增加了47%，而2005年的严重旱灾造成直接经济损失达53亿元。[①] 一些学者总结了2005年干旱发生的主要原因，即“北印度洋地区持续的异常东风、持续偏强偏西的西太平洋副热带高压，以及赤道附近较弱对流活动的影响，北印度洋地区持续的纬向异常东风可以认为是引起这次云南干旱最关键的因素”。[②] 然而，干旱在2009年、2010年、2011年和2012年进入了灾难性时期。2009年秋季至2010年春季，云南降水量比常年同期少50%～78%，创有记录以来最低。[③] 云南省的干旱灾害覆盖地区达到全省面积的85%，干旱灾害持续日数超过150天，接近半年之久。[④] 2011年，云南省的干旱持续，东部降雨不足300毫米，比往年少三成至五成。[⑤] 2012年除了6月、7月和9月降雨量正常之外，2月、4月、10月、11月、12月降雨量少了50%以上，虽然干旱程度不及2010年这一极端年份，但是，干旱时的高温使全省发生了299起火灾。[⑥] 2012年的云南干旱并不均衡，有的地区出现了非常严重的干旱，如北部地区就出现了最为严重的干旱灾害，1～5月降雨不足10毫米，[⑦] 加上5月出现的高温，使旱情变得更加严重，对此楚雄州元谋县姜驿乡的傈僳族村民需要赶马5公里到金沙江边驮水。2009～2012年的四年连旱灾

---

① 程建刚、晏红明、严华生、解明恩等编著《云南重大气候灾害特征和成因分析》，气象出版社，2009，第5页。

② 晏红明、段旭、程建刚：《2005年春季云南异常干旱的成因分析》，《热带气象学报》2007年第3期。

③ 杨韬、解福燕：《云南2009—2010年秋冬春连旱成因分析》，《云南环境地理研究》2010年第5期。

④ 孙瑾、曲晓波、张建忠：《2010年中国气象灾害特征及事件分析》，《天气预报技术总结专刊》2011年第1期。

⑤ 薛建军、张立生、孙瑾、杨琨、高兰英：《2011年灾害性天气特点》，《天气预报技术总结专刊》2012年第1期。

⑥ 《2012年云南省气象灾害年报》，云南网，http://yn.yunnan.cn/html/2013-02/20/content_2623099.htm，2014年11月12日。

⑦ 王秀荣、赵慧霞、杨琨、张立生、高兰英、毛卫星、吕终亮：《2012年全国灾害性天气特征分析》，《天气预报技术总结专刊》2013年第1期。

害可以说是百年不遇的大灾害，受灾范围大而且程度严重，除了云南之外，西南各省，包括贵州、四川、重庆、广西等地区，都在这场西南大旱中遭受到严重的损失。

自然科学家认为，影响云南气候的几个因素包括大气环流、西南季风、厄尔尼诺现象、特殊的地理环境和人为，[①] 这些因素导致了云南干旱或者暴雨天气的形成。然而，即使是在一年中，每个季度也会出现不同的变化，如 1 ~3 月干旱最严重，11 ~12 月次之，4 ~6 月上旬又次之，9 ~10 月干旱较轻，6 ~8 月云南省内基本无旱。[②] 在一些地方，特殊的环境与气候条件结合，会导致比其他地方发生更多的灾害。如干旱的情况就非常有说服力，王景来、扬子汉认为玉溪地区的元江，红河州的蒙自、开远、建水等低洼河谷、盆地地区，因周围形成高山屏障，特别是滇西南的哀牢山和南部的白云山、大同山对西南和东南气流形成的更大屏障，所以降水比周围地区更少，气温更高，土地渗透力大，也就更容易出现干旱。[③]

本章正是以西南大旱期间的玉溪市元江县洼垤乡、新平县建兴乡和老厂乡及昆明市长湖镇为调查点进行调查的，笔者的调查重现了干旱期间政府和当地社会为防灾减灾所做的努力。干旱的情况与地震不一样，干旱是可以预知的，当代的科学知识基本上能够准确地预测出干旱发生的可能性，至少在一定的时期之内可以预测到，因此也就可以得到提前准备。但是，干旱灾害的发生是各种因素作用的结果，对于干旱灾害的防灾减灾，不同的地区和民族都有不同的特点，但总体的应对方式是相似的。

---

① 秦剑、解明恩、刘瑜、余凌翔编著《云南气象灾害总论》，气象出版社，2000。

② 彭贵芬、刘瑜、张一平：《云南干旱的气候特征及变化趋势研究》，《灾害学》2009 年第 2 期。

③ 王景来、扬子汉编著《云南自然灾害与减灾研究——献给国际减灾十年》，云南大学出版社，1998，第 177 页。

二　玉溪市元江县干旱灾害个案研究

（一）元江县的干旱灾害及洼垤乡的实际情况

1. 元江县的干旱灾害

云南省玉溪市元江哈尼族彝族傣族自治县位于云南省中南部，地处元江中上游，玉溪西南部，东经101°39′至102°22′，北纬23°18′至23°55′，东与石屏县相连，南与红河县毗邻，西与墨江县接壤，北靠新平县。县人民政府驻地为澧江镇，距玉溪130公里，距昆明210公里。元江县总人口200328人（2008年），总面积为2858平方公里。其中山区面积2766.54平方公里，占总面积的96.8%；坝区面积91.46平方公里，占总面积的3.2%。县内最高点（阿波列山）海拔为2580米，最低点（小河垤）海拔为327米，受海拔高低悬殊，地形地貌多样，以及山川走向、植被疏密等因素影响，全县有五个气候类型，即热带、亚热带、北温带、南温带、寒带。元江属季风气候，冬夏半年各受两种不同的大气环流影响。冬半年（干季11月至次年4月）受北非及印度北部大陆干暖气流和北方南下的干冷气流影响，空气干燥温暖，降水量少，蒸发快，晴天多，日照充足。夏半年（雨季5～10月）受印度洋西南暖湿气流和太平洋东南暖湿气流的影响，空气湿度大，降水量多。县内各地年平均气温12℃～24℃，最冷月平均气温7℃～17℃，最热月平均气温16℃～29℃，极端最低气温-0.1℃～-7℃，极端最高气温28℃～42.5℃。无霜期200～364天，年平均降水量770～2400毫米，雨季平均于5月16日开始，10月22日结束。

自2009年以来，元江县出现了严重的干旱灾害，降雨量急剧下降。从2011年9月开始至2012年3月1日，元江县降水量仅为169.9毫米，比同时期少59.6毫米，长期无降雨造成了严重的干旱灾害。一些学者认为，“玉溪地区的元江、红河州的蒙自、开远、建水等低洼河谷和盆地地区，也因周围有高山屏障，特别是滇西南的哀牢山和南部的白云山、大同山对西南和东南气流屏障作用更大。所以降水比周围地区还少，加之气温高，土地渗透大，易出现干旱”。[①] 本书的田野调查地点洼垤乡就地处这一地带，该乡的小河垤海拔327米，是元江县的海拔最低点，也是云南省气温最高点。据元江县政府提供的资料，截至2012年3月1日，元江县干旱导致78个村（居）民小组、21829人和15336头大牲畜饮水困难，涉及10个乡镇（街道），特别是甘庄街道10个居民小组、洼垤乡22个村民小组和龙潭乡13个村民小组。干旱还造成11个水池、454个水窖、9座坝塘、27处28445米沟渠损毁。全县有24所学校受灾，其中中学3所，小学21所，9782名师生不同程度地受旱灾影响。无水源、无饮用水的有7所学校，有水源、饮用水不够的有14所学校，有水源、无饮用水的有3所学校。干旱造成20173亩水田缺水，82075亩旱地缺墒，环比上周水田缺水面积保持不变，旱地缺墒缺水面积增加7665亩，增长9.3%。165058亩农作物受灾，成灾96390亩，绝收32380亩，直接经济损失4675.9万元。灾情发生后，全县共投入抗旱人数8940人次，投入抗旱机动设备40套，投入抗旱车辆5127辆次，投入抗旱资金308.9万元，抗旱用电4.02万度，抗旱用油48吨，实现抗旱浇灌面积1900亩，临时性或永久性地解决了6900人、10800头大牲畜的饮水困难。

2. 洼垤乡的干旱灾害

洼垤乡位于元江县东南部，距县城58公里，辖7个村委会、64个自然村、97个村民小组，有2989户11603人，其中彝族人口占87%，是一个以彝族为主、多民族杂居的贫困山区乡。洼垤乡的土地面积为329平方公里，人口密度为每平方公里34人，耕地面积为24523亩，森林覆盖率为34%，最高海拔2242米，最低海拔327米，平均海拔1380米，属立体气候，年平均气温19.6℃，

---

① 王景来、扬子汉编著《云南自然灾害与减灾研究——献给国际减灾十年》，云南大学出版社，1998，第177页。

较适宜农作物的生长，主要产业以烤烟、畜牧为主，其他作物还有水稻、玉米、小麦、核桃、红薯等。村民的经济收入是通过烤烟获得的，洼垤乡的财政收入也是靠烤烟，因此，烤烟种植在洼垤乡具有重要的意义。全乡烤烟产量除2005年与2006年基本持平外，其他年份的产量均逐年递增，产量方面，2004年为118.77万公斤，2005年为116.41万公斤，2006年为115.45万公斤，2007年为138.66万公斤，2008年为143.69万公斤，2009年为152.57万公斤，2010年为184.15万公斤，2011年为198万公斤。烤烟种植面积在耕地面积中占很大比例，如2010年全乡耕地面积为19663亩，而烤烟的种植面积为11723亩，约占耕地总面积的60%。洼垤乡土地大多呈现喀斯特地貌，在罗垤村委会的土地上，这些地貌很多地方没有泥土，有的地方土层很薄，石头很多，没有树木，只有长在石缝间被晒干了的杂草，干旱和严重的石漠化现象使该地区农作物种植存在困难。由于石头多，土地少，很多烤烟地都嵌在石头堆中，有的在喀斯特地貌的低凹之处，有的则在两个小山梁中间，顺着干沟开垦而成。

洼垤乡于2009年开始出现秋冬春特大旱灾，2010年和2011年再次出现夏秋冬三季连旱，境内长期无有效降雨，连雨季期间也没有过连续降雨，全乡坝塘、小水窖等蓄水严重不足，人畜饮水困难，小春作物因缺水严重而生长缓慢、收成大幅度减少，受灾损失非常严重。进入2012年，洼垤乡的旱情问题越来越突出，呈迅速扩延态势，大部分群众饮用水安全和农作物生长、森林防火等形势变得异常严峻，抗旱保民生、促发展任务十分艰巨。洼垤乡的干旱灾害导致如下问题。

（1）蓄水严重不足。由于长期无有效降雨，坝塘、小水窖等蓄水大幅减少，自来水供应不正常。一是全乡现有坝塘62个，蓄水较多的只有1个（坡垤坝），其他基本上处于干涸或半干涸状态，连保障洼垤集镇人饮安全的横山水库蓄水量也不足1万立方米，集镇供水形势严峻。二是全乡自来水供应正常的自然村只有22个，供应不正常或已断水的有33个，还有9个自然村因没有水源点而未建自来水管道。三是全乡4000多户家庭小水窖（水池）蓄水一半的不足5%，蓄水1/4的仅15%，群众取水非常困难。

（2）人畜饮水困难突出。全乡饮用水出现困难的有23个自然村，分别是都堵、野猪塘、邑尼都、垤期龙、邑席、罗垤、哈古祖白、扎巴垤、牛多肥、斋祖、木西龙、木西格、丫口、肥开、咪垤克、哈垤莫、坡姑、依黑干、老茶己、白祖克、领岗、风洞、尚博，涉及998户3645人、9004头（只）牲畜。目前组织拉水的有垤且龙、都堵、野猪塘、木西格、牛多肥、哈古祖白、斋祖、坡姑、白祖克、风洞等10个自然村和老茶己、罗垤2所村完小，保障486户1652人、3986头（只）牲畜和208名师生的饮水安全。罗垤、扎巴垤、木西龙、丫口、咪垤克、老茶己等村的饮水困难形势也相当严峻。都堵、垤期龙、罗垤等村组的牲畜饮水困难及山上草料干枯且不足等问题不断出现，主人或是将牲畜放养到很远的地方，或是打算把大量的牲畜变卖处理。随着旱情的持续蔓延，全乡2/3以上村组面临严重缺水，需要政府组织开展拉水行动，而抗旱保人畜饮水拉水经费十分紧缺。如旱情持续到5月底，需支出拉水保人畜饮水经费约200万元。

（3）农作物生长缺水严重。2011年以来，全乡以烤烟为主的大春生产缺水严重，育苗用水、适时移栽、中耕管理等非常难。以小麦、豆类为主的小春生产受灾面大，庄稼长势普遍不好，产值产量明显减少，损失严重。持续干旱已给2011年以烤烟为主的大春生产带来极大的挑战。2011年入夏以来，全乡农田旱象十分严重，对农业生产影响很大，特别是缺乏灌溉条件的小春作物干枯受害面较大。全乡17500亩农作物缺水严重，大部分农作物不出苗或出苗后被晒死，长势很差，农民预计损失1200万元。

（4）烤烟育苗取水困难。2012年，县上下达的烟叶收购指标是170万公斤，合同种植面积13600亩。全乡从1月底开始进行集中育苗，共育22个点4361个小棚。由于长期无降雨，坝塘、水窖蓄水不足，集中育苗点取水困难。全乡22个烤烟集中育苗点取水非常困难，其中有13个育苗点拉水供应。

（5）水利基础设施建设仍然滞后。由于工程性缺水，全乡人民群众抵御自然灾害的能力弱。因此，要从根本上解决洼垤乡干旱问题，只有加大水源工程建设力度，特别是加强家庭小水窖等抗旱水源工程建设，才能解决水资源的供求矛盾，增强农业后劲，彻底改善全乡人民群众生产生活条件。

（6）森林防火形势严峻。由于无有效降雨，林中风干物燥，山无保水，杂草树叶干枯严重，森林火灾隐患多，2012 年的森林防火和生态产业发展形势严峻。

（二）洼垤乡政府的干旱灾害应对方式

1. 制定干旱灾害的应对原则

面对严重的干旱灾害，洼垤乡采取了切实有效的措施，积极开展抗旱救灾工作。这些措施包括如下几个方面。

第一，提早部署抗旱救灾工作。乡党委、政府切实加强对抗旱救灾工作的领导，进一步明确职责，落实责任。提出“一村一策”的抗旱预案，确保各项应对措施落实到位。实行党政领导负责制，乡、村、组干部各司其职、各负其责，抓紧做好抗旱拉水、救灾物资储备工作。

第二，密切关注旱情发展趋势。密切关注当前旱情，深入缺水村组、地头调研。乡、村、组干部做到旱情监测、上报及时，认真分析旱情发展趋势，确定灾害损失情况，对旱情进行评估，并提出抗旱具体措施，提高测旱、报旱、抗旱的准确性和时效性。

第三，多策并举确保人饮和育苗用水，帮助受灾群众解决饮水难等基本生活困难和烤烟等农作物生产问题。在抗旱保人饮中，因地制宜实施车拉、引渠、人挑等抗旱应急措施，力求有效、节约、安全抗旱，对拉水方便的垤期龙、坡姑等村采取政府指导群众自行组织拉水抗旱自救的方式，对交通不便的都堵、野猪塘、木西格等村则提供政府组织集中拉水保障。同时调查村中老、弱、病、残等弱势群体的饮水需要，安排村组干部和青壮年进行结对帮助，确保最困难的受灾群众得到及时救助。全乡已投入抗旱资金380余万元。其中，群众生产生活抗旱自救投入约93万元，政府集中拉水保人饮投入约54万元，购买抗旱物资18.2万元，修建抗旱应急水池、水沟、坝塘等设施189万元，抗旱保育苗26万元。

第四，切实抓好森林防火工作。针对森林防火的严峻形势，全乡开展了大量深入细致、扎实有效的工作，认真贯彻落实各级、各部门有关森林防火会议精神，采取更加有效、更加坚决的措施，做到及早安排部署、全面落实防火责任，提高全乡干部群众和护林员防范森林火灾的意识。强化宣传，加大火情监测和惩治力度，加强应急队伍建设，增强火情处置能力。全乡聘请了85名护林员分片分山包干进行巡山护林，有力地防止人为森林火灾的发生。

2. 采取多种措施保障人畜饮水

洼垤乡的抗旱政策是“一村一策”，即对于那些交通较为危险的村寨，政府不组织拉水，而是直接供应。据介绍，洼垤乡的抗旱工作中有“三保”。第一是保证人畜饮水安全，这是首要的任务。所有需要拉水的地方，均由办公室协调拉水，安排车辆和经费。特别是对老茶己、罗垤村完小208名师生饮水需要，优先安排拉水供应。对13个缺水烤烟育苗点一周补1次水。第二是保证烤烟秧苗，烤烟是全乡村民经济收入的主要来源，必须保证秧苗的顺利成长。第三是保证核桃苗生长，核桃是洼垤乡未来的经济希望，全乡2011年栽种核桃8661亩，加上已经成活的2.3万亩核桃地，全乡的核桃面积达到3.2万亩，已经有一定规模。2011年种植的核桃苗必须保住，这一任务成为全乡最为重要的抗旱任务之一。

当然，绝大多数的拉水是村民自己完成的。在洼垤乡调查的时候，我们经常能够看到村民们远距离拉水，他们用农用车、拖拉机、摩托等到箐沟中拉水。用农用车和拖拉机拉水的具体方法是用塑料布铺在车底，然后把水装满车，再用绳子将塑料布拉紧，不让水漏出来，这时农用车或拖拉机就可以启动了。用摩托车拉水的具体方法是用塑料桶装水，每桶能装25公斤，有的人拉2个桶共50公斤，有的人拉4个桶共100公斤。干旱灾害对于靠天吃饭的地区来说，影响是深远的，特别是对于生产的影响，远远超过了人们的预想程度。干旱对于生活的影响通常是人畜饮水，但人畜饮水不像生产用水，人畜饮水的需求量不大，村民的自救仍然是解决人畜饮水困难的关键。村边有村民小心看护的烤烟苗，这些烤烟苗必须每天都得到精心看护，烟苗的水是村民拉来放入小水窖中的，然后又从小水窖中引大水浇灌。烤烟是元江县的经济命脉，无论是政府的财政收入还是农民的家庭收入，都主要来自烤烟。

3. 重视媒体宣传，接受社会各界援助

洼垤乡的重点工作都围绕着抗旱进行。几乎所有的单位、站所和公司都可以为抗旱服务。例如，信用社、农业服务中心、民政、工会、妇联等都可以跟自己的对口上级单位汇报，争取抗旱资金支持；烟叶站、卫生院、电力公司等也可以向上级部门领导汇报。达到事业单位、企业为灾民服务的目的。应该明白，上级支持是战胜旱灾不可缺少的重要力量。在各方的帮助下，洼垤乡得到了红塔集团的帮助，在罗垤村委会斋祖村建设了斋祖坝塘。斋祖坝塘位于山顶的松树林中，这里植被非常好，但是没有水源，建设该坝塘的目的就是下雨的时候将雨水引入坝塘中，待来年再使用。斋祖坝塘可以容纳 3 万立方米水，受益者有 1500 多人。

洼垤乡的抗旱得到了当地企业的帮助。元江县红宝石酒店就向洼垤乡的老茶己小学捐献了 400 桶矿泉水。笔者参加了红宝石酒店向老茶己小学捐赠矿泉水的仪式，乡党委、政府将捐赠仪式命名为“红宝石酒店心系灾区抗旱物资捐赠仪式”，元江县电视台还专门进行了报道。红宝石酒店捐赠的水共 400 桶，平均每个师生 4 桶，共 100 公斤。按照每桶水 6 元计算的话，这些水价值 2400 元，数目不大，但这是洼垤乡收到的第一笔捐赠，乡政府因此特别重视，不仅书记、乡长都参加了接受捐赠的仪式，还请来了电视台进行宣传。红宝石酒店的工会主席深受感动，当即表示这些水用完之后，他们还将进行第二批捐赠，一直到雨季的到来。由于矿泉水可以直接饮用，因此老茶己小学的师生都十分珍惜。这个小学有91人，82人住校，还有9个教师。当拉水车到达小学后，学生们就来到车子旁，开始抬水桶，女生2个人抬1桶水，男生有的两个人抬1桶水，有的1个人搬1桶水。从车子旁边到学校有30米，来来往往，好不热闹。过了一会儿，学校里传来了哨子的声音，老师叫学生集合。所有学生站在一起，听企业、乡政府和学校领导讲话，学生们还接受了记者的采访，表示非常感谢。

4. 加强基础设施建设，实现工程救灾

洼垤乡的工程救灾主要就是进行基础设施建设，包括修建水库和坝塘加固，还有水池、水窖、水管建设等。除了红塔集团资助的斋祖坝塘外，还有海子田水库建设、龙孔村坝塘加固等。海子田水库是一个没有任何水源点的水库，所有的蓄水都靠雨水来实现。水库设计容量为16万立方米，投资1100万元，是一个小二型水库，且由元江县政府投资。笔者随洼垤乡政府的领导到了水库边沿，看到水库基本建成，已进入收尾阶段。据介绍，县上的主要领导曾多次到工地，要施工者加快进度，确保2012年夏天开始蓄水。为此，施工队由原来的2个增加到7个，重要的工作就是蓄水沟渠的建设。由于没有水源，人们修建了几条沟渠，将附近山梁上的雨水全部引入其中，最长的沟渠达3公里。几乎附近所有的雨水都将流入水库中。水库于2012年3月中旬完工，在当年夏天雨季到来时蓄水。

坝塘加固也是经常出现的，如老茶已村委会的龙孔村坝塘就是其中一例。龙孔村海拔在1700米左右，有54户216人。龙孔村的气候很寒冷，村民们是清一色的彝族尼苏人。据介绍，这个水库原来是一个水塘，于1997年改建成一个设计容量为8万立方米的水库，但是，由于底部淤泥太厚，现在的容量最多就是4万立方米。2012年天干，水库中只有1万立方米左右的水。而且水库里的水很脏，根本达不到饮用标准。村民说，现在的水库水都只供牲畜饮用，或者洗衣服。村民饮用的水都是自己到村下边的水井中挑上来的。村中没有自来水，所有的饮用水都是挑的。龙孔村水库有一些问题，如雨季水灌满之后，水就会从坝埂上漏下去。

村民们常常听到水漏下去的“隆隆”声。所以，乡长和乡水管站的技术人员都认为这个水库需要加固，从而使得水库容量加大，坝埂更稳固。加固的方法是将部分淤泥清除，而坝埂需通过技术加固。但是，清除淤泥的工作因喀斯特地貌而变得困难，如果挖得太深，就会出现地底漏水的情况。当然，加固的费用将由财政支付。

5. 抓好春耕备耕和烤烟预整地工作

洼垤乡有7个村委会，97个村民小组，64个自然村，经济支柱都是烤烟。但干旱灾害对于洼垤乡的农业生产产生了深远的影响，特别是对于经济支柱烤烟，影响是巨大的。因此，2012年的烤烟种植受到很大的关注。根据乡政府的总体计划，2012年3月8日召开烤烟生产动员会，2012年3月37日在罗垤村委会召开烤烟预整地现场培训会，2012年4月16日在洼垤召开移栽现场会，2012年5月2日全部完成预整地，并移栽7700亩。

在洼垤召开的预整地现场会上，红色的土地之上悬挂着一条红色布标，上面写着“洼垤乡2012年烤烟预整地暨抗旱移栽现场会”。烤烟预整地就是指烤烟备耕工作，包括铲埂、积肥、烧火土、挖烤烟山和打塘。在往年，人们都是一面打塘一面种植，但是2012年没有水，就先打塘后种植。预整地的方法有两种，一种是人工（捞山），另一种是机器（捞山）。在现场会上，当地领导、烟草公司负责人、烟农等都对预整地方法和抗旱移栽方法给予了充分的重视，各个村委会领导、小组长和5户烟农均到会。在现场会上，黄书记做了重要指示，他说：“各村委会要动员起来，进行烤烟预整地的工作，从今天开始，全面开展预整地，乡政府各部门、各工作组周末不再休息，奋战40天，全乡统一栽种，全面移栽，要栽一棵，活一棵；栽一片，活一片。周末也要奋斗在烟地里，为完成全乡170万公斤、力争200万公斤的烤烟目标而奋斗。”书记讲完之后，乡长又强调了几点：第一是全乡要把精力放在预整地上，目前不能全面移栽，要做好准备等待雨水；第二是要注意保苗，现在烟苗是可以栽了，但没有雨水就不能栽，所以要防止烟苗长大，要用控水、控温等技术保苗；第三是要做好示范样板地建设，即在公路沿线搞好样板地，种“红大烟”；第四是全面推广地膜技术。

除了烤烟预整地之外，还需要对粮食（主要是玉米）给予必要的关注，但是，玉米种植的预整地都是村民自己完成的，政府重视的主要是烤烟预整地的工作进度。洼垤乡的土地是淡红色的，土地上很多地方有烧过杂草堆的痕迹，地埂上被铲得光滑，铲下来的杂草也已经被烧了，所有的土地已经被挖起来，看得出来，虽然不下雨，但村民们的备耕工作做得非常好，只等老天下雨。

6. 抓住节令，统一种烟时间

笔者2012年5月初在洼垤乡调查时，据当地气象部门提供的信息，元江县将于5月15日左右进入雨季，5月5日为立夏节令，烤烟的最佳种植日期在5月10日前，当然，5月20日前种下的话还是可以有收获的，所以，烤烟辅导员说5月10日前必须种完，而5月20日为关门期。如此看来，洼垤乡的烤烟必须在5月10日前种下，这样才能保证烤烟的产量。问题是，烤烟苗已经长大了，到了必须栽种的期限，为此，烟草公司要求洼垤乡采取各种措施，推延烤烟种植时间，这些措施包括烤烟预整地、控温、控叶、控水等。

然而，天气一天比一天热，栽种烤烟的最佳节令已经到来，在很多的地区，烤烟种植已经基本完成，最少的也完成了75%以上。但是，洼垤乡的烤烟种植大部分还没有开始，小部分有水的地方才刚开始种植，没有开始种植烤烟的地方的人们还在等待着雨水，没有水，即使烤烟种下去了，也不会成活。洼垤乡党委、政府认为，如果种植的烤烟晒死了，再找烤烟苗就非常困难，无法找到补种烟苗，到那时即使雨水来了，没有烤烟苗也无济于事。所以，烤烟的种植只能往后推，等到雨水到来的时候及时种下，以保证成活率。

2012年5月初，洼垤乡的烤烟移栽仅仅完成了7700亩，还有1.1万亩没有移栽，这说明烤烟的大规模移栽工作尚未开始。天仍然不下雨，而且据气象部门提供的信息，近一个星期都不会下，其他乡镇的烤烟移栽工作已经基本完成，但洼垤乡的无法进行移栽，因为没有水，移栽烤烟的保苗任务就非常艰巨。所以，乡政府和烟农都面临两难的局面。如果移栽，没有水的话，移栽后的烟苗就会被晒死，这是徒劳的工作，也会造成无法弥补的损失；如果不移栽，那么，烟苗不是可以无限制保住的，通过控水、控肥来达到控制烟苗成长的期限也是有限的，再拖下去的话，烟苗就会开花，如果烟苗开花了，即使种下也长不好。乡政府和村民都想尽了各种办法，决定还是不进行大规模移栽。那些有水的地方或者有小水窖供应的地方，可以进行部分移栽，但是必须保证栽一棵活一棵，栽一小片活一小片；无法保证烟苗成活的地方，就坚决不移栽。然而，即使只移栽一小片，保苗的任务也仍然艰巨，因此，人们还是宁愿再忍一忍。据调查，烤烟移栽的最晚时间是在 5 月 20 日，这段时间内移栽的烤烟是有收成的。当然，烟苗不开花是重要的前提条件之一。

与乡政府不同的是，很多村民还是在雨水未到的时候就已经种上了烤烟。但这些烤烟没有成活，而是被晒死了，这是笔者在洼垤乡第一次看到被晒死的烤烟。乡政府主管烤烟的副书记说，这些烟地我们已经跟村民说过了，不要种这么多，因为现有的水量保证不了成活率，但是有的村民不听，硬是种下去了，结果有的烟苗就被晒死了。好在晒死的烤烟并不多，都是没有办法拉水浇灌的人家的，由于没有水，剩下的就不敢再种了。当然，这些晒死的烤烟还有一个特点，就是所有晒死的烤烟都是没有覆盖地膜的，只是覆盖了农家肥。人们认为，这种没有覆盖地膜的烤烟不保水，种植时期的水被泥土吸干之后，就再也没有办法保水，加上不下雨，土地中的气温很高，烤烟当然就有可能被晒死了。

7. 针对学校缺水情况集中送水

洼垤乡现有一所中学，有老师 37 人，在校生 455 人。有 7 所小学，教职工总数 71 人，其中教师 62 人；有在校生 857 人。除了业白村委会之外，都有完小，而才吉村委会除了完小之外，还有一个村校点。所有的完小实行住宿制，学生食宿都在学校，周末回家，周日晚上到学校报到。每所学校都有一个为学生做饭菜的厨师，有的厨师属于正式编制，但有的是临时工或者下岗职工。学生的饭菜由国家提供，每人每月花费 75 元。每天早上提供 2 个小菜，通常是豆腐和一个小菜；如果没有人来卖豆腐，中餐可能会提供鸡蛋；晚餐中有 3 天提供鸡肉，2 天提供猪肉。厨师是粮食局下岗职工，在学校煮饭的工资是每个月 600 元。所有的村完小都存在不同程度的缺水状况，但是，老茶己小学和罗垤小学是最为缺水的两所学校，乡政府供水也主要集中在这两所小学上。

在老茶己村的学校旁边，笔者发现一个水池，旁边有很多小学生。这个水池是供牲畜饮用的，但是也可以洗衣服，我们在这里看到了很多的小学生在洗衣服和鞋子。这个池子里的水是很脏的，首先，水的颜色是偏黑的，并且污浊无比；其次，这个水池边上有很多生活垃圾，水中的漂流物也有很多是不干净的；最后，这个水池主要供牲畜饮用。因此，如果不是出于无奈，小学生绝对不可能在这里洗衣服。由此可知，缺水会降低人们的卫生水平。小学生们不仅在这个池塘里洗衣服、鞋子和其他东西，还在这里戏水、玩水。在大牲畜来到这个池塘饮水的时候，小孩子们就会站在池塘边沿的台阶上，等到牲畜饮水结束，他们再回到池塘边继续洗衣服。

据老茶己小学的老师介绍，学校师生用水都是很节约的，学校只供应学生做饭、饮用和洗碗的水。学生的饮用水是每个宿舍每天 2 小桶，每个宿舍中有 20 个学生。学生和老师的生活用水，如刷牙、洗脸、洗脚等用水都必须自己到村边的池塘中挑。每个学生都有 1 只小桶，每天下午，学生们会在老师的带领下，到距离村子 1.5 公里的池塘中打水，学生带回来的水自己用来洗脸和洗脚，老师带回来的水也是与学生的一致，那些较小的学生都是与姐姐或者哥哥共享生活用水。

另一个村委会的小学——罗垤小学，用水情况与老茶己小学相似。罗垤小学后面是一个大塘子，这个水塘曾经是支撑该村

600多人的水源点，但是，现在这个塘子已经全部干涸，就连牲畜饮水也保证不了。由于水塘在村子中心，即使有水，质量也不能达到村民饮用标准。笔者在调查期间经常看到学校的操场上停着一辆提供送水服务的车子，上面写着“抗旱应急拉水车”。据驾驶员介绍，车子每次能够拉5立方米水，而学校每周需要10立方米水，所以，拉水车每周拉2次水。学校用水是非常节约的，校长说：

> 学生和老师用水都有较为严格的规定，每个学生每天供应一小桶水作为生活用水。他们的用水都是重复使用的，洗脸之后用于洗脚，洗脚之后又用于浇花。学生的饮用水不受限制，但都是由学校统一烧开之后才提供的。为了确保学生用水安全，所有的水都是经过消毒的。教师的生活用水没有特别的限制，但是我们都要求教师要特别注意节约用水，所有的老师和学生都不得在学校内洗澡和洗衣服。我们为了节约用水，还特别制定了《罗垤小学春季学期抗旱节水措施》。

罗垤小学的老师们经过集体讨论，提出了一套严格的节水措施。笔者阅读完之后，对于该小学能够针对严峻的缺水状况做出规定非常敬佩，现将罗垤小学的抗旱节水措施全文摘录如下：

> 罗垤小学2012年春季学期抗旱节水措施
>
> 一 指导思想
>
> 水是生命之源，地球上的最后一滴水将是人类的眼泪，珍惜水资源实际上是珍惜我们的生命。节约用水，人人有责。
>
> 二 具体措施
>
> 1. 控制用水数量
>
> （1）师生接水不能装满水桶，要留距离桶平面5~6厘米，以免提水过程中溢出浪费；
>
> （2）要喝水，少打水，不够喝再打，以免喝不完浪费；

(3) 刷牙只能用0.2 升水;

(4) 洗脸只能用1.5 升水;

(5) 洗手只能用0.5 升水;

(6) 洗头只能用5 升水。

2. 一水多用

(1) 洗脸水用来洗脚，洗脚水用来浇花;

(2) 淘米水、米汤水用来洗碗筷；然后用清水冲洗一遍碗筷，洗碗筷水用来浇花;

3. 食堂购菜尽量采购省水、好洗的蔬菜（除豇豆、凉拌菜外）;

4. 严禁师生在学校洗衣服、洗澡。

2012 年 2 月 26 日

罗垤小学的日常用水通过水龙头放入2个铁桶中，然后，学生到桶内打水，他们都是用小桶打水，每人每天1 小桶，用于刷牙、洗脸、洗手和洗脚。在学校的学生宿舍里，笔者看到学生的被子叠得整整齐齐，给学校煮饭的人告诉我们，学校用水是非常节约的，学生的洗脸、洗脚水不使用饮用水。

(三) 洼垤乡彝族村民的干旱灾害应对方式

1. 村民家中节约用水

罗垤村委会位于元江、红河、石屏三县交界处，最高海拔1850 米，最低海拔1020 米，全村耕地面积2926 亩，其中田地225 亩，旱地2671 亩，烤烟面积1680 亩；辖10 个自然村，13 个村民小组，356 户1534 人，农民人均纯收入3960 元。罗垤村是村委会所在地，也是该村委会下最大的自然村，全村共有134 户538 人。罗垤村委会的10 个自然村14 个社中，只有2 个自然村不缺水，其他8 个自然村都缺水。“罗垤”是彝语名称，意思是“老虎磕头的地方”。罗垤村村民全部为彝族濮拉支系，他们在村中全部用濮拉语作为交际工具，但他们也会讲彝族尼苏支系的语言。

罗垤村周边没有大水库，村子里有很多的水塘，但几乎都是干涸的，就连村里的牲畜饮水塘都没有水，偶尔能看到有丁点水的水塘，但恶臭无比，水根本就不能饮用。由于是喀斯特地貌，村寨周边根本没有什么树，只有一些灌木丛和干草。我问陪同人员，村民的烧柴怎么解决，他说即使没有树，这几棵也是不能砍的，村民只能到山上捡一些干柴回来。很难想象在树木很少的地方，怎么能够捡到满足罗垤村600多人生活所需的干柴。我们沿着村子的另一端往回走，看到这个村子的东边和西边都有水塘，是供牲畜饮水的，但都没有水。路上，我们看到有村民挑着水回来，很显然，他们是从村头的水池中挑水回家的。到了村头，我们看到3个水池，分别为2个大水池和1个小水池。一个大水池为矩形，能容纳1700立方米水，另一个是圆形结构，能容纳2000立方米水。小水池也能容纳500立方米水。但是，矩形大水池全部见底了，只覆盖着一小层垫底水，据说那是怕池底太干，被晒出裂缝。而圆形大水池还有1米深的水，村民都是从这个水池中挑水回去的。但是，这些水要烧开之后才能够饮用。小水池里就根本没有水，池底已经晒干。三个水池一个连着一个，很是气派，如果有水，这些水池就能够发挥作用。水池旁边有很多的钢管，有的村民称其为“干管”。

罗垤村的耕地，一部分用来种植玉米，一部分用来种植烤烟。这里没有水田，所有的耕地都是旱地，所以，虽然这里的气候很热，但是村民们从来不种植水稻。他们的经济收入主要依赖烤烟，有的人家也出售部分玉米，但是不占主要部分，玉米还要用来养猪，可出售的玉米相当有限。购买大米的钱是通过出售烤烟得来的，这是烤烟对他们来说至关重要的原因。对于村民来说，种植烤烟需要进行预整地，而种植玉米则不需要，只要把地犁起来即可。在路边，我们看到了很多在地里的村民，他们都是骑摩托车来劳作的，路边停着的摩托车，有的是二轮摩托车，有的是三轮摩托车，三轮摩托车有一个后车斗，可以拉东西，如化肥、农药等。对于村民来说，使用三轮摩托车非常方便。喀斯特地貌的环境特点就是石头多，土质少，人们在石头缝中找到了可以耕作的地方，种植烤烟和玉米，在元江至今还流传着洼垤乡的村民在石头缝中种植烤烟致富的故事。

在洼垤乡还有另一个村寨——老茶已村。这里节水是因为传统的水资源短缺状况。老茶已村有 46 户 168 人。走进老茶已村，我感到这个村子是出奇的干净，卫生非常好，据说这种卫生状况是通过村规民约来实现的，村民们每个周末都要进行一次大扫除，使得村子很整洁。村民说，老茶已村的干旱问题从来就是非常严重的，以前他们没有水窖，要到很远的地方找水源，经常到5 公里外的地方挑水，有时候凌晨三点就要起床去排队。以前村里很多人家都养马，会用马去托运水。为了得到一挑水，人们会花费好几个小时。村民们居住在高山上，所有的旱地都在村子旁边，但同时，他们还在河谷地区开垦农田，用来栽种水稻，所有的稻苗都是从河谷地区背运到高山地区来的。因此，可以说，老茶已村寨发展的历史就是与干旱灾害做斗争的历史。

现在的老茶已村比过去好了很多，家家都建设了水窖，可以把所有的水储存在地下水窖中，并且都是接头年的雨水储存起来的。人们把房子上的雨水通过水管、水槽、皮管等方式导入水窖中，供家里人全年使用。他们洗衣服是到村外河沟洗的，笔者看到村民拿着水桶和竹篓，背着洗好的衣服回来。可以肯定，他们不会用水窖水洗衣服，因为如果几个月不下雨的话，水窖就无法提供足够的水来饮用和洗衣服。我很佩服这里的村民，他们在没有任何水源点的情况下，用水窖储水的方法解决困难。水窖的建设是国家出材料，村民自己建设水窖，将房子上的雨水全部引入水窖中不是他们的发明，但应该说他们做得最好。

2. 积极寻找水源

干旱灾害导致了严重的水资源短缺，村民们随时都在寻找水源点，一旦发现了水源点，他们就报告给乡政府领导，然后政府就会来考察水源点的水是否达到饮用标准，谋划水池建设所需费用筹集等。笔者参加了罗垤村的水源点调研，我们从陡峭的山坡上慢慢地走下来，山上几乎能够种地的地方都被开成了旱地，由于是喀斯特地貌，那些唯一能够种植作物的地方肯定不会被放过。我们慢慢向小箐里进发。箐沟里并没有很多的树，主要是一些竹子、芭蕉和杂木，当然还有各种野草。终于，在一个小沟里，找到一股筷子粗细的小溪水，据估计，这股小溪水每天的流量是4立方米。在这里水贵如油，很难想象这个唯一的水源点即将承担罗垤村130多户600多人的日常供水。

再往下走，我们看到一个挖空了的地坑，乡长说这里将建设一个容量为200立方米的水池，把这个山沟里唯一的水源点的水引到水池里，让村民来这里挑水吃。罗垤村现在的用水非常紧张，原来的供水系统几乎没有水了，现在村民所用的水就是从寨头的池塘中挑回来的，但是，水流量很小，很难满足全村人所需，所以必须把这个小池子建起来，让村民到这里挑水，这样就可以缓解一些问题。然而，水池建设依然存在一些问题。首先是水池建设，用人工挖的话就非常费力费时，但是挖机可能又下不来，如果挖机要下来，就要先修一条小公路，这样也得使用挖机，这些都是需要花钱的。镇长说不管怎样都要克服困难，都必须把水池建设好，让村民有水喝。

这个水源点之所以珍贵，是因为它是这个地区唯一的水源点，其他地方根本就没有水源点。在回去的路上，我才知道水源点距离村寨还是有段距离的。当地领导估计距离村子有2.5公里。如果到这里挑水的话，村民们是挑着空水桶走下坡路，挑着水走上坡路，挑水的工作还是很辛苦的。现在，挖机的通道修建也已经开始，看起来所有的工作正在有条不紊地进行着，有了公路，至少挑水时不用像走小路那样费力。

一个月之后，水池已经建好，能够装200立方米水，但是，由于种种原因，初期的水不能饮用，需要沉淀一段时间。加上4月初下了一次雨，村头的池子中又有了一些水，所以村民没有到新池子中挑水，当然，新池子的距离也是比较远的，将近3公里，所以，到新池子挑一次水的工夫可以在村头挑4次了。然而，人们对于这个新池子里的水寄予了一种希望，那就是希望能够使用新池子里的水进行烤烟保苗，因为那里虽然距离村子较远，但是位于烤烟地中，用来保苗非常方便。我和村主任都非常盼望雨季尽快到来，这样，烤烟的丰收就有希望了。

3. 村民互助与帮助弱势群体

照顾弱势群体和村民互助成为彝族人克服干旱灾害的主要方式之一。在哈古祖白村，照顾弱势群体的方法就是村民互助。这个村子有 14 户人家，65 人，村中有唯一的一个水源点，几个月以来，人们就靠着这个水源点生活，至今政府没有送水。但是，这几天来，水越来越少了，人们就开始制定村规民约，限制村民在这里挑水。据最初我们得到的资料，这里的村民特别照顾弱势群体，只有弱势群体能够在这里挑水，而一般的村民则不能。但是，如果只有弱势群体才能够挑水的话，那么，一般的村民怎样得到生活用水呢？他们既没有别的水源点，又没有政府送水，他们是怎样解决用水问题的呢？村民们说，不是只有弱势群体才能挑水，而是每家人只能挑一担水，弱势群体优先。因为，这里每天只有 2 ~ 3 立方米水出来，无法满足村民的需求，所以开始限制用水。那么，哪些人才属于弱势群体呢？村民的解释是生病者、单亲家庭、老人等。有些人家的年轻人都到城里打工，村里只有老人和小孩在家，这些家庭也被认为是弱势群体。

在罗垤村，笔者走访了几个残疾人和孤寡老人，看到了他们的生活用水状况。其中有一个叫白阳二，是一个 55 岁的瘫痪病人，他的家就在罗垤小学旁边。我们到了他家里，他向我介绍了自己瘫痪的经过。他是 47 岁时瘫痪的，现在全部靠妻子照顾自己，家里还有两个孩子——一个儿子和一个女儿，都在外地打工。家中所有的劳动都是由妻子完成的。由于没有劳动力，孩子又不在家，所以，家中不种烤烟，只种玉米。现在非常缺水，挑水都是由妻子进行，每天需要 2 挑水，用于煮饭、洗脸、洗脚等。还有一位 82 岁的孤寡老人，从未结过婚，生活全部靠救济，政府每个月发给她 300 元补助金，粮食、被子、衣服等都是靠救济，吃的水是靠罗垤村的共产党员挑给她的。她的生活主要靠亲戚朋友和共产党员的帮助。她的家非常黑暗和简陋，几乎没有一件值钱的东西，床上的被子等也是黑乎乎的。她住的房子看上去已经变成了危房，但是她自己是没有能力翻新的。

4. 提前进行烤烟预整地工作

烤烟预整地的工作对于村民来说是非常重要的，在罗垤村，笔者目睹了白副村主任的烤烟预整地工作。他2012年时43岁，家中有5口人，包括82岁的老母亲、妻子和两个女儿。女儿一个在读初中，一个在玉溪打工。家中有13亩地，8亩用来种烤烟，5亩种玉米。他说，他们早上五六点钟就到地里了，因为早上不刮风，好盖地膜。中午11点左右回家做饭吃，12点半至下午1点之间又到地里干活，下午7点半的时候才回家做饭。主要的活计是早上盖地膜、下午捞沟，原因是早上风小，下午风大，所以，侧重点不同。烤烟的行距是1.0~1.2米，株距是50厘米。烟叶塘中放入的有硫酸钾肥、复合肥、普钙等化肥。

我每次去烟地看白副村主任夫妇，都是走路去，这样可以一边走一边照相。这里是罗垤乡的烤烟主要种植区，洼垤乡的大部分烤烟预整地工作已经完成，只是还没有移栽。白副村主任先骑摩托车去了，他在烟地的路边等我。我们翻过一个小山头，看到一个小小的停车场地，这里停满了各种两轮和三轮摩托车，都是村民的，他们骑车来这里劳动只需要十多分钟，但如果走路的话就要近一个小时。这就是他虽然没有时间从事田间劳动但还是要坚持接送妻子的原因，那样可以节省很多的时间和体力。在小停车场附近，我发现了更大的烟地，可能有300亩，烟地中有很多的小水窖，都是村民自己建设的。除了小水窖之外，政府还为他们建设了一个大水窖，可以装一百多立方米水。但是，这个大水窖是干的，没有任何水，因为这个大水窖是新建的，建好之后从未下过雨。他说，上周在这里召开了全乡的烤烟预整地现场会，各个村委会领导和小组长都来，有一百多人参加了会议。

我随着白副村主任到了地里。他的妻子正在进行预整地，自己挖塘自己覆盖地膜。一个人覆盖地膜是很困难的，既要铺地膜，又要挖土覆盖，下午风大，地膜上还没有盖好土，就会被风吹起来。两个人的话，就非常好办了，一个人铺地膜，另一个人挖土覆盖，这样地膜不会被风吹走，比较方便。但是，白副村主任的妻子就是这样单独完成了所有的工作，她一直都是这样的，丈夫经常外出开会或者办事，而两个女儿又在外面打工，家里的农活几乎都留给她一个人，但是她从来没有抱怨过丈夫。即使是今天，白副村主任到下午 2 点才来，她也没有说什么，看起来已经习惯了。在地里，他们夫妇相互帮助和配合，妻子铺地膜，丈夫挖土覆盖。地膜覆盖不仅要用土覆盖地膜的四周，还要挖一些土放到烟塘里，将地膜紧紧压在塘子里，然后用锄头把塘子上面的地膜戳破，这样今后下雨的话，地膜上面的雨水就会流入塘中。

预整地工作进行得非常顺利。挖好的烟塘盖完了，他们又开始挖另外的烟塘，这时，我才知道预整地的流程：首先是挖烟塘；其次是在烟塘里放入化肥和少量的农药，包括普钙、复合肥、硫酸钾肥等，农药都是固体农药，是用手抓了放进去的；再次是把塘中的化肥和农药搅拌均匀，使之与泥土混合在一起；最后就是覆盖地膜了。地膜覆盖完成之后，预整地也就算完成了，今后移栽的时候就不用再用化肥和农药了，移栽的工作就变得非常简单。他们就这样一次次地重复着，所有村民所做的事情也都是这样的，这就是烤烟预整地工作。白副村主任说，现在没有雨水，所有的村民都没有移栽烤烟，谁都不敢冒这个风险。其实，他家的烟地旁边有一个小水窖，里面也有一些水，但是，不足以提供足够的水渡过难关。这些小水窖只有跟雨水结合在一起的时候才能够发挥作用，即在雨水到来之后，进行烤烟移栽，而移栽之后如果没有雨水了，就用小水窖里的水克服缺水困难，能够起到事半功倍的作用。但如果把所有的希望都寄托在小水窖上那就是不切实际的了。

山地中有很多的人在进行预整地，炎炎烈日烘烤着地中的每一个人。阳光直射在头上，在爬山的时候我感到头痛无比，不知道这是中暑还是劳累。同时体会到那些在地中坚持劳动而又很少喝水的村民，他们真的不容易，烤烟是他们的全部经济来源，所以即使烈日当头也不休息。他们所有的劳动付出都是为了烤烟，没有烤烟，他们没有别的收入，也将失去经济支柱。但是，严重的干旱给他们带来了很大的不确定性。

5. 保护和控制烟苗成长

在进行烤烟预整地的同时，还要通过各种措施控制烟苗成长。老茶已村的烟苗是由烤烟辅导员白家宝育苗的。笔者在调查中碰到了白辅导员，与他谈论起来。聊天中，笔者得知他2012年时40岁，他家准备栽种15亩近2万棵烟。另外，他还要栽种12亩玉米，看起来他家的田地还是很多的，家里还有两个小孩在念书。他们除了完成自家的烤烟预整地之外，还要帮助其他村民育苗。我们看到这里有70个烤烟大棚，每棚内有32板，每板有162棵烟苗，因此，这里烤烟苗近36万棵。老茶已村有45户人家，197人但是，真正在村中的只有32户125人，另外的13户人只有户头，人员已经搬走或者打工去了。就是这32户人，2012年要种植200亩烤烟，完成32万公斤的烤烟出售任务。

白辅导员夫妇的任务是帮助村民育苗，但是，由于遇到三年连旱，当年的烤烟无法移栽，只有等待着雨水。问题是烤烟苗已经不能再等了，必须在近期种植，因为烤烟苗已经长大，再不移栽的话，就会面临开花的危险。乡政府当然也不愿现在移栽，农民自然也不愿冒这个风险，如果移栽下去，再不下雨，烤烟就会被晒死，那时候想再补栽的话就再也找不到烤烟苗了。所以，无论是乡政府还是烟农都在等待着雨水的到来。乡政府要求白家宝采取各种措施，通过控温、控水、控叶来阻止烟苗的成长。碰到他们时，白家宝和妻子就是来剪叶的，所谓“剪叶”就是剪短烟苗的长度。人工把烟叶剪短，只是剪短的方法不是用剪子，而是用橡皮筋把烟叶打断。他们把一板烟叶放在支架上，然后用尺子量好所需要的长度，不需要的叶头就用橡皮筋打断。白家宝说，通常情况下，烟苗的叶子只打短三分之一，但是今年天气太干，不知什么时候能够移栽，所以，叶子要打短三分之二，只留三分之一。但是，每次剪叶都要注重人和器械的消毒工作，其原则就是“前促”和“后控”。“前促”是促进烟苗生长，而“后控”就是如果到了种植时期还不下雨的话，就要控制烟苗的生长。在烟叶长到五叶一心时进行第一次剪叶，随后就可以按条件和目的进行再次的剪叶工作。这就是通过人为的方式控制烟苗的成长，拖延时间，达到抗旱的目的。

除了使用剪叶的方法，他们还通过减少施肥、定时断水等方法来控制烟叶成长。减少施肥能够抑制烟叶的发育，使烟叶成长速度减慢，移栽的时间也因此可以后推。当然，由于不施肥，烟叶看起来会很小，有一种“病烟叶”的感觉，但实际上在移栽之后，化肥跟上的话，烟叶也很快就会成长起来。控水的方法与控肥的方法基本相似，即减少烟叶供水，烟叶得不到足够的水量，成长速度也就减慢了。而控温的方法主要是增加通风，这就需要把覆盖在烟苗棚子上的密封塑料布取走，降低棚内温度，空气流通的时候会降低温度，达到控制烟苗成长的目的。由此可知，上述三种控制的办法基本相似，取得的效果也是一致的。然而，白家宝却觉得现在的烟苗最多能够再等 10 天，然后无论如何都要移栽了。

6. 节令时节及时栽种烤烟

罗垤村的第一场雨水是 2012 年 4 月 25 ~26 日到来的，借着这场雨水，几乎所有的村民都开始移栽烤烟了。但是，乡政府还是不知道雨水会持续多长时间，据说，这是一场短暂的雨水，所以乡政府并不主张大规模移栽烤烟，因为怕紧接着的干旱又把烤烟苗晒死了。所以，乡政府要求各村委会不要大规模移栽，因为如果移栽后被晒死了，那时就再也没有烟苗了，所以，一定要谨慎。然而，罗垤村所有的村民都在那个时候移栽了。到了 5 月初，第二场大雨终于来到了，笔者到了罗垤村，这个时候的村民已经开始补栽烟苗了。笔者顺着熟悉的公路，终于走到了白辅导员的烤烟地里，他和妻子正在地中补种烟苗，补的主要是晒死的和有病的烟苗。笔者问他为什么那么早就移栽烤烟，他说："只要下一场雨，就要移栽了，因为栽烤烟是要赶节令的，如果一直往后推就没有节令保证了，村民等不了。"然而，烟苗移栽后还要经历一个多星期的炎热考验，只有经过大雨之后，这些烤烟成活率才有保证。幸运的是，这些烤烟成活是没有太大问题了，接下来的工作就是烟苗的前期管理。当然，白辅导员家的烤烟并没有全部移栽，还有一半将在接下来3天内完成。他和妻子当天3点钟才到地里，因为他到乡政府办事，下了大雨之后才赶回来。如果他知道当天要下雨的话，就不会再到乡政府去了。这也说明了他以及其他村民都没有气候方面的信息，所有的信息都是当天获得的。

他们冒着小雨补栽烟苗，完成之后就开始到新的烟地移栽了。他当天带来了近1000棵烟苗，除了补栽用去50多棵之外，其他的就要栽在新的烤烟地里。正在此时，雨越来越大了，他的妻子用濮拉话讲，让他带笔者到地边的小棚子躲雨，他的妻子则在地中继续劳动。雨下个不停，我们俩都十分兴奋，谈论着烤烟应该没有问题，丰收在望。从他的喜悦中，笔者看到了雨水对于一个地区的重要性，如果不下雨，这些干地就无法种植烤烟，即使种下去了，也不会有什么收获。而大雨实际上拯救了所有移栽的烟苗，那些烟沟里已经有了积水，烟塘里也有了积水，说明这些土地里的水分已经饱和，烟农需要的就是这种效果。

过了一会儿，雨逐渐变小了，笔者催促白辅导员去劳动。我们一起到了地边，他开始栽烟了。移栽烟苗的方式是用一根小棍子在烟塘里戳一个洞，把烟苗栽入塘中，然后用周围的土覆盖住烟苗的根部。他说："今天下雨，烟苗移栽后不用浇水，等到晒干的时候再浇。"此时，笔者发现笔记本落在躲雨的小棚子里了，就回去拿。到了小棚子里之后，雨又突然大起来，比刚才躲雨时的雨还要大，又无法到烟地里了，笔者只好躲在小棚子里。雨越下越大，但是，白辅导员和他的妻子一直冒着大雨在地中移栽烟苗，他们并不惧怕大雨，相反，在大雨中劳动是一种享受，因为这段时间正是需要大雨的时候，看着他们的背影，笔者深感劳动人民的辛苦和勤劳，他们把所有的希望都寄托在地里，寄托在地中的烤烟上。

雨变小了，笔者开始到地里看他们栽烟，想帮助他们做点什么，于是把烟苗放在塘子旁边，但是，放了几棵之后，发现自己根本就站不稳，泥土在下了大雨之后，粘在鞋子上，好几次因为太滑而摔倒在地。白辅导员非常客气地叫笔者站在地边，由他和妻子完成烤烟移栽的工作。他们确实移栽得非常快，将近一个多小时的工夫，所有的烟苗就移栽完毕了。这时我们发现刚到下午 5 点，觉得还可以再栽 1000 棵，但是没有烟苗了，大家都感到有点可惜。笔者建议白辅导员重新回家去拿烟苗，他说来不及了，因为育苗点太远，而且拿来到地里已接近下午 7 点了，无法完成栽种，只能等到明天再来种植。

几天之后，笔者开始调查老茶已村，那里的白有才（以下简称老白）夫妇是笔者经常调查的家庭。他家的烤烟地在这个片区有三块：一块在路下边，已经移栽完毕，并且已经完全成活了；一块在路上边，但是笔者没有看到他和妻子在地里，他们可能在他家的第三块烟地里，那是一块在洼子下方的烟地，也是他家的主要烟地。到了烟地边，笔者看到有两个老人在移栽烤烟，虽然有点近视，看不清远处的人的具体形象，但是，笔者一眼就认出了白有才老人的那件黄色上衣。走近看，真的是他，他非常礼貌地与笔者打招呼。他和妻子在移栽烤烟，妻子负责移栽，而他负责浇水。他把水窖里的水用皮管引出来，直接放到水桶中，当水桶放满时就用一个塞子把水管堵起来，当需要的时候就把塞子拿开，让水流出来。他对笔者说，村中有小水窖的地方都已经移栽完了，只有没有水窖的地方才等着下雨。现在，村中所有的人基本上都出去栽烟了。

老白夫妇没有吃早点就来栽烟了，他们没有吃早点的习惯，但是，中午饭吃得稍早些。他家的烤烟已经移栽完三分之一，路下边有水窖，所以，最先移栽的就是那一片，那里有充足的水窖水，移栽后的烤烟长势很好，有 2500 多棵。上半区的烤烟也已经移栽完毕，有1500多棵，但那里的水窖水有限，栽完之后还要等着下雨。而现在这个片区是主要的，可以移栽6000多棵。由于一直没有下雨，他们都用水窖里的水移栽，笔者问他们为什么不等一等，下雨之后再栽不是更好。他说不能再等了，烟苗老了，节令也正在过去，所以，必须移栽。现在虽然没有下雨，但是太阳也不太晒，阴天至少不会把烟苗晒死。按照他的打算，他们夫妇准备当年栽种1万棵烟苗，这对于一对60岁左右的老人来说真的不容易。

老白浇水的动作非常缓慢，因为他的脚痛得厉害，走路的时候有点跛脚。他先提来一桶水，浇了两瓢水之后又去提另外一桶水，两桶水都提过来之后，他才开始浇水，每棵烟浇一大瓢水，约有一公斤。浇水之后还要细细检查，看看塘里有没有完全漏下去，如果没有漏下去，就说明地膜没有通畅，如果漏下去之后烟苗根部有小洞，就要用手将其压紧，避免空气流动把水汽蒸干。既然栽了，就要认真地栽，使其成活。他一面浇水一面自言自语道："今天怎么会不下雨呢？今天不下雨的话，明天肯定会下雨。"他告诉笔者，按照这样的水量，栽种6000棵烟苗的话，这个水窖可以浇两次水。这次浇水之后，再过一周不下雨的话，来浇一次水，如果再不下雨就没有办法了。他说，浇两次水之后就交给老天了。他又说，当然，还可以把在外打工的儿子喊回来挑水浇，这几天儿子太忙了，没有时间回来，只有让两个老人慢慢栽。他说，早上栽1000棵，下午再栽1000多棵，再过两天就全部栽完了。

老白在地膜、化肥和农药上花去了3600多元，烤烟用煤也购买了1.5吨，每吨550元，他认为这还不够，等到以后还可以再购买。他准备在自己的另外一块地里再栽2000棵，但是现在无法栽种，因为没有烟苗，也不下雨。要等到村民中有的人家有剩余烟苗时再想办法，他已经打听到可能有烟苗剩余的人家了。只要等到雨水到来，他就立即去要苗再多栽一些。老两口一个61岁，一个55岁，还要种植那么多的烤烟，即使移栽完成，如果没有雨水，对于他们来说仍然是一个很大的考验。

7. 针对脆弱环境，进行生态搬迁

罗垤村委会的村子都在喀斯特地貌上，有的村子所处位置特别陡峭，几乎都是石头构成的。米迪克村就是其中一例，这个村子完全是用石头建成的，这里的小水窖也是用石头砌起来的，不像其他地方，小水窖建在地下，这里是在地面上砌起来的。据说，在验收水窖的时候，差点就没有通过，后来当地政府解释说，这里属于喀斯特地貌，石头太多，地面非常坚硬，所以，就没有办法挖下去，只有砌起来，整个水窖露在地面上，超出地面 2 米，但是，随之而来的问题也多，水窖超出地面，雨水就无法流入水窖中。为了解决这一问题，人们就在水窖前面砌了一个小池子，然后把雨水通过水槽等引入水池中，经过沉淀之后又把水引入小水窖中。这种根据当地环境和地质状况改变水窖的传统形状的方法终于得到了主管部门的认可，水窖设计就根据周边环境情况进行了改变。水窖下边就是村子，这是一个非常有特点的村子，村中包括住房、烤房、畜圈等在内的所有建筑都是用石头砌成的，这是民族建筑与当地环境相适应的产物。然而，这个村子是不适于居住的，必须搬迁到河底去。乡政府为他们建盖搬迁房屋，当时正在封顶，很快就会完工。

村子新址被安排到“小河底”附近，小河底是云南省最热的地方。河的对岸就是红河州石屏县，而稻田又都在元江县一边。在稻田下面，是一个新建设的搬迁村子。据说，这个村子就是山上的两个村子的搬迁村寨，村民每户只需要付 1 万元，其余全部由乡政府承担，把各种项目的费用集中在这里。然而，村民拿出这 1 万元也是有点困难的，那就通过老板担保，到银行贷款，3 年还清。我们参观了正在建设并即将进入尾声的房子，建筑面积在 80 平方米左右，只建设了一层，二层的钢筋则露出来，让今后有条件的村民继续建设。但是，鉴于目前的经费，很多人家只有能力建设一层。小河底搬迁点虽然炎热，但是这里可以种植水稻，所以，无论是村民还是政府都认为搬迁是最好的选择。

（四）元江烟草公司的干旱灾害应对方式

1. 洼垤乡地方政府、烟草公司与烟农之关系

2012年洼垤乡耕地面积24523亩，烤烟面积18836亩，合同面积13600亩。总户数有2961户，烟农种植户1678户。2012年县政府下达的烟叶收购任务为170万公斤，其中指令性计划150万公斤、出口备货20万公斤（杂色烟或者次等烟叶）。2011年完成烟叶收购198万公斤，实现烟农收入4300万元、财政收入770万元。

全乡有22个苗育点，共4361个育苗小棚，可移栽18836亩以上。出苗率在98%以上，壮苗率在96%以上。每棚有32板，每板有164棵，这样每棚共有5248棵，4361棚就有139552板，共22886528棵。换言之，每棚可以移栽4.3亩。洼垤乡共育苗2260多万棵。如果每亩移栽1100棵，则约可以移栽20545亩。可以抗风险烟地1716亩。全乡共有卧式烤房15群150座，农户自建烤房2610间。完成烟农自建烟区公路20公里，每公里投入2万元。全乡有43名烤烟辅导员，负责烟苗的育苗和分配工作。

烤烟在这个烤烟大县是一个综合复杂的产业，关心这个产业的不仅仅是农民，还包括当地政府和烟草公司，这些都是烤烟的利益相关者。烟农甚至说："烤烟是政府吃一点、烟草公司吃一点、农民吃一点的产业。"然而，农民付出的代价最高，农民要向烟草公司购买烟苗，每亩约50元，但种植初期不用付钱，等到烤烟卖出后再扣除。除了烟苗之外，还要买地膜和化肥，两项加起来每亩需要240元；农药通常每亩需要200元左右，如果病虫害严重的时候需要更多；买煤也需要钱，每亩约需0.5吨煤，每吨550元。再加上农民自己投入的劳动力，最少也需要投入3个月的劳力，尽管农民不愿将劳动力计算成钱，因为那样收入就不多了，但劳动力的付出是真实存在的。不种植烤烟的话，农民也没有其他收入来源，所以，农民就把丰收的希望寄托在烤烟上。当然，地方政府和烟草公司的收入也寄托在烤烟上。对于烟草公司来说，农民的烟就是他们的生命线，如果农民不种烟，烟草公司就什么

收入也没有。

由此可知，烟草行业是一个复杂的产业，烟农、烟草公司、地方政府都在当中扮演着重要的角色。烟草公司必须同地方政府和烟农搞好关系，保证大旱之年各方经济不受损失。洼垤乡的烤烟预整地和抗旱烤烟移栽方法是当地政策与技术相结合而产生的，这当中有政府的决策，有技术人员的推广，还有农民的积极配合和传统知识的应用。乡政府和烟草公司的决心是“抗大旱，保丰收”，做到“栽一棵活一棵，栽一片活一片”，如果没有办法保证成活率，就必须等雨水到来后栽种烤烟。

2. 积极支持和配合烤烟预整地工作

烤烟预整地的工作虽然是洼垤乡政府提出来的，但是，烟草公司也积极参与。几乎所有的烤烟预整地现场工作会都得到了烟草公司的支持。乡政府和烟草公司都认为，需要在雨水到来之前完成所有的准备工作，包括犁地、打塘、施化肥、盖地膜等。这些工作做好之后，就一心一意等待着雨水的到来，只要有雨水到来，全部劳力都投入种植烤烟的活动中，一周左右就能完成种植任务。因此，预整地在抗旱工作中变得特别重要。

3. 积极推广烤烟抗旱移栽技术

烤烟抗旱移栽技术是针对干旱灾害采取的一项重要技术措施。这种技术又分为四个方面。一是斜向捞沟。所谓斜向捞沟就是烤烟沟必须是倾斜的，这样有利于保水，斜度必须在 40°～20°，不像往常那样直线捞沟。斜向捞沟在下雨之时更能够保住流水，使水停留时间更长，从而保证烤烟吸收更多的水分，这种方法对于干旱严重的洼垤乡尤为适用。二是推广凹面（捞山），即烟沟保持“凹”字形，使水充分流入水沟中。三是推广明水深栽技术，这种技术也是针对干旱灾害推广出来的，改变了以往先栽烟后浇水的栽种模式，将其变为先浇水同时栽烟并盖土的方式，每塘烟先浇水 2 千克，在水没有渗入土地之中时，就将烟种植下去，水落下去之后盖上干土，目的是防止水汽蒸发，之后还要覆盖地膜。这样，烤烟移栽一周之后都不用浇水，有的地方可以两周不用浇水，水汽蒸发很慢。这种技术对于干旱缺水的地方具有重要的意义。四是推广"克土"移栽技术。所谓"克土"就是"火土"。火土的取得有两种方法：一种是人们在山上烧山之后，将火土挖起来，背回到地中作为肥料；另外一种是把埂子上的草铲下来，用火烧了之后就能产生火土。火土移栽烤烟是需要在火土下面放入生土，在生土上面放上火土，再盖上农家肥，可以不用覆盖地膜。

4. 积极推广烤烟抗旱覆盖技术

烤烟抗旱覆盖技术是烟草公司推广的另一项应对干旱灾害的措施。抗旱覆盖技术又分为三种：第一种是地膜覆盖，第二种是农家肥覆盖，第三种是松毛覆盖。地膜覆盖技术非常普遍又有效，其方法是在烤烟移栽之后，用地膜覆盖烤烟，将烤烟上面的地膜戳通，让烟叶露在地膜外面，然后再浇水，如果是明水深栽法，就不用再次浇水。农家肥覆盖技术也比较普遍，但洼垤乡一般不用，所谓农家肥就是牛粪、猪粪等，但是，农家肥中要拌入化肥和农药，还要深捂一段时间，使其发酵，最后运送到地中让阳光照晒，达到消毒杀菌的目的。农家肥覆盖能够保持水土湿润，并且覆盖了农家肥之后，就不用再覆盖地膜。还有一种松毛覆盖技术，这种方法是到深山松树林中将松毛捡回来，覆盖在烟苗根部，此种方法也能够保水，但是洼垤乡很少运用。

5. 积极推广抗旱施肥技术

抗旱施肥技术也是烟草公司推出的应对干旱灾害的措施之一。抗旱施肥技术就是指多施水浇肥，少施干肥，具体比例是干肥占30%，水浇肥占70%，水浅肥有利于保水，并常施硫酸钾肥。同时，当烟苗成长到可以栽培的时候，就不再供给肥料，同时限制供水，以便控制烟苗的成长，等到雨水到来和移栽的时候，才最后施肥。

6. 出售翻地种烟机械

除了推广各种抗旱栽种技术之外，烟草公司还推销各种减轻劳动强度的机械，主要是两种：普通犁地机械和专用烤烟捞沟机械。所谓普通机械就是指既能够种植烤烟又能够为种植其他作物服务的机械，但专用机械则只能种植烤烟，不能用于其他农作物的种植。因此，烟草公司对于购买两种机械的补贴政策是不同的，购买普通机械补助50%，而购买专用机械补助90%。无论购买哪种机械，都要提供正式发票。烟草公司经理强调，一些商家想用收据换取价格优惠，这是无法报销的。预整地通过机械完成大半工作，每亩可以减少15个劳动力，而用人力的话，每亩需要30个劳动力。然而，机械预整地在操作时也是很费力的。换言之，妇女几乎都没有足够的力气操作机械。从质量上讲，机械预整地与人工预整地没有多大的区别，只是机械完成之后也需要人工打塘、施肥和覆盖地膜。

三 玉溪市新平县干旱灾害个案

（一）新平县的干旱灾害概况

云南省新平彝族傣族自治县辖有6乡4镇2个社区，从地理上则以红河为界分为江东和江西两大片区。江东片区包括平甸乡、杨武镇、新化乡、老厂乡、桂山社区和古城社区；江西片区包括戛洒镇、漠沙镇、水塘镇、者龙乡、建兴乡和平掌乡。通常情况下，江东片区水资源缺乏、降水量少，经常发生干旱灾害；而江西片区则水资源丰富、降雨量大，经常发生地质灾害。在2009～2012年的西南大旱中，新平县全县都受到影响，据统计，2010年新平县农作物受旱面积达24.59万亩，其中重旱3.74万亩、干枯3.43万亩。人工造林受灾18.08万亩，成灾13.11万亩，枯死6.92万亩；中幼林及有林地受灾面积14.3万亩，成灾面积5.65万亩，枯死及报废面积1.13万亩。全县共有93个村委会（社区）、403个村（居）民小组、4.94万人、2.60万头大牲畜不同程度存在饮水困难，工农业直接经济损失达3.04亿元。2011年新平县作物因旱少种面积1500亩，农作物受旱面积8.7万亩，其中成灾5700亩，绝收1200亩。2012年新平县农作物受旱面积22.4万亩，其中，轻旱10.6万亩、重旱9.3万亩、干枯2.5万亩，因旱饮水困难人口49875人、大牲畜27515头。在所有受干旱的乡镇中，江东片区的老厂和新化是全县最为干旱的两个乡镇。

（二）老厂乡的干旱灾害及其应对方式

老厂乡是新平县最为贫困和偏僻的乡镇之一，历来有“干老厂”的称呼。老厂乡的土地面积442.21平方公里。全乡人口17138人4598户，农业人口16419人；行政村11个，村民小组160个，自然村177个；当前全乡人口密度为39人/平方公里。全乡有小（一）型水库3座，小（二）型水库11座，小坝塘106个，小水窖7600口，总蓄水量1100万立方米。在120座水库中，2010年初的蓄水量只有496万立方米，比2009年初减少54.8%。老厂乡是典型的干旱山区，地表流水稀少，水源点不多，形成了“十年九旱”的“干老厂”，在新平县，人们都知道“干老厂”这个绰号，特别是在老厂乡工作过的干部都知道水在这里的重要性。

然而，老厂乡发生严重干旱灾害并不意味着这里的水库建设是落后的，换言之，水利设施严重滞后的情况在老厂乡并不存在。相反，老厂乡有120多个大小不一的水库或者坝塘。按照土地面积计算，老厂乡442平方公里，每3.5平方公里就有1个水库或坝塘；按村寨计算，老厂乡177个自然村，每1.5个自然村就建设有1个水库或坝塘；按人数计算，老厂乡1.7万人，每143人就能分到1个水库或坝塘。此外，全乡还有7600多个水窖。老厂乡的绝大部分村寨都有自来水管，并且安装到家家户户。为什么有这么好的水利设施和条件还变成了干旱灾害最严重的地方呢？我们发现，这里水库虽然多，但是大部分是干涸的，自来水管虽然方便，但是没有水也不起什么作用。因此，干旱灾害的发生，不仅仅是水利设施的问题，还有更重要的原因。

笔者对于老厂乡干旱灾害的调查是从2009年底2010年初开始的，当时的老厂乡已经成为新平县干旱灾害最为严重的地方之一，引起社会各界的广泛关注，当时人们认为已经出现了“五十年未遇”的干旱灾害，但是，他们哪里想得到这场严重的干旱灾害才刚刚开始。对于村民来讲，干旱使水源点正在变小或者枯竭，很多村民不得不到很远的地方挑水、找水。由于水源点枯竭是一个普遍现象，所以，村民基本上都开始用拖拉机到很远的地方拉水，或者买水吃。笔者认为，如同其他地区的干旱灾害应对方式一样，老厂乡的干旱灾害应对也分为政府的应对方式和村民的应对方式两种。

1. 老厂乡政府的干旱灾害应对方式

老厂乡政府在抗击干旱的过程中，采取了很多的措施，这些措施包括如下五个方面。

第一，积极向上级政府汇报，获得上级政府的支持，新平县政府也将全县备灾车辆调到老厂乡，为乡民提供应急水。然而，政府向上级申请的帮助，仍然是以项目方式进行申报，包括对水利设施的补充和修缮，干旱灾害发生的时候也是水利设施得到改善的时候。

第二，通过消防车向缺水的地方拉水送水，主要是向转马都村委会小学供水。转马都村委会是老厂乡的一个村委会，主要居住着彝族阿鲁支系和车苏支系村民，这里是全乡最为缺水的地方，村委会的小学几乎没有任何水源，所有学校用水都依靠乡政府提供。当然，乡政府除了向小学提供日常用水之外，还向极端贫困户提供生活用水，其余的村民都必须自己解决生活用水。

第三，发动村民寻找水源和保护水源。所有的村民都被发动起来去寻找新水源，这些地区虽然干旱，但是到处都有森林覆盖，乡政府认为这样的地方应该有水源，只是距离村子较远。所以，村民如果在劳动中发现了新的水源点，必须向乡政府报告，政府请相关专家鉴定是否达到饮用水标准，如果达到了就进行施工，建设新的水源点。

第四，学校节约用水。据介绍，学校的日常用水是乡政府从30公里外的地方拉来的，他们要求学校尽可能节约用水。在这个拥有210名学生和10个老师的学校中，每个学生每天得到半盆水，用于刷牙、洗脸、洗脚、浇花等。除了刷牙和洗脸能够得到干净的水之外，洗手的水、洗脚的水都是重复使用的。学生和老师都不可以在学校洗衣服，洗澡的条件也不具备，即使有水也不能洗澡。

第五，接受社会各界的帮助。笔者在转马都调查的时候，碰到过在当地调研的各级工作人员和企业人士，他们有的是到转马都捐献物品的，有的是从事纯粹的调研活动的，有的是在那里长期蹲守、配合当地村委会干部进行抗旱救灾的。还有一个公司向转马都村委会捐献了2000件矿泉水，虽然这些矿泉水没有直接发给村民，但是，也体现出社会各界对当地人民的同情心。很多上级领导和调研人员，凡是到转马都调研的，不仅要带上自己喝的水，还要尽可能多带些，以便碰到特别困难的村民时分发给这些人。据说，该规定是因为有一个领导去调研的时候，向村民保证党委、政府一定会解决他们的饮水问题，村民说，他们现在就需要水，等不了，弄得领导非常难堪，于是就规定所有下乡人员要尽量多带水，不要空口下保证，这个规定虽然受益人员不多，但受到很多村民的欢迎。

2. 老厂乡村民的干旱灾害应对方式

老厂乡大部分的村委会都缺水，但是最为严重的是转马都、黑茶莫、保和、哈科迪等村委会，这些地方都存在着严重的干旱问题。而且，这些地方的干旱是经常出现的，即使是在正常的年份，也都存在着干旱。所以，对于干旱灾害，他们都有较为丰富的应对经验。笔者的家乡——竹园村委会，原来就属于老厂乡，后来因为新平县调整行政区域，竹园村委会被并入戛洒镇。在老厂乡调查对笔者来说是非常容易的，因为很多的中学同学都在这里工作或者务农。笔者的调查是在2011年3～4月进行的，并且大都在转马都村委会进行。根据笔者的调查，老厂乡的干旱灾害应对方式包括如下五个方面。

第一是用拖拉机拉水。用拖拉机拉水的情况在全乡都存在，老厂乡大部分村寨都有拖拉机，村民用塑料布垫在拖拉机的车厢里，把水直接倒在塑料布上，然后慢慢地将水拉回村寨。塑料布不漏水，这种方法既简单又便宜。他们不仅自己拉水，还帮助亲戚朋友拉水，有的地方，如果有村民要买水，通常就是一拖拉机水卖30元。村民把水拉回来之后，就储存在水缸或者水桶中，用塑料布盖好。笔者调查的时候，能看到来来往往的拉水拖拉机，有的到水库中拉水，有的则到箐沟中拉水，找水、拉水、排队挑水等成了村民第一重要的事务。然而，拖拉机拉水也存在着一些问题，因为水库干涸了，一些水库的底层水实际上是达不到饮用水标准的，但是，村民根本不知道，只要有水拉回来就行，这种情况实际上是有风险的。

第二是家中节约用水，亲戚相互送水。干旱地区的人民都有节约用水的习惯，他们的洗脸水从不轻易倒掉，而是用来洗手或者洗脚，洗菜水用于喂猪，大人、小孩都会非常小心。干旱的时候也都是风大的时候，他们用塑料布将水盖起来，不让沙子、树叶吹入水中，以保持水的清洁。同时，彝族人还经常向亲戚朋友送水，走亲戚带水去比带酒去更受欢迎，这是干旱期间才出现的情况。

第三是出售大牲畜。水牛和黄牛在彝族地区不仅是财富的象征，还是生产中不可缺少的大牲畜，每年的春耕都必须依赖大牲畜。但是，大牲畜每天都需要很多水，每头牛每天至少需要50市斤水，干旱对保障牲畜用水造成了困难，所以，很多人家就开始出售大牲畜，等到春耕时间再去购买。

第四是提前进行春耕备耕。基本上所有的村民都知道雨季的到来是立夏之后，并且几乎是突然下雨的，为了保证雨季时能及时播种，人们开始提前备耕，如整理烤烟地、运输肥料、育苗等。由于老厂乡经常发生干旱灾害，所以，春耕备耕的工作对村民来说不会产生很大的影响。

第五是干旱灾害的防灾减灾应对方式回归文化。几乎所有的村寨都在坚定不移地举行祭龙仪式，这个每年农历二月第一个属牛日举行的仪式，实质上是求雨求水的仪式，没有雨水，五谷就不能丰登，六畜就不能兴旺。祭龙仪式也是一个尊重自然和文化的仪式，它要求所有人必须尊重自然，不乱砍滥伐，水源点通常是在神林里，是非常神圣的地方，不仅严格禁止砍伐，就连放牧也是被禁止的。

（三）建兴乡的干旱灾害及其回应方式

新平县建兴乡地处哀牢山中段，全乡总面积 208 平方公里，耕地面积 25790 亩，其中田 4860 亩、地 20930 亩，平均海拔 1960 米，辖 7 个村委会，78 个村民小组，共 17327 人。全乡有小（一）型水库 1 座，小（二）型水库 4 座，小坝塘 4 座，总蓄水量 264.05 万立方米。与老厂乡相比，建兴乡一般都不缺水，因为这里年平均降雨量有 1850 毫米，但是，2012 年却例外，因为这里水利工程修复项目没有按时完成，这也加剧了缺水和干旱。干旱最为严重的是错那甲村委会，这里居住着哈尼族、汉族和部分彝族，以哈尼族人居多。错那甲村委会分为东、西两个部分，东部为汉族居住区，西部为哈尼族居住区。笔者到了一个叫沙西里的村子调查，这里全部是哈尼族卡多人，村中有 44 户，240 人。在村中，笔者碰到了 65 岁的哈尼族老人刘先生，他讲述了 2012 年的干旱灾害：

我们建兴坝子的人没有龙潭，我们吃的是沟水和箐水。水管水是从双沟街引来的。在往年，我们这里早就撒秧了，在腊月二十左右就开始撒秧，晚一点的话会到春节前后，但是今年不敢撒，因为没有水。撒秧之后 40 天左右成熟，秧苗成熟之后必须种下。但是，今年由于干旱，到了正月二十九都还不敢撒秧，现在大家都不撒秧，因为如果不下雨的话，秧苗就没有办法种下去，即使撒秧也是白撒，所以，大家都在等候着天气的状况。但目前的问题是，撒秧的季节也已经过了，现在撒秧已经来不及了，如果有成长期短的秧苗的话，可以撒一点。虽然不撒秧，但是我们还是积极备耕，犁田犁地，犁不动的田地就用锄头挖起来，今后还可以点一些玉米。现在，我们只有等待着天气的状况，到二月中旬或者三月初的时候，如果还不能栽种的话，就种点玉米吧。

> 今年我们这里是最干旱的，往年虽然干旱，但是我们还是有水的，因为箐沟里都有流水的，不像今年，所有的地方都没有水了。所有的作物都晒死了，小麦还没有5公分（50厘米）高，而且不出麦穗，有的长出麦穗，但是很小，都是因为没有得到充足的水灌溉。现在小麦虽然长出了穗，但是不饱满，并且已经不会饱满了，所以也就不会有什么收成。蚕豆和豌豆也都死了，没有什么收获。像今年的情况都没有见过，老人也没有讲过。
>
> 我们村里几乎所有的年轻人都到外地打工了，村里只剩下老人和小孩，有的人家就连小孩和老人也都带走了，全家人都不在村里。卡多人每年都有祭龙仪式，到水井边祭龙，一般是在属牛的日子，全村人每户去一人祭祀。

哈尼族所在的地方都有十分壮观的梯田，它是哈尼族农耕文化的象征。然而，在干旱的时候，人们看着这些梯田表现出相当的无奈。哈尼族对于干旱灾害的应对也体现出了灵活的特点，整体上讲，他们的日常用水基本上是没有问题的，缺少的是耕作用水。一些村民在施工方没有能够按时完成水库建设并提供耕作用水的时候，就决定放弃大春耕作了，也不再培育秧苗，而是积极购买玉米种子，所有的村民都做好了种植玉米的准备。种植玉米并不需要水，只要雨水及时到来，玉米收成就有了保障。只是哈尼族是每年都种植水稻的，突然有一年放弃种植水稻，村民会有不安全感，认为没有大米，生活会难以得到保障。但是，据当地农业服务中心的人员介绍，种植玉米与种植水稻在投入和产出上相差不大，所以，种植水稻和种植玉米在收入上是总体平衡的。

四 昆明市石林县干旱灾害个案

（一）石林县的干旱灾害状况

2009年至2012年，如同其他西南地区的县市一样，云南省石林彝族自治县出现了数年连旱，2009 年的降雨量为 569.7 毫米，2010 年为 856.4 毫米，2011 年为 556.6 毫米，2012 年为 778.4 毫米，比平均降雨量 948.0 毫米偏少。其中又以 2011 年的降雨量最少，2009 年次之，2012 年再次之。虽然 2010 年的降雨量接近平均降雨量，但由于 2009 年和 2011 年的降雨量有限，干旱仍然持续，并且直接影响到 2012 年。

据该县领导介绍，由于石林县的地质地貌特殊，县内大部分地区都属于喀斯特地貌，只要其他地区发生一般干旱，石林县就会发生较大的干旱灾害，这是石林县的喀斯特地貌决定的。石林县一直是夏、秋、冬三季干旱连在一起，干旱问题非常严重。至 2012 年初，石林县降雨蓄水严重偏少，除县城和石林风景区供水有保障外，其他的 100 个自然村、48084 人、27967 头大牲畜因旱饮水困难。截至 2012 年 2 月 24 日，石林县水库坝塘蓄水 3209.8 万立方米，与 2011 年同期相比减少了 2959.2 万立方米，现有蓄水中黑龙潭水库蓄水 1800.3 万立方米，占 56.08%。81 个小（二）型水库已干涸 27 个，132 个小坝塘已干涸 61 个。全县小春粮食油料作物受灾 156816 亩，蔬菜受灾 18600 亩，花卉受灾 10120 亩，水果受灾 39232 亩，林木受灾 125908 亩，受灾面积分别占 81%、87%、70%、62% 和 89%。

面对严峻的旱灾，石林县的中心工作围绕着抗旱进行，主要的措施是工程抗旱、计划用水、解决人畜饮水问题等。一是先节流，宣传节约用水、循环用水，加大服务力度，动员群众主动抗旱拉水自救；二是科学合理调控用水，大春作物水种改旱种；三是抽取地下水或开辟新水源。按近期和远期相结合、临时性和永久性相结合、先生活后生产的原则，在有水源条件的地方，建设抗旱应急工程缓解人畜饮水困难。全县已建成 11 个抗旱应急集中供水点，方便群众取水和拉水。全县抓好应急供水工程，维则管网搭口已接通，开始对维则、所各邑、豆黑、蓑衣山 4 个村委会的 9 个自然村试供水，并网供给宜政的搭口三天内可完成。2012 年 2 月 17 日，长湖镇长湖应急供水点拉水 179 车 280 立方米，圭山镇三角水库和海邑集镇两个应急供水点拉水229车403立方米，大可乡政府送水和发动群众拉水29车74立方米。全县合计拉水437车757立方米，有效地缓解了石林县干旱缺水带来的困难。

（二）长湖镇政府的干旱灾害应对方式

长湖镇位于石林县中部，镇政府所在地维则村距离县城17.5千米。全镇有10个村委会、40个村民小组、31个自然村。长湖镇是石林县干旱灾害最为严重的乡镇之一。在长湖镇调查，笔者不仅走访了当地村民，还与当地领导举行座谈，了解了政府和村民的抗旱措施和应对办法。根据长湖镇领导的介绍，镇政府的抗旱措施包括如下三项。

第一是加强工程建设。政府的工程建设包括县政府和镇政府的工程建设，当然，县、镇两级政府的工程建设是相互联系又相互补充的。相比较而言，县政府的工程建设最大。县、镇两级政府在长湖的工程包括以下几个方面：（1）地下水库建设；（2）黄竹山抽水站建设，完成变压器安装、架线并通电，基本完成管道沟的开挖、调节池的防渗处理等工作，正在实施清淤和抽水设施的安装及管道的连接工作，在2月15日投入使用，黄竹山地下水流量每小时约20立方米，该水点已经出水；（3）应急工程建设，特别是到2012年2月21日，经过二十多天的紧张施工，长湖镇黄竹山抗旱应急工程已完成投资65万元，完成老水池防渗修缮，安装了30千伏安的变压器1台、200QJ20－108的深水泵1台，铺设了DN65镀锌管240米、DN125PE管1500米，支砌了可蓄水42万立方米的地下拦水坝，目前已可持续提水到老水池，最大提水量为每小时28立方米。

第二是实行限量供水。长湖镇和圭山镇缺水最为严重，两个镇的居民都引用圭山镇内的三角水库水。由于干旱严重，三角水库的水在2012年春节前开始限量供应，特别是对于长湖镇的人员。长湖镇的村民一般是供应一天到三天的水，在春节之后就停了，于是村民不得不从长湖风景区的长湖内取水。但是，长湖镇有

4166户16545人、大牲畜8100头、小牲畜52820头。随着干旱的延续，人畜饮水困难越来越突出，80%左右的村组都存在不同程度的缺水。截至2012年1月29日，长湖蓄水259万立方米（库容434万立方米，其中死库容86万立方米），圆湖蓄水8万立方米（库容137万立方米），小坝塘蓄水0.7万立方米，小水窖蓄水量约1万立方米。从1月30日至5月30日共122天里，长湖镇人畜饮水需供水14.5万立方米。供水方案为：小水窖、圆湖（最多只能提取1万立方米）、黄竹山共提供水4.5万立方米，其余10万立方米水从长湖应急工程中提取供给。当然，这里的限量供水是从全县的角度而言的，长湖镇并没有限量供水，所有的村民，只要自己愿意，就可以到长湖供水点拉水，镇政府并没有限定每天的拉水车数，就目前来讲，人畜饮水是可以保证的。

第三是接受外界帮助。最为典型的是得到了辽宁省青少年发展基金会的帮助，建设了一个水井。这是共青团辽宁省委和长湖镇人民政府共同筹资16.3万元于2010年6月修建的。但是，走到水源点的水窖中，沿着石梯下去，大约5米深，笔者看到水源点里的水非常少，里面约有20平方米，有几个直径不到一米的小水塘，但都没有水，水塘旁边有一对小桶，都是空的。水塘上面有一条小水沟，隐隐约约能够看到流出的小溪水，但无法估计需要多长时间能够得到一桶水。这个地下水窖虽然没有什么水，但是气温却较低，非常凉快。很显然，如果不是干旱太严重，这里是有水的。从地下水窖出来，旁边有一块“共青团希望水窖”的碑，上面写着：

> 悯于云南百年大旱，共青团辽宁省委、辽宁省青少年发展基金会通过共青团云南省委、云南省青少年发展基金会，慷慨捐赠507万元人民币，其中为石林县长湖祖莫村委会筹建了“共青团希望水窖”42个，其意在激扬人间真情，弘扬世间真爱。共青团希望水窖的建设得到了当地党委、政府和工程队的大力支持，为彰显捐资出力者造福子孙之馨德、泽被

后世之懿行，饮水思源，昭示后人，特立碑以志纪念。

从“共青团希望水窖”工程的情况可以看出，石林县的干旱灾害达到了“百年不遇”的状况，旱情的严重性受到关注，并得到了外界的帮助。

（三）长湖镇彝族村民的应对方式

长湖镇彝族村民也积极地采取了各种措施应对干旱灾害。他们的应对方式包括如下几个方面。

1. 拖拉机拉水与村民购买饮用水

长湖镇虽然是严重的缺水乡镇，但是有着其他乡镇不具备的水源，那就是长湖镇风景区水库。这个水库作为风景区的水源一般是不供水的，但是，遇到紧急的情况则例外。长湖镇风景区的水库在严重干旱的情况下开始向村民提供日常生活用水，镇政府在水库下面安装了几个水泵，以便村民用拖拉机拉水。笔者在长湖镇进行调查的时候，多次到长湖风景区观察农民拉水的情况，每次都看到沿路有很多来拉水的拖拉机，这些拖拉机来自不同的村寨。当他们来到取水点之后，用皮管将拖拉机车厢灌满，然后回家。拖拉机拉水的方法看起来非常实用，人们用塑料布铺到拖拉机的车厢里，把水灌满后又把塑料布合拢，慢慢地将水拉回家中。据说，这样的一车水约有 1 立方米，可以用 3 天。有的人家不用塑料布装水，而是在拖拉机上安装 2 个汽油桶，然后直接将水引入桶中，拉回家中后仍然可以用 3 天。村民拉水并不收费，但是，当地水管站雇用了一个民兵专门进行拉水的记录，以便统计村民的用水和拉水状况。放水时间是早上 8 点到晚上 8 点，统计人员不记录姓名，只记录来自哪个村委会。记录显示，在 2012 年 2 月 24 日这一天，共有 294 辆拖拉机来拉水。我们在现场看到，来拉水的拖拉机源源不断，由于取水方便，每辆拖拉机只要花 5 分钟的时间，就能够把水灌满，然后拉走。据拉水的村民介绍，这种情况以前是不存在的，他们到长湖拉水，必须自己到湖里舀水，灌满一拖拉机水需要几个小时，非常不方便。后来，镇政府就在长湖下面安装水泵，把水引出来，然后又安装了6个龙头和大皮管，使取水变得非常方便。笔者采访的一个拉水村民说，他家距离拉水地点有3公里多，不拉水不行了，村子里所有的水源都没有水了，唯一的办法就是到长湖拉水。

虽然村民取水不收费用，但是必须自己到取水点拉水，自己支付柴油费。没有拖拉机的人家必须自己租车拉水，据说，租车拉水常常租用的是大车，每车200元，可以用10天左右。如果自己有拖拉机的话，柴油费每次在20元左右，视村寨与取水点的距离状况而定，在祖莫村委会窝子山村调查时，一位村民对笔者说：

> 我们村子有36家，106人。我家里现在有4个人，我们夫妻和两个儿子，大儿子上高中，小儿子上小学。村里原来是吃三角水库（属于石林县圭山镇管辖）里的水，通过母猪箐引过来的。但是后来不让吃了，就只好拉水吃。我们家有1台拖拉机，每隔3天去拉一车水。那些没有拖拉机的人家就去租车拉水，每车200元。有的人专门拉水给村民，拉水成了一个新的职业。

另一种情况是，对于那些路途较远的村寨，政府也提供一些帮助，例如，政府出面把水拉到村子的水池中，然后由村民自己到水池（大水窖）中挑水。这样村民就不必支付柴油费或者租车拉水。但是，这会出现经常缺水的情况，因为村中的供水需求量大，而政府又没有办法向所有的村子提供足够的免费水，所以，大多数村子都是自己拉水或者购买水，政府的作用就是建设更多的取水点，免费让村民取水。

2. 家中节约用水

几乎所有的村民都在认真节约用水，特别是那些买水喝的村民更是如此。家中需要用水的地方特别多，除了家中的日常用水、牲畜饮水，周末学生回家后还要洗衣服、洗澡等，都必须做到精打细算。一位姓毕的村民对笔者说：

我家里有6口人，两个老人、我们夫妻和两个孩子。两个老人都已经80多岁，不再劳动，而大儿子在石林县城打工，小女儿在上初中，所以，家中的主要劳动力是我们夫妇。但是，我们家有2头牛、2头猪、50多只羊，还有近60亩旱地。所有的劳动都是靠着我们夫妻完成。妻子每天都要去放羊，剩下的事情全部是我的，我一个人根本种不完60亩地。我一个人只能种1万棵烤烟，约10亩，种玉米的土地可能在20亩左右，剩下的土地就没有办法栽种了。

我们家的用水是一个非常突出的问题，没有拖拉机，不是买不起，而是我不会开，儿子又不愿回来，他想在城里打工，说不用买了，他不会回来开的。我们之后租车拉水，每车200元，够吃10天左右。用水量视情况而不同，普通情况下是每头牛每天需要2挑水，2头牛共需要4挑，50只羊每天也需要4挑水，猪也需要1挑水，做饭需要1挑水，另外的需要2挑左右，每天需要11挑左右的水。但是，如果碰到周末，孩子回来了，就需要15挑左右的水，因为孩子要洗衣服，加上另外的用水，可能要增加4~5挑水。

这个村民家的情况并不是特殊的，几乎所有村民的情况都相似。大部分年轻人到城里打工去了，每当遇到干旱时，家中的中老年人就碰到了困难，例如，不会开机动车，就没有办法去拉水，只好买水吃。在长湖镇，无论是自己拉水还是买水喝的人家用水是非常节约的，窝子山村的一个村民说：

我们家有2头牛、1头猪、40多只羊，家里用水是非常节约的。洗衣服的水，太浓的话就用来浇菜地，较清的话就用来喂牛；洗菜水也是这样，较脏的话就用来浇菜地，而较清的话就用来喂牛羊，有时候也会用来煮猪食。洗脸水再用来洗手或者洗脚，洗脚剩下的水用来浇菜地，淘米水用来煮猪食。

在窝子山村，我们看到的所有的水塘（有的是水源点，有的是水窖，有的是蓄水塘）都是干枯的，有的地方已经晒干了，看不到任何水，哪怕脏水也没有。

3. 想方设法取水备水

村民应对干旱灾害时还有自己的发明，每家都有一个水窖，这本来也没有什么特别的，因为很多村子都有自己的水窖，有的在地头，有的在家旁边。但是，这个村子的村民家家在瓦房的屋檐边安装上了水槽，又在水槽边上接上水管，这样，下雨时就能将雨水接入自家的水窖中，水窖中的水储备丰富。这样的发明几乎都是村民自己想出来的，没要乡政府一分钱，在缺少水源的情况下，村民想办法尽可能地增加蓄水量。

4. 积极备耕水稻和烤烟

烤烟在当地经济发展中占有决定性的地位，几乎所有的经济收入都是靠烤烟，烤烟的好坏也影响到政府的财政收入，所以，无论是政府还是村民，都会把烤烟种植作为抗旱的重要内容来抓。当地政府领导坚持认为，如果旱情持续，就会影响到烤烟种植，但是烤烟种植是不能受到影响的，因为这是村民的经济命脉，如果失去了烤烟，来年的经济就会出现瘫痪的局面。政府一定会采取措施，全力保证烤烟种植。但是，烤烟用水的需求量是非常大的，除了完成种植之外，还要用水保苗，否则种植下去的烤烟还是会被晒死。尽管“先保人畜饮水”还是“先保生产用水”的问题还没有开始讨论，但长湖镇2012年的烤烟任务是收购245万多公斤。作为石林县的烤烟种植大镇，放弃烤烟种植在当地政府看来是根本不可能的，所以，现在政府的重点工作是全力寻找水源，以便在保证人畜饮水的同时，又保证生产用水。

然而，依赖政府供水来种植烤烟是有很大风险的，因为政府不可能向全镇所有村民提供烤烟种植用水，村民必须自己想办法解决。因此，很多村民开始提前准备烤烟种植用水，他们即便是在饮水很困难的情况下也没有对春耕备耕表现出丝毫的懈怠。在炎炎烈日下，我们看到很多村民在烤烟地里挑水，每块烤烟地头都有一个小水窖，水窖里的水已经晒干了，村民们需要重新把水窖灌满，待栽种烤烟时使用。他们用拖拉机把水拉到地边，然后把水一担一担地挑到地中的水窖中，这种工作非常辛苦，但是为了今后栽种烤烟，他们也没有别的办法。

对于大春的备耕也在积极准备之中，很多人家的谷种已经撒下去了，虽然天干没有水，但是，秧苗必须准备好，保苗水不需要很多。村民不担心这一点，他们担心的是立夏和小满节令到来之后，黄金插秧季节没有水怎么办。但不管怎样，秧苗还是要准备好的。一个村民就这样解释说：

> 虽然干旱，但是我们家的烟秧还是撒了，因为撒烟秧必须跟着节令走，必须在正月十七八日撒，三月立夏节令的时候必须种下，无论天晴还是下雨，必须种下烤烟，否则不会有收成。但是，按照现在的情况，如果那个时候还不下雨，即使种下了，也不会有收成，就看到时候政府采取什么样的措施了。

这个主妇能够讲一口流利的彝族撒尼话，但是她不是撒尼人，而是从陆良县嫁到石林县的汉族人。她来之前不会讲任何的撒尼话，但是经过10年的努力，她终于能像撒尼妇女一样对这种语言运用自如，并且与所有的村民都只讲撒尼话，不讲汉语。即便是与自己的孩子，也只讲撒尼话，不讲汉语。从外表看，我们看不出她是一个汉族女子。从房屋、家具等情况上看，这个家庭应该属于中等家庭，他们家虽然没有建盖水泥平顶房，但是，瓦房看上去并不破旧，墙壁使用红砖砌起来，看上去很新。家中还有1台拖拉机、1辆摩托车、1台电视机。她说她家的收入完全靠烤烟，每年纯收入在1.5万元左右。但是，她也说出了家中经济上的一些困难，她说自己到集市上什么都不敢买，因为要供孩子读书，每分钱都是捏得死死的，买东西的时候都要考虑到自己的孩子还在上学，是需要用钱的时候。加上今年的干旱，烤烟的种植和收入还是一个未知数，节约每一分钱就变得非常重要。

（四）石林县的未来抗旱计划

石林县的喀斯特地貌并不保水，这是所有的人都清楚的，但是，这并不能说明石林县没有水资源。据介绍，石林县有丰富的地下水资源，当地人甚至说石林县是“地上没有水流，地下到处流水”。怎样利用地下水资源成了石林县的一大课题。当然，石林县政府也做了积极的探索，比如邀请中国地质勘探局到石林县打井，并且获得成功。另一个重要的办法就是建设地下水库。地下水库对很多人来说是一个新鲜的概念，但是在石林县已经讨论了十多年，由于种种原因，一直没有动工，主要的原因是过去干旱没有那么严重。另外，对于地下水库建设对于生态环境的影响，专家们一直有不同的意见，特别是，对于地下水库对喀斯特地质地貌的影响，专家们也有不同的看法，因此，建设地下水库的设想就一直停滞下来。但是，近几年的干旱非常严重，对很多人来说已经到了不得不考虑建设地下水库的地步，地下水库的建设问题又提到议事日程上来，据相关介绍，地下水库即将动工。

五　干旱灾害的防灾减灾经验总结

通过对元江县洼垤乡、新平县老厂乡和建兴乡、石林县长湖镇抗击干旱灾害的人类学田野考察，笔者认为，这些地区的干旱应对经验有如下六个方面值得总结。

第一，几乎所有地区的抗旱方式都分为两种：政府的应对方式和村民的应对方式。虽然政府的应对方式与村民的应对方式不能决然分开，因为两种方式有时候你中有我、我中有你，但是，基本的分水岭还是存在的。在大多数地区，干旱灾害的应对方式是以政府为中心进行，因为任何一个地区的受灾程度和应对能力都不是均衡分布的，资源分配也不尽相同，政府需要根据轻重缓急进行分配，特别是项目的申请和布局方面更是如此，这种方式在当今中国社会具有重要的意义。

第二，新闻媒体在抗旱救灾中发挥了重要的作用。洼垤乡的干旱灾害和抗旱救灾工作在元江县受到了高度重视，很多的媒体到洼垤乡采访，把村民面临的各种困难传播出去。元江县电视台、玉溪市电视台、玉溪日报社等多家媒体都到洼垤乡采访，相关的信息传播到了很多地区，因此也得到了企业的支持。新平县老厂乡的干旱也受到了媒体的关注，石林县长湖镇亦如此，媒体能够将相关信息发布到全国各地，引来很多爱心人士支持抗旱工作。同时，媒体的关注程度也是干旱严重程度的标志之一，如果长期受到媒体关注，或者是受到主流媒体的关注，就说明干旱灾害是非常严重的，反之则不然。另外，媒体也能让上级部门指导当地政府的抗旱工作和应对能力，从而评判地方政府官员的政绩。一些领导在干旱期间都到受灾最严重的地方调查研究，回来之后要看看电视上有没有自己在灾区调研的新闻，以此判断自己在当地社会中的地位和受重视程度。由此可知，媒体对灾害报道有多面的象征意义。

第三，在当今的云南乡村社会中，由于年轻人和部分中年人在外打工，老年人、妇女和中年人（45 岁以上）成为抗击干旱灾害的主力军。洼垤乡在外打工的现象非常普遍，许多村子很少看到年轻人，特别是青年女子，她们外出打工后都不会再回到乡村，所以，年轻男子也外出打工。当地人已经很少在村子中建盖新房，哪怕是种烤烟得到的收入，也都是积攒起来，为子女在元江县城等买房子。由于年轻人不在村中，抗击灾害的任务落在了留守老人、妇女等的肩膀上。新平县建兴乡、老厂乡以及石林县长湖镇的情况也基本相似，中青年劳动力都外出打工了，即便是农忙时期也不回乡。

第四，乡村农民在生产和生活中应对干旱灾害的方式是多样的。生产中的抗灾方式包括建设小水窖，调整种植结构，控制烤烟苗生长，提前烤烟预整地；生活中的抗灾方式包括寻找水源点，建设水池，轮流供水，村民互助，节约用水等；实在不得已就开始出售大牲畜、买水喝等。这些措施有力地缓解了水危机中生产和生活上的困难。当然，这些抗旱措施并不系统，不同地区、不同民族、不同村寨有不一样的应对方式，有的地区完全是靠家庭和亲戚朋友的力量完成抗旱工作的，但有些特别困难者得到了政府和社区组织的帮助。

第五，学校在抗击干旱灾害的过程中也有一整套的应对措施，如严格控制用水、争取社会各界的帮助、保证用水卫生和安全等，使学校的正常教学得以开展。但是，乡村学校的条件有限，很多学校提供给学生的用水量非常有限，并且规定要重复使用，如洗脸水用过后再用于洗手，晚上再用来洗脚等，使学生的卫生得不到保障。还有的学校，规定学生不得在学校洗衣服，导致学生到村中的脏池子中洗衣服、鞋子等，这是不应该出现的情况，不是说“再苦也不能苦了孩子”吗？他们的健康影响着一代人，所以，学校供水在整个干旱应对中应处于中心地位。

第六，烟草公司对于干旱灾害的支持表现在与烟草有关的农业生产中，如支持水池建设、积极推广抗旱种烟方式和技术、改良品种等。这些举措当然得到了政府的支持和农民的喜爱，因为烤烟增产了，烟草公司、政府和烟农的收入都会增加，而前两者的收入建立在烟农收入的基础上。因此，表面上烟草公司非常关注干旱和抗旱工作，但实际上他们更多的是关心与烟草有关的抗旱。换言之，烟草公司的抗旱帮助不能用于其他农作物，只能用于烟草种植，所以，烟草公司更多的是关注与自己公司利益相关的部分。这证明了抗旱救灾与公司经济利益之间存在着某种关系，克服这些狭隘的公司经济利益追求是今后抗旱救灾中需要考虑的问题。还有一些支持灾区的企业，也附加一些条件来扩大企业的知名度，如当地主要领导要来举行接收仪式、发表演讲，当地新闻媒体要来宣传报道等，虽然并不过分，但是也说明企业支持灾区也在计算成本。

六 小结

本章通过对元江、新平和石林的干旱灾害应对方式的研究，认为干旱灾害的问题实际上是一个文化问题，人类对于干旱和水的理解已经经历过很长的时间，一些仪式到今天仍然在起着积极的作用，并且值得全社会反思。干旱灾害的防灾减灾是一个综合的过程，我们没有办法阻止干旱性致灾因子的发生，但是，我们能够通过努力阻止干旱变成灾害。云南少数民族地区的干旱减灾就是通过村民和地方政府的共同努力来实现的。当然，更为深远的分析就应当上升到学理上。人类学家 Henry 曾经指出，灾害的人类学研究方法，是探索风险和灾害分别怎样影响人类生活的，而不是简单地将灾害看成孤立、单独发生或者无法预测的事件，强调文化系统（如信仰、行为和制度特点）是怎样在脆弱性、准备、动力和社会组织中扮演着中心角色的。[①] 干旱灾害研究的核心是文化，其抗击方式当然也需要回归文化，只有对当代掠夺性发展方式和自然资源管理方式进行反思和总结，才能更加深入地认识人类文明进程中的失误，为其他地区抗灾减灾提供经验，同时也为人类的可持续发展做出贡献。

---

① Henry, D. , "Anthropological Contributions to the Study of Disasters," in *Disciplines, Disasters and Emergency Management*. McEntire, D. eds. http://training. fema. gov/emiweb/edu/ddemtextbook. asp, 2005.

第四章　云南以社区需求为导向的地震减灾

——德宏州盈江县和楚雄州姚安县的案例

一　云南少数民族地区地震灾害的总体情况

云南地处印度板块、太平洋板块与欧亚板块碰撞带东侧，构造运动强烈，断裂发育，所以，经常发生地震灾害。地震也就成为云南省最主要的灾害类型之一。云南有小江地震带、大关—马边地震带、通海—石屏地震带、中甸—大理地震带、腾冲—龙陵地震带、澜沧—耿马地震带、普洱—宁洱地震带。[①] 由于云南省辖域中94%是高山，加上特殊的地质构造，全省都处在板块挤压区，高山对地震波有放大的作用。

地震灾害在云南历史上普遍发生。从汉代到清代，文献中有记录在案的地震就有四百多次，其中有一百多次造成了不同程度的人员伤亡和财产损失。[②] 据研究，从886年到1995年，共发生5级以上地震437次，其中8级地震1次，7.0～7.9级地震19次，6.0～6.9级地震85次，5.0～5.9级地震332次。[③] 根据云南省地震局编撰出版的《云南省地震资料汇编》中的统计，在公元前26年到公元1699年间，史书中记载的云南地震次数为156次。在

① 李永强、王景来主编《云南地震灾害与地震应急》，云南科技出版社，2007，第29页。

② 周琼：《云南近现代自然灾害及发展趋向》，《云南师范大学学报》2014年第6期。

③ 王景来、扬子汉编著《云南自然灾害与减灾研究——献给国际减灾十年》，云南大学出版社，1998，第11页。

1700～1799年的100年间，有51年有地震记录，共发生地震79次。在1800～1899年的100年间，有56年有地震记录，共发生地震125次。从公元前26年到1949年，史书中共有地震记录750次。[①] 这些地震中有几次地震是值得特别说明的，其中就包括了1833年9月6日（道光十三年七月二十三日）发生的嵩明8级大地震，该地震造成8.43万间房屋倒塌，6700多人死亡，大地震波及昆明、昭通、玉溪、楚雄、红河、曲靖、普洱、大理、文山、保山以及四川凉山等地，是云南省历史上较大的地震灾害。嵩明大地震还使滇池发生湖啸，西山发生崩塌。[②] 而在1900～1949年的50年间共发生了390次地震，其中1930～1939年的地震最为频繁，共发生151次，其次为1940～1949年间的87次、1920～1929年间的86次。[③]

1950年之后，云南省的地震记录非常细致和科学，在1950～1982年，除了1954年和1967年之外，年年都有地震发生，其中包括了1970年1月5日的通海—峨山7.7级大地震，该地震也是云南历史上最为严重的大地震之一，其震级为7.7级，震源深度13公里。地震造成1.56万人死亡，2.67万人受伤，33.8万间房屋倒塌，1.66万头大牲畜被压死。1974年5月11日的昭通7.1级地震，1976年5月29日的龙陵7.3级和7.4级地震，1985年4月18日的禄劝6.1级地震，1988年11月6日的澜沧—耿马7.6级和7.2级地震，1995年10月24日的武定6.5级地震，1996年2月3日的丽江7.0级地震等，都给当地人民造成重大的损失。其中，1995年10月24日6时的武定6.5级地震，震源深度15公里，震中烈度9度，造成48人死亡，789人重伤，1.23万人轻伤；房屋倒塌7.2万间，危房227.74万间，死亡大牲畜1.1万头，中小学受损684所，616所学校被迫停课，涉及学生13.94万人；直接经

① 云南省地震局编《云南省地震资料汇编》，地震出版社，1988。

② 王景来、扬子汉编著《云南自然灾害与减灾研究——献给国际减灾十年》，云南大学出版社，1998，第46页。

③ 云南省地震局编《云南省地震资料汇编》，地震出版社，1988。

济损失 9.5 亿元。[①]

进入 21 世纪之后，云南地震越发频繁，在 2001 ~2014 年发生了 49 次 5.0 级以上的地震，[②] 包括：2000 年的姚安“1·15”6.5 级地震；2001 年的“10·27”永胜 6.0 级地震，“4·12”施甸地震；2003 年的大姚“10·16”6.1 级、6.2 级地震；2004 年“8·10”鲁甸地震；2009 年姚安“7·09”6.0 级地震；2011 年盈江“3·10”5.8 级地震；2012 年宁蒗“6·24”5.7 级地震，彝良“9·07”5.7 级和 5.6 级地震；2013 年洱源“3·03”5.5 级地震，香格里拉“8·31”5.9 级地震；2014 年永善县“4·05”5.3 级地震、“8·17”5.0 级地震，盈江县“5·24”5.6 级地震、“5·30”6.1 级地震，鲁甸“8·03”6.5 级地震，景谷“10·15”6.6 级和“11·06”5.8 级、5.9 级地震。2000 ~2014 年，云南共发生 5.0 级以上地震 17 次，仅 2014 年一年，就发生了 8 次 5.0 级以上的地震，在 8 ~10 月，就发生了鲁甸和景谷 2 次 6.5 级及以上的地震。2014 年中国共发生 6.0 级以上的地震 4 次，有 3 次在云南。这些数据说明，云南近年来进入了地震相对活跃和频发的阶段。云南地震的震源深度在 5 公里到 16 公里之间，最浅的是 2003 年大姚地震和 2014 年景谷地震，都为 5 公里，最深的是 2009 年的姚安地震，震源深度为 16 公里。地震所造成的损失也越来越大，2014 年的鲁甸地震是云南省损失最为严重的地震之一，在中国 2014 年的十大灾害中位列第一。

云南省 2015 年的第一次地震发生在 3 月 1 日（农历正月十一），是临沧市沧源佤族自治县的 5.5 级地震，震源深度 11 公里，地震发生在春节之后，它使人们认识到了灾害的不确定性。而 3 月 9 日昆明市嵩明县的 4.5 级地震，震源深度 12 公里，虽然震级不大，但它是嵩明大地震发生过的地方，嵩明距离昆明非常近，昆明市区震感强烈。

---

① 楚雄彝族自治州人民政府编《武定 6.5 级地震救灾重建纪实》，云南民族出版社，1998，第 1 页。

② 根据中国地震局官网（http://www.cea.gov.cn/publish/dizhenj/468/496/100701/index.html）材料综合整理。

云南省处在地震带上，有15个县市区属于9度设防，面积为19731平方公里，占全省总面积的5.15%；有37个县市区属于8度设防，面积为105452平方公里，占全省总面积的27.51%；有57个县市区属于7度设防，面积为195930平方公里，占全省总面积的57%；有16个县属于6度设防，面积为62277平方公里，占全省总面积的16.24%。[①] 由此可知，云南全省辖域都属于6度以上设防。然而，地震在云南省的发生并不均衡，它主要发生在小江地震带、通海—石屏地震带、中甸—大理地震带、腾冲—龙陵地震带、澜沧—耿马地震带、普洱—宁洱地震带、大关—马边地震带、南华—楚雄地震带。[②] 这些地区是云南地震的多发、频发地区，防灾减灾和灾害研究的重点也都集中在这些地区。

本章是以云南省内的两次地震灾害——德宏州盈江地震和楚雄州姚安地震的发生地为田野点进行调查的。由于地震灾害的灾前预报几乎很难进行，乡村社会中几乎没有应对地震的措施，目前的地震安居房在多大程度上能够起到作用也还需要验证。因此，笔者将地震灾害的研究重点放在灾后重建上，在灾害人类学的视野里，重建是最为重要的阶段，研究地震灾后重建，对于防灾减灾具有重要的意义。

二　德宏州盈江县地震灾害个案

（一）2011年的盈江地震

2011年3月10日12时58分，云南省德宏州盈江县发生5.8级地震，震源深度10公里；13时03分、13时04分，又连续发生了4.7级、4.5级地震，震源深度10公里。陇川、梁河、瑞丽和

---

① 王景来、扬子汉编著《云南自然灾害与减灾研究——献给国际减灾十年》，云南大学出版社，1998，第49页。

② 王景来、扬子汉编著《云南自然灾害与减灾研究——献给国际减灾十年》，云南大学出版社，1998，第48～49页。

芒市等县（市）震感强烈。国家减灾委、民政部于3月10日13时30分紧急启动国家四级救灾应急响应；15时30分，根据灾情发展情况，国家减灾委、民政部又将四级救灾应急响应提升为三级；云南省减灾委、云南省民政厅启动二级救灾应急响应。据统计，地震灾害共造成盈江、陇川、梁河、瑞丽、芒市5个县（市）7.69万户35万人受灾，紧急转移安置12.71万人，死亡25人、受伤314人（其中：重伤134人，轻伤180人）。房屋倒塌3628户18445间、严重损坏11468户55345间、轻度损坏22483户97769间。道路、水利、电力、教育、通信、厂矿企业和办公大楼等基础设施严重受损。其中，盈江县因灾造成全县6.06万户28.25万人受灾，紧急转移安置12.71万人，死亡25人、受伤314人，房屋倒塌3613户18402间、严重损坏9855户49130间、轻度损坏13891户68590间。[①] 在25个死亡人员中，有2名学生是由于校园内简易澡堂倒塌而造成的死亡。[②]

灾情发生后，时任中共中央总书记胡锦涛、国家副主席习近平、国务院副总理回良玉等做出重要指示，民政部副部长姜力带领由民政部、发改委、教育部、财政部、交通运输部、地震局等部门组成的国务院救灾工作组紧急赶赴灾区；云南省委、省政府高度重视，省委书记、省长都做出重要指示，李汉柏书记、李江副省长率民政、地震、建设、财政、教育、卫生、交通等部门人员组成的工作组赶赴盈江地震灾区，指导抗灾救灾工作。救灾行动由此展开，至3月15日，在短短的4天之内，当地政府就通过搭建帐篷、临时棚和投亲靠友、公房安置等方式共转移安置受灾群众12.71万人，共设置安置点771个，其中：帐篷安置点108个，安置灾民12186户58494人；临时安置点660个，安置受灾群

① 《德宏州盈江县发生5.8级地震灾情快报（十九）》，云南省民政厅官网，http://yunnan.mca.gov.cn/article/ztzl/yjdz/。

② 《云南省中小学校舍安全工程领导小组办公室关于立即开展校舍安全隐患排查整改工作的通知》，云南省教育厅官网，http://www.ynjy.cn/chn201001201824581/article.jsp?articleId=575893，2011年4月1日。

众9449户40378人；公房安置点3个，安置受灾群众60户249人；投亲靠友28015人。社会各界通过各种方式捐赠钱物，4天之内云南灾区共收到社会各界热心捐款5832.2394万元。

地震急救阶段并不长，在救灾结束之后就转为重建阶段。4月1日，云南省政府在德宏州芒市召开盈江“3·10”地震恢复重建工作会议，决定筹措55亿元资金，用5年左右的时间，通过恢复重建和发展提升两个阶段，实现五个结合，实施十大工程，努力建设一个美丽富饶的新盈江。会议决定对农村居民住房倒塌或严重损坏需重建的，每户平均补助2万元；对城镇居民住房倒塌或严重损坏需重建的，每户平均补助2.5万元；对低保、五保、孤残、重点优抚对象等特困人员，每户再增加8000元；其余损坏需修复加固的，每户补助2000元。会议要求确保2012年春节前受灾群众全部搬进新居，恢复重建的时间被定为10个月左右。①

盈江地震的震中位于弄璋镇和平原镇一带。弄璋镇飞勐村委会的贺哈村、允帽村和平原镇勐丁村委会的拉勐村受到的损失最为严重，据统计3个村子中绝大多数的房屋已经倒塌。盈江县城也受到了严重的损失，绝大部分的大楼出现严重损毁。当地地质局干部认为，此次损失巨大的原因是在3月10日前发生过4次4级以上的地震，之前的地震已经把很多的建筑物震得相当脆弱了，发生5.8级地震时，那些脆弱的建筑物就倒塌了，有些伤到了人并造成较大损失。地震发生后，党中央、国务院非常重视，时任国务院总理温家宝亲临现场，云南省委省政府主要领导及德宏州政府的党政领导也多次到现场指挥救灾和恢复重建工作。由于此次地震发生在白天，又在农忙时节，村民都在田间劳动，所以没有造成大量人员伤亡。

笔者是在地震半年之后到盈江县进行调查的。在盈江县城，

① 《省政府“3·10”盈江地震恢复重建工作会议在芒市召开》，云南省民政厅官网，http://yunnan.mca.gov.cn/article/ztzl/yjdz/。

笔者看到，有很多倒塌的房子和受损的建筑物和墙壁，有的办公大楼受损程度较严重，窗子上掉下的玻璃碎片满地，墙上到处是裂痕裂缝。有的地方自从地震之后就没有打扫过，很多房子墙壁上都写着“危险，请勿靠近”字样，街道上到处是灰尘碎石，就好像地震是几周前才发生的一样。据县城居民介绍，地震发生之后还是余震不断，虽然震级不大，但是仍然给人们带来不安全的感觉。盈江县人民政府的办公大楼受到地震的影响，虽然没有明显的倾斜，但各部门都不在办公大楼里办公了，民宗局、史志办、统计局等都搬到了城外的简易房里办公。笔者费了很多的时间，询问了很多人，才在城外的简易房里找到了民宗局。在这样的特殊时期，各部门的工作都与救灾有关。

在民宗局领导的帮助下，笔者当天就到了受地震影响损失最为严重的弄璋镇飞勐村委会的贺哈村、允帽村和平原镇勐丁村委会的拉勐村进行走访，此次走访虽然只是认路性质的，但为笔者后来的调查打下了基础。在初次的调查中，笔者所访问的人员几乎都不愿意多交流。贺哈村的小组长，骑着一辆摩托在村中见到了笔者，在打了招呼、相互介绍之后，开始谈论地震灾害的问题，但是，刚刚谈了几句，小组长就说他有事骑着摩托车离开了，这使笔者意识到调查需要自己一个人进行，所以，我们在村子里简单走了一圈之后就回县城了。

接下来的日子笔者就开始了在3个村子的调查。当时正好是再生稻成熟的季节，很多村民在村道路上晒再生稻，有的人家是晒谷子，有的则是晒谷叉，谷叉上的谷子还没有打下来。村民们说，由于无法种小麦，就养再生稻。再生稻也比较简单，不需要再次播种，只要加强后期管理即可，如在新苗长出来的时候施肥，不让水牛等牲畜进入田中，以防止再生苗被牛吃掉。村子中几乎所有的人家都在破竹篾，这些竹篾长约1.8米，呈现扁平状，目的是为今后砍甘蔗做准备，傣族人用这些竹篾捆甘蔗。村民说，一捆甘蔗需要2片竹篾，一般的人家都需要准备2000片左右的竹篾。这个地区的傣族人外出打工的并不多，因为每家用于种甘蔗的田地较多，村民说忙田地还忙不过来，没时间出去打工。正因如此，重建时期的村子里，摩托车你来我往，所忙之事大多与恢复重建和农活有关。村中男人有的到恢复重建的工地上当监工，有的到田地中忙农活，还有的在村中盖房子。所以，破竹篾就成了老人和妇女们的事情。村子中倒塌的房子很多，有的房子不能再住人了，有一家人还在老房子的地址上建盖起新的竹房，这种房子看上去很简单，所有的柱子、横梁等都是用大小不同的竹子相互连接在一起，房顶用钢瓦覆盖。笔者问一位村民为什么在建设搬迁新房了，还要继续建盖彩钢瓦房呢？他说，搬迁房那里不够，新房子可让年轻人去住，老年人住在老寨子。他还说："我们又不是干部，光住在那里吃什么？"

在贺哈村，笔者看到了民政部门发放的帐篷，但帐篷里已经没有人居住了，有的人家在里面还堆放了一些东西。让笔者有点奇怪的是，有的人家门前有帐篷，有的人家则没有，可能是已经拆除了。然而，很多村民仍然住在临时板房中，这种板房的墙用竹篾编成，屋顶则用彩钢瓦建盖，每间板房约30平方米。地震发生之后，所有的村民都居住在这里，人少的家庭有一间屋，人多的家庭有两间屋。村民在这里居住了好几个月，后来，由于板房狭窄又不方便，一些村民就回到家里居住了，有的人家则用民政部门发的帐篷搭建在空旷的院子中，这样不用到村边居住，比较方便。另外，村民认为家中没有人住也不行，因为大部分的财物都在家中，需要有人看管。村外的板房也是救灾部门搭建的，但是，竹篾编的墙容易被虫吃，一段时间之后那些被虫蛀了的地方就会产生竹灰尘，非常不便。竹板房的墙上还能够看到一些标语，有的是鼓励性的，有的是感恩性的，有的是普及卫生知识的，内容不一。据村民介绍，临时住房一开始不是用彩钢瓦建盖，而是用塑料布遮顶，那种感觉一点都不好，后来采用彩钢瓦盖的，好了一点。尽管如此，临时住房使用竹子编成的墙，风很大，晚上就感到很冷，特别是下雨的时候，风一刮，雨水就会顺着竹缝飘进来，淋湿了屋里的东西。笔者的信息提供者之一岳先生至今还住在临时房中，他说晚上很冷，但是家里又不敢睡，只好住到板房里。他们家里当然也盖了临时的避灾房，但是有儿子和儿媳住。在临时住房里，笔者看到了两个年轻的女子，带着小孩，她们告诉笔者她们一直住在这里，晚上特别冷，要盖三床被子才行。当然她们不在这里做饭，做饭在村子里。

然而，大部分板房都是空空的，没有人居住，说明大多数村民都已经搬回村里了。有的人家有新建的水泥平顶房，除了应急阶段必须住在板房里外，他们坚定不移地住在自己的家中，他们是村中比较富裕的人家，认为原来的村寨很好，没有必要搬迁到一个新的地方。另外，他们的新房子也刚刚盖起来，不仅没有钱重新盖房子，也觉得不划算。还有一些住在村中的村民，他们的房子也是水泥平顶，但是盖起来有好几年了，地震将他们的房子震裂了，所以，他们虽然搬回家里住，但信心不足，担心会再次发生地震。还有一些人家的房子完全被震垮了，他们虽然居住在村中，但居所是自己搭建的简陋的临时瓦房，非常危险。

即使是在地震很长时间之后也能感觉到地震的严重性和给村民造成的损失。笔者走进村里，看到了很多倒塌的房子。据村民讲，地震当天，大多数的村民都不在家，在田里砍甘蔗，这就是这次地震虽然倒塌的房屋很多但是伤亡人员并不多的原因。地震发生后，劳动中的村民都跑回村子看自己家的情况，当他们回到村中时，发现整个村子的道路都被倒塌的房屋给阻挡住了，根本没有办法回家，他们是克服了很多困难之后才到家的。Y 先生是笔者的信息提供者，他对笔者说：

地震的时候我不在家里，而在村外，当我回到家里时，看到大门倒塌了，挡住了村里的道路。那些没有倒下的房子墙壁也快要倒下来了，有的悬在空中，非常危险，我忙着去牵牛，墙壁还是倒下来了，打伤了我的脚。第二天，部队的人来了，帮助我们将那些没有倒但又非常危险的房子和墙壁推倒，这是非常讲究技术的，我们一般都不会做，只有让部队的人去做。

另一个村民对笔者说，地震时他在家里，那时他感到地基在下沉，地下水喷出1米多高。地震之后当地技术人员还到他家进行了检查，在水冒出来的地方用砖砌成一个小圈，不让人踩踏到那里。他还说2011年真的太奇怪了，一直在地震，有时候一天震七八次，这种情况在以前就没有发生过。

拉勐村的情况与贺哈村和允帽村的情况相似，但是，这个村子是震中，因此被认为是此次地震中受灾最重的村子。当然，由于大多数村民不在家中，也没有造成人员伤亡。有的村民虽然在家中，但幸运的是他们没有受伤。笔者的信息提供者J先生说，地震的时候，他刚刚去睡午觉，上了床，但是还没有睡着，突然房子晃了起来，他立即跑出来，地震结束后又回到家中，看到了床上有很多砖头，而且床上全部是灰尘。所幸，当时村民大部分都在砍甘蔗，几乎都在村外，所以全村没有人员伤亡。有意思的是，J先生的房子在恢复重建中没有被推倒，村民认为要保留一间地震时受损严重的房子作为纪念，J先生家的房子由于在村子边上而被选中。笔者参观了这间保留下来的房子，看上去非常危险，虽然没有倒塌，但是很多参观的人员都说不敢进去看。

拉勐村的板房与贺哈村和允帽村的板房几乎是一样的，都是建在村边空旷的场地之内。但是，仔细观察，这里的屋顶是用油毛毡盖成的。板房的墙仍用竹片编成，村民每家人都有一小栋，估计有三十多平方米。房子盖起来近8个月了，所以，这些竹子做的墙体上到处被虫蛀，留下很多竹灰尘，当风吹来的时候，竹灰尘到处飞，有的人可能过敏，会感到很难受。另外，这些简易房在下雨的时候还漏雨，而在刮风的时候，竹子做的墙不密封，凉风从篾缝中吹进来，冷气袭人。于是，有的村民就用床单或者塑料布来遮风。由于临时板房有很多缺点，所以，很多村民都希望工程能够完成得早些，这样就可以早点搬进新家。

总体上看，盈江县“3·10”地震的震中虽然在傣族村寨，但农村房子和其他财产都不值钱，评估后的损失并不大；相反，县城的房屋虽然倒塌的少，但很多建筑物都成为危房。因此，盈江县城的恢复重建支出远比傣族村寨的恢复重建支出多得多。傣族村寨的重建采取了“统规统建”（统一规划设计，统一施工）、重建费用由政府和村民共同负担的方法。

（二）盈江地震后的恢复重建计划

盈江地震的损失主要发生在弄璋镇飞勐村委会的贺哈村、允帽村和平原镇勐丁村委会的拉勐村，其他村寨虽然也出现了一些损失，但是没有上述三个村寨严重。所以，政府的恢复重建计划主要围绕这三个傣族村寨进行。与其他地区的恢复重建计划相似，这三个村寨的恢复重建是以“统规统建”的方式进行的，即政府统一规划设计和施工，经费由政府和村民共同承担。在新村选址方面，平原镇拉勐村在原来的村寨地址重建，而弄璋镇贺哈村和允帽村则由于原来的村寨地基不稳而另择地址，新址距离原来的村寨约3公里。因为地质学家经过研究，认为这两个村寨距离大盈江只有100多米，由于建寨时间久远，两个村寨的地基已经严重沙化。虽然村寨与大盈江之间建设了河堤，种上了很多竹子，但是，两个村寨实际上是建立在大盈江的沙滩堆积层上，地基松软，如果要在这个地点进行恢复重建，地基就无法支撑房屋的重量，新的水泥平顶房可能会出现下沉的情况。为了避免再次地震时发生危险，他们必须搬迁，村民同意搬迁到政府选定的地址。

拉勐村和贺哈村的新村实际上是在盈江县至德宏芒市方向的主干道上，这种情况有优点也有缺点。优点是交通非常方便，进城的时候只要在村子边上就可以坐交车入城，不像原来的村寨需要走差不多2公里的路程才能到公路边；缺点是由于村寨建设在道路边上，每次从原来的村寨或者劳动之后进入新村都要穿过公路，而这一段的主干道不仅开阔而且笔直，在这样的公路上行驶的汽车都不减速，这对于村民来说具有交通上的安全风险。

据介绍，搬迁点共8.67公顷，约130亩，共安置161户，每户宅基地面积250平方米。其中，贺哈村震损96户，规划101户；允帽村震损58户，规划60户。此外，还有两个村寨的活动室和会议室，所有的房屋列入统一的建设规划中。村民的房屋有三种户型，A户型只有一层，总面积89.72平方米；B户型一楼一底，总面积156.47平方米；C户型也为一楼一底，总面积158.28平方米。村民可以根据自己的家庭经济情况进行选择，一般情况下是困难户和经济基础较差的人家选择A户型，经济状况较好的人家选择B户型和C户型。由于贺哈村和允帽村属于不同的村民小组，两个村寨原来就不连接在一起，所以，新村规划中两个村子仍然分开，靠近县城的一边为贺哈村，而另一边为允帽村。

建设的费用是这样安排的，政府负责搬迁中需要的所有建设用地的费用，包括通水、通电和道路设施所需要的一切费用。但是，村民也要参与承担当中的两种费用——地皮费和建设经费。

笔者到贺哈村和允帽村调查的时候，恢复重建施工已经开始了。在工地上，笔者看到了一片忙碌的景象，卡车出出进进，挖机你来我往，施工者有外地人，也有当地人。工地上，小工们正在砌石脚，这里的砌石脚方法与传统的方法并不一致，传统的方法是先挖地基墙，挖到有硬土时就开始砌墙，但这里是先把农田里的软土拉走，再拉来夹沙石填上，并压平，然后再在填平的土地上砌墙。石脚要砌三层，第一层宽度为1.4米，第二层宽度为1.0米，第三层宽度为0.8米，三层加起来高度为2.0米，空隙部分用土填平，然后才在上面砌砖墙建房，这样的建筑设计应该是非常坚固的。

然而，施工的情况在村民看来并不可信，几乎所有的人家都到自家的工地上监工，因为村民怕施工人员偷工减料。所以，不仅来看工人施工，大多数情况下村民还亲自参与施工过程。笔者询问了一个姓Y的村民，他是这样解释的：

> 我是来这里当监工的，因为这里是我家的房子，下石脚是非常重要的，我们每天都必须到这里检查施工的情况。如

果主人家不来，这些小工不认真施工，质量上就会出问题。我们村里很多人家的石脚都出了问题，并且返工了。出现的问题主要是小工们没有把足够的水泥浆灌到石头缝中，所以，我每天都来这里监督。我们村里每家都来，一家来一个人，监督施工者，当他们把水泥浆倒在石头缝里的时候，我们就用木棍插入石缝中，让泥浆渗透到每个角落。

我们的房屋重建承包给了一个大老板，然后他又转包给很多小工头，小工头又叫很多小工来施工。尽管是根据图纸施工，但这些小工都是临时找的，各个小工头自己找自己的小工，有的包工头找不到好工人，加上（工人）来自不同的地方，技术都不过关，这就会出现问题。所以我们必须每天都来当监工，早上他们上班了，我们也就来了，他们下班了，我们也回去吃饭。我们都是免费的小工。当然，工程单位也有技术监督人员，并且有七八个人，负责所有的工程，但他们还是顾不过来。当然，他们都非常有礼貌，如果发现了问题，只要跟他们说，他们就会叫小包工头们返工。工人们不听我们的话，他们只听老板的话。

施工工作是非常忙碌的，小工们有的砌墙，有的填石头，有的在石脚上浇灌水泥浆，而村民则在指挥小工哪里需要固定石头、哪里的水泥浆不够等，等到小工倒上水泥浆之后，村民再用木棍插入石脚上的空隙，使水泥浆泄到石缝中。Y 先生一边讲，一边做工作。他认为小工的技术不过硬，工作也不够认真，为了避免出现质量上的问题，只好自己出面，几乎所有的人家都有一个人在这里当监工。村民这样做有足够的理由，他们列举了很多质量问题，而最主要的问题是小工们没有把足够的水泥浆灌到石头缝中，很多人家都进行了返工。从 Y 先生的话中可以看出，村民在恢复重建中处于被动的地位，虽然当地政府还是认为要尊重傣族的传统文化和习惯，但是涉及具体问题的时候也有执行不到位的情况，正如村民所说的那样，“他们根本不来跟我们商量，只是拿三种图纸来直接叫我们选择。”由此可以看出，灾害搬迁所导致的文化变迁就是从这些细节开始的。虽然贺哈村和允帽村都在一个搬迁地点，但是两个村寨是分开的，贺哈村的村民居住在一起，允帽村的村民居住在一起。

与贺哈村和允帽村的情况相似，拉勐村的恢复重建也在紧锣密鼓地进行着。笔者多次到拉勐村调查，发现这里与贺哈村和允帽村也有一些不同的地方。因为这里是在原来的村子进行恢复重建，所以，比较符合村民的心愿。全村除了几家之外，大部分人家都是把原来的房子推倒重建的。村内的施工虽然看起来很忙碌，但进度不统一，有的人家已经开始封顶，有的人家还在砌墙，有的人家石脚墙尚未完成，还有的人家还没有开始建。村寨旁边设有建设指挥部，一般人员不得进入，工程施工人员来自四面八方，其中又以讲四川话的人居多。

村寨里有很多的施工人员，目前的主要工作是砌墙，都是由承建公司负责的。在施工的人中，笔者一眼就能够看出哪些是傣族村民，哪些是外来的施工者。但是，该村的情况与贺哈村和允帽村的情况不一样，村民是来给工地打工的，主要是为自己家施工的那些人当小工。村民说，几乎所有人家都会派人到工地上打工，这有两个好处——得到收入和监督质量。因为现在工期很紧，而老板们一时找不到很多的小工，如果村民来了，就请他们帮忙，由于是盖自家的房子，村民干活很卖力。村民到工地上帮工，主要是搬砖头和提沙灰，小工早上 7 点上班、中午 12 点下班，下午 2 点上班、6 点下班，工资每人每天 65 元。还有的人家承包了运送砖头的工作，将每块砖头从拉砖汽车卸货的地点搬运到施工现场可以得到 0. 04 元，傣族妇女们每次搬运 9 块砖头，共 0. 36 元。傣族妇女们说，与搬运甘蔗相比，这里更划算，搬运甘蔗时每捆是 0. 40 元，但甘蔗很重而且路程很远，而搬运砖头的距离只有 5 ~ 10 米，因此，搬运砖头赚钱更多。当小工的另一个好处是可以监督工程质量，特别是监督所使用的砖头质量是否合格。一个村民在笔者面前一面讲一面拿起地上的一块砖头，用手轻轻一弄就弄断了，随后又拿起一块来，用拳头敲下好几个碎片。他把砖头递给我，我用拳头一敲，砖头上就掉下了好几片，质量确实不是很好。他指着一堆砖头对笔者说：

> 这些砖头是不合格的，被我拣出来了。砖头是总公司统购的，不属于小老板们各自进货，但是，这些小老板也是很好商量的，如果发现质量不合格的砖头，只要跟他们说了，他们就不再使用这些有质量问题的砖头。我们可以一边搬砖头一边进行质量检查，而那些施工者也因为主人在身边而工作更加细心。

来工地上打工的村民不一定都是成年人，在星期六和星期天，那些正在读书的学生回到家里之后也来到工地上，帮助提水、搬砖。笔者询问了一个初中女生，她说自己几乎每个周末都会来帮忙，这不是由于想挣钱，而是因为盖的是自己家的房子，所以就来了。她说学校里也上躲避地震方面的课程，是“3·10地震”之后才开始的。在工地上能看到这样的孩子，他们和成人一样，在工地上帮忙，为的是早日搬进新家。在2012年初，新村建好之后，人们开始陆续搬入新房。

（三）傣族村民对新村的文化回应

为了了解傣族搬迁之后的文化适应和变迁，笔者又在2014年7月到贺哈村、允帽村和拉勐村进行了为期一周的调查，同时查看灾后恢复重建可能存在的后续问题。在贺哈村和允帽村的搬迁地点，一个崭新的村寨展现在面前，公路旁边成排的别墅，外观是金黄色。整群别墅具有傣族特色，在阳光下特别能显示出其辉煌的特点，十分壮观。所有从这里经过的人，一眼就能看出这个村寨与周边村寨之间的区别。在贺哈村和拉勐村的搬迁村寨，笔者见到了之前采访过的很多老朋友，他们的房子已经盖好并且已经搬进了新房。看得出来，他们还是满意的，虽然距离田地较远，但是，年轻人喜欢现在的住房。

在接下来的日子里，笔者在新村和老村进行了观察、走访。本来认为既然搬迁了，老寨子就不会有人了，因为那里太危险，但事实上不是这样，贺哈村和允帽村的老村都有人住，当然是老年人居多。虽然这几年来一直有地震，但是并没有影响老年人住在老村的决心。原因主要是新村不让养牛、猪、鸡等牲畜和家禽，而老村刚好适合养这些。但是，如果没有人在老村看管，这些牲畜和家禽就会被偷走。另外一个原因是，老寨的房屋虽然都是危房，但是政府并没有强制将其推倒，笔者认为这是当地政府做得很好的地方，强行推倒可能带来另外的矛盾，风险摆在那里，村民自己会有判断。很多干部认为村民不知道风险，其实村民非常清楚，他们对居住在老寨还是新村有清楚的判断。所以，除了个别的老人需要看管牲畜、家禽之外，几乎所有的村民都居住在新村。有的人家只是劳动的时候在老寨做饭，有的是居住在那里，有的则在那里临时避雨或者休闲。但是，由于新村和老寨都比较近，老寨还是人来人往，没有那种被丢弃的荒凉感觉。在老寨里，笔者经常碰到曾经采访过的 Y 先生，每次见面我们都感到很亲切，相互聊天，谈论各种问题。当笔者问他为何喜欢住在老寨时，他说因为在新村睡不着，公路旁边太吵，每天晚上只能睡 2 个小时，加上新村太热，又没有水洗澡，还是老寨比较方便，新村就让孩子住。

在与很多村民交谈之后，笔者把村民认为目前新村存在的一些问题整理如下。

首先，新村的房屋不同程度地存在质量问题。有些房子漏雨，有的房子还没有搬迁就开始漏雨，有的则是搬进来之后开始漏雨的，漏雨之后，村民找施工方来解决。房顶漏水主要是屋顶浇灌时的质量或者施工造成的。工人浇灌时不认真，又都在夜间进行，会影响质量。还有个别人家，除了屋顶漏水之外，墙上也出现了裂缝，这种情况虽比漏雨情况少。笔者在村民的带领下，查看了大部分有问题的房屋，发现确实墙上有裂缝和墙壁间漏雨后留下的痕迹。

其次，新村有一定的安全隐患，主要表现在两个方面：一是小偷多，二是横穿公路很危险。村民认为，以前傣族村寨没有那么多的小偷，但新村在公路边，经常被偷，也抓不到小偷。另外，村民外出劳动都要穿过公路，这段公路非常直，又是二级公路，汽车开得非常快，穿越公路很危险，特别是老人和小孩。

最后，生活上存在一些不便。第一是新村经常停水，有时候会停好几天，最长的一次停水 7 天。新村不让打井，因为这里原来是鱼塘，土地是填起来的，如果打井的话，会影响到村子地基的安全。村民们不得不到老村挑水，这样实际上是加大了劳动强度。第二是新村不让养猪、鸡、牛、鸭、鹅等，这是非常现实的问题，因为大多数农民的肉食依赖家禽，不让养家禽牲畜的话，日常的肉类食品就减少了。于是，村民就在老寨养家禽牲畜，以便解决日常的肉食需求。但新的问题又出现了，那就是村民必须有人居住在那里，不然就会有小偷来偷，但居住在老寨其实是危险的，房子已经是危房了，不安全。第三是距离田地太远。搬迁新村与田地之间的距离在 2～4 公里，村民只有骑摩托车去劳动，那些不会骑车的老年人只好走路，差不多需要 1 个小时。家里需要的蔬菜要到原来的菜园子里去摘，生活不太方便。

与贺哈村和允帽村的情况相比，拉孟村的情况就好得多，房屋漏雨和墙壁上出现裂缝的情况也有，但是很少，由于是原地重建，没有出现搬迁中的问题和矛盾。而且这个村寨的道路非常宽，村内道路也都足够小车错车通行，所以，村民对新村非常满意。一些外村人说他们是因灾得福，按他们自己的能力，几辈子也不可能建成这样的村寨。

总结盈江县三个傣族村寨的灾后恢复重建情况，除了房屋质量，基本上都是一些小问题，政府只要稍加注意就可以解决。笔者认为，如果跟其他地方的灾民相比较的话，他们还是很幸运的。笔者对贺哈村和允帽村调查时发现，它们的“统规统建”存在基本问题和矛盾。文化变迁的问题也是存在的，因为这些房屋建筑与周边的傣族村寨完全不一样，是一种别墅式的建筑，有鲜艳的颜色，也是一种标志，人们一看就知道这几个寨子是地震时期损毁严重的，是在政府的帮助之下得到恢复重建的。房屋设计不是按照当地傣族的传统模式，而是设计者根据自身对傣族文化的理解和印象设计出来的。新房的最大变化是生活方式，如不用柴火而用电磁炉做饭，不养牛、猪、鸡、鸭等，虽然都是些小问题，但恰恰是云南农村最重要的元素，如果乡村人家不养猪、鸡、牛、鸭的话，那对他们来说是难以想象的。所以，生活方式的改变带来文化上的变化，傣族人对这种方式的适应可能需要一个长期的过程。

（四）盈江县的后期地震

盈江县处于地震带上，经常发生地震。2014 年 5 月 24 日 4 时 49 分，盈江县卡场镇（北纬 25.0 度，东经 97.8 度）发生 5.6 级地震，震源深度 12 公里，震中位于卡场镇坝村一带，距离县城 34.6 公里。6 天之后的 5 月 30 日 9 时 20 分，在同一位置，再次发生了 6.1 级地震，震源深度 12 公里，两次地震叠加，全县受影响共 16 个乡镇、93 个村委会，有 40249 户 176831 人受灾。此次地震没有造成人员死亡，共 60 人受伤，当地设立了 45 个安置点，转移安置 45621 人，直接经济损失 22.38 亿元。[①] 盈江县 2014 年“5·24”“5·30”地震有如下特点：一是地震中心位于山区，地质结构复杂；二是地震级别虽然不高，但是持续时间长，多次叠加，灾害波及面广；三是地震发生在边境少数民族人口较多的地区；四是与上次地震间隔时间为 3 年，县级财政保障能力薄弱。

关于 2014 年地震的恢复重建问题，当地政府认为，这次地震的重灾区是景颇族、傈僳族聚居区。老百姓建盖一栋房子需要 7 万～10 万元，但是，国家补助只有 2 万元，这些少数民族的人均年收入只有 1700 多元，根本无法拿出 5 万～8 万元来进行重建，而地方财

① 当地政府提供。

政也无力支持，造成灾后恢复重建上的困难。

重建需要把当地文化和技术结合起来。根据当地的实际情况，只能是建设木结构房，因为村民普遍散居、不集中，通过建筑公司承包来建设的方式存在问题：大公司有技术，但又不会来建设农民的房子；小公司愿意来，但没有技术，特别是不具备建设当地木结构房的技术。所以，只能是村民根据当地的情况，融入地震安居房的要求进行重建。另外，恢复重建的时间需要放宽一些，不能以“春节前必须搬进去”等来卡期限，这样会出现很多的问题，如果重建时间放宽一些，就可以避免很多的问题，特别是材料和质量上的问题。

然而，此次地震在县城中没有造成人员伤亡，人们也不惊慌，表现得很从容。以前，一碰到地震，人们就会搬迁到房屋外面睡，但是现在即使发生了6.1级地震，人们也不惊慌失措。这种情况的出现有几个原因：首先是政府的宣传起到了作用；其次是盈江县的应急演练有了效果；再次是学生在每个学期的开学和“5·12”当天都要进行防震减灾演练，增加了很多常识和应对技能。通过学习、宣传和演练，人们的防灾意识和素质都提高了，发生地震时就不惊慌了。

三　楚雄州姚安县地震灾害个案

（一）2009年的姚安地震

2009年7月9日19时19分，云南省姚安县（北纬25°36′，东经101°06′）发生6.0级地震，震源深度10公里，震中位于姚安县官屯乡官屯村—马游村一带。地震造成1人死亡，31人重伤，341人轻伤，影响人口201739户803206人，灾区内各类居民房屋和教育、卫生等公用房的破坏总面积为8485767平方米，其中毁坏（含严重破坏）849580平方米，破坏（含轻微破坏）7636187平方米，已无修复价值或修复价值不大的面积为2224709平方米，房屋建筑直接经济损失为170630万元。地震还造成公路路基、路面、桥涵、挡墙等交通基础设施被破坏，电力系统的设备及线路受损，通信系统线路及仪器设备受损，水厂设施、供排水管网及其他市政设施受损，水库、沟渠、输水管线、水窖等水利工程设施遭到不同程度的损坏，烤烟房和烟叶损坏，部分文化旅游设施不同程度受损，以及家电、家具、家禽、车辆等损失，直接经济损失21.541亿元。[①]

姚安“7·09”地震发生在官屯乡的马游村委会一带。官屯乡是姚安县的一个山区乡，有8个村委会（包括4个坝区村委会和4个山区村委会），103个自然村。全乡总面积274.61平方公里，是县内最大的乡镇，最高海拔2893米，最低海拔1682米，平均海拔1980米。官屯乡有4083户16255人，其中少数民族6654人，占总人口的40.9%。马游村委会面积58平方公里，距离县城24公里，平均海拔2529米，村委会所在地海拔2250米，平均气温12度，降雨量为1100毫米，森林覆盖率为75%。马游村委会有8个自然村，共14个村民小组，即大村、小村、罗家、大自、小自、郭家、王家、小骆、义学村、山后村、麻姑地、吊索箐、田房、独房，全村有581户2147人，其中彝族人口占98%，为中部方言彝族罗罗支系。马游村委会村民以种植水稻、小麦、玉米等为主。全村耕地面积3061亩，人均耕地1.43亩，林地面积75110亩。2012年全村经济总收入953.57万元，农民人均纯收入4576.76元。

据村民介绍，地震的时候是下午7点左右，这个时候农民尚未收工，有的在田地里劳动，有的在菜园子里浇水，有的在找猪食，大家都想在天黑之前把手中的活计做完。正在这时，地震发生了，由于大多数人不在屋内，伤亡较少。加上这里的彝族房子是木结构框架土坯房，有一定的耐震性能，有的房子出现了裂缝，有的虽然墙也倒了，但房子整体并没有倒。然而，很多村民都很惊慌，

① 此段数据来源于中国地震局网站，http://www.cea.gov.cn/publish/dizhenj/468/549/index_3.html。

有的村民说地震之后，夜里有大车过来的时候，他们都会认为是发生地震了，说明地震给村民造成的影响很大。

地震发生后，云南省人民政府立即启动了应急预案，省委、省政府立即派救灾组赶赴灾区，开展灾害援救工作。据村委会提供的资料，马游村在该次地震中受到了很大的损失，全村民房倒塌99间，损坏5431间，涉及568户人家，其中重度损坏171户、中度损坏373户、轻度损坏24户。如果按村民小组受灾情况来看，吊索箐和麻姑地两个村民小组受灾情况最为严重。吊索箐小组房屋倒塌2户、中度损坏75户，占小组总户数的94.9%。麻姑地小组房屋倒塌4户，占小组总户数的7.1%；中度损坏35户，占小组总户数的62.5%。

地震发生之后，很多村民感到惊慌，由于当地的住房都是土坯房，这种房屋极其脆弱，即便地震的震级不高，也会发生倒塌。在政府的救援和帮助下，很多的临时帐篷建盖起来，村民统一居住在临时帐篷之中。

马游村委会有14个村民小组，每个小组至少有2个灾害避难点，吊索箐由于村寨大，有3个避难点，民政部门发放了70顶帐篷，所有村民都必须居住在帐篷之中。一位村民说：

> 我们每天都居住在帐篷里，所有的活动都在帐篷这边，家里只有需要的时候才回去，即使回去，也是马上就出来，不敢在家里多待一会儿。我们把所有的生活必需品都搬到帐篷中，如米、油、肉等。但是，家里的牲畜和禽类还在，每天需要回家喂猪、鸡等，但必须很快完成，然后返回避难点。我们的生活用水是通过水管压到避难点周围的，需要村民自己去挑。不太方便的是上厕所，基本上都是回自己家上厕所。

最让人感动的是部队离开的时候，几乎所有的村民都自发地来到部队的车子旁边，从家里带来了鸡、肉、鸡蛋以及瓜子等土特产品，送给部队来的救灾人员。村民把鸡、肉等物品强行塞到车子上，部队的人员又把鸡和肉从车上丢下来。最后，在村民的再三请求之下，军人们才带走了一些瓜子。当时很多军人都感动得流泪，村民们对此情景也是记忆犹新。

重建开始之后，村民仍然居住在帐篷里。4 个月之后，天气开始转冷，该地区又属于高海拔地区，晚上经常能听到大风刮来的沙沙声，村民们感到太冷，就想搬回去住了。在这一时期，余震已经变得越来越少了，于是，政府根据重度、中度和轻度的房屋评估数据规定：对于那些轻微损坏的房子，村民可以自行搬回家住；对于轻度损坏的房子，村民在加固之后就可以回家住；对于中度损坏的房子，村民可以在自行修理和加固之后搬回家住；而对于重度损坏的房子，则需要重建之后才能入住，这些村民在帐篷里又居住了半年左右。

（二）姚安地震的恢复重建计划

马游村灾后恢复重建方式有三种：政府“统规统建”、村民分散自建和村民自行修复加固。“统规统建”的重建地点选择在马游村，因为这里距离原来的村寨较近，虽然是坡地，但总体上还算比较平整和开阔，搬迁点共征用土地 205 亩，安排灾民 150 户，灾民主要来自吊索箐村、麻姑地村、黄泥塘村委会半坡村，以及周边其他一些村寨。“统规统建”，即统一规划、统一建设。每栋房屋正房的建筑面积为 80 平方米，一楼有三室一厅加一厨一卫，二楼有三室和一个 20 平方米左右的阳台，阳台主要用来晾晒衣物和农产品。前排房屋交通方便，后排房屋虽然较远，但阳光充足，视野开阔。每栋房屋的建设经费约 10 万元，其中政府出资 3 万元，农民出资 7 万元。村民如果没有钱，政府会协调贷款，已婚家庭可以贷款 5 万元，未婚家庭可以贷款 2 万 ~3 万元。公建部分由政府补贴，包括征地、通水、通电、通路、广场建设费用等。除了正房之外，还有大门、围墙、猪圈等所需经费约 3 万元，也由政府补贴。

恢复重建需要很多土地，其来源主要是耕地，征地是一项极其复杂的工作，马游村的恢复重建所需要的土地是从4个村民小组征用的，共205亩，但是，所征用的土地也是本着政府和村民共同负担的原则进行的，即政府、灾民和普通村民共同负担。政府付给土地所有者一部分费用，灾民也用自己的耕地与村民置换，而拥有土地的村民不能要价太高，需要体现出“一方有难，八方支援”的原则。

村民是否需要搬迁是根据专家的评估做出的安排。在吊索箐的78户村民中，有80%的房子属于重危房，因此，吊索箐村必须整村搬迁到“统规统建”房。而黄泥塘村委会半坡村的17户村民也必须搬迁到马游村。周边村子的村民，包括大村、小村、麻姑村、易学村等的村民，可根据自身意愿以及其经济实力决定是否搬迁。

搬迁到统建点的村民会得到政府补助的3万元（不是现金，而是少交3万元），包括初期补助的2万元和防震安居房补贴1万元，自家再筹7万元，全部交清才能搬进修建的新房。村民在领取钥匙之前，原则上要求交清所欠自筹款。若是家庭确实有困难的村民，则必须向村委会提交“自筹款保证书”的协议，由村委会审批，即村民向村委会保证在2012年12月30日前一次性交清欠款，并按信用社同期利率，承担所欠自筹款在此期间内的利息。村民搬到新的统建点，需要退5分水田，而大村、小村的村民要退6分旱地。不愿搬迁的村民，根据房屋的破损程度进行维修加固，可以得到2000元的补助。

“统规统建”的房屋建设与村民的关系不大，村民只要把自筹款交给建筑公司就行，材料、进货、施工、质量、工程进度等都是政府和公司之间的事情，村民的主要任务是恢复生产生活。然而，尽管“统规统建”点的建设有人在专门监督，质量上还是出了一些问题，据村民反映，这些问题主要包括砂灰比例低、天花板有裂缝等。发现质量问题之后，施工方进行了返工，最后，验收才合格。从目前的情况来看，村民对于施工质量还是满意的，搬迁已经整整5年，没有出现村民反映房屋漏雨的情况，说明屋顶的水泥浇灌质量是不错的。

“统规统建”点按期完成后，具体的房屋分配是通过抽签的方式进行的。抽签用乒乓球进行，在150个乒乓球上标明序号，第一次抽签是抽出分房顺序号，第二次抽签是抽出房号。所有灾民按照抽签方式得到房屋，包括村委会领导亦如此，整个抽签工作透明公正。

除了“统规统建”之外，马游村的灾后恢复重建的方式还有村民分散自建和自行修复加固。对于不愿搬迁的村民，重建方式是分散自建和自行修复加固。分散自建的村民共有52户，每户补助为2万元，但实行分期发放：砌完石脚之后发放6000元，为30%；完成第一层水泥平顶浇灌之后又发6000元，为30%；整间房屋完工并进行装修，检查合格之后再发放剩余的8000元，为40%。贷款的数目和方式与“统规统建”村民一致。虽然是分散自建的房屋，但是，施工进程、材料的规格和质量，以及建筑要求（如砖混结构等）由政府监管，以保证这部分灾民能够在规定的时间内按质按量完成。分散自建的人家在马游村委会也很普遍，笔者采访的ZSH家很有代表性。Z先生的房屋在地震中并没有震倒，但是，多处出现裂缝，经过专家评估之后，被认定为危房，不能再住人。按照当时的政策，他家可以选择“统规统建”，也可以选择分散自建。但是，当时有一种说法是，如果村民选择“统规统建”的话，就要把老房子的宅基地退回给政府，Z先生显然不愿意这样，于是就选择了分散自建。他用自家的一处菜园子作为重建地点，经过政府的批准并测量之后，就开始重建了。他的房子占地面积80平方米，由于自己外出打工时的工作是盖房子和装修，所以，就自己盖房子了，节约了很多钱。Z先生家盖了房子之后，就全家都去浙江打工了，房子让岳母看着，田地也租给弟弟耕种，他希望通过打工来偿还贷款。

自行修复加固的人家每户发放2000元，由政府检查合格之后发放费用。政府的检查又以《“7·09”地震姚安县恢复重建民居加固方案》为标准，此标准以《云南省农村民居地震安居工程技术导则》为基础，对马游村的木构架山墙承担体系房屋和木构架承重体系房屋进行加固。如外围护墙震损开裂的处理方式是用木桩、石片、泥浆修补裂缝，在裂缝处设置钢丝网后用1:3水泥砂浆粉刷；对外围护墙的处理方式是拆除墙体，用毛石支砌基础后采用厚砖墙做围护墙，砖墙与木桩应做拉接。此外，还要对木柱脚与基础、木梁柱节点等部位进行加固。

乡政府到村委会的道路得到硬化。恢复重建中将村道路硬化是重要内容之一。村道路原来是土路，一旦下雨就会变得很滑，运输非常不便，在重建过程中，该道路被硬化，尽管乡村道路仍然属于盘山公路，但是，很多村民对道路上出现的变化感到很满意。

（三）灾区的文化和社会功能恢复

1. 梅葛基地建设

马游村是彝族罗罗泼支系的聚居地，也被认为是彝族史诗《梅葛》的发源地。所以，这里的文化恢复就是围绕着《梅葛》史诗进行的。《梅葛》是彝族四大史诗之一，在彝族文化学界和中国少数民族文学界有深刻的影响。《梅葛》中记载了天地万物的起源、人类繁衍变化和社会发展的过程，特别是其中关于虎演变成万物的记载，被认为是彝族虎宇宙观的主要依据。彝族虎宇宙观的基本内容是天地万物源于虎，如“虎头作天头，虎尾作地尾，虎油作云彩，虎气作雾气，左眼作太阳，右眼作月亮，虎血作海水，虎皮作地皮”① 等。

2005年，马游村被楚雄彝族自治州列入云南省第一批非物质文化遗产彝族传统文化保护区文化名录。2006年，《梅葛》被列入云南省第一批非物质文化遗产保护名录，2008年被列入国家第二批非物质文化遗产保护名录。“梅葛”就成为马游村的代名词。在恢复重建的过程中，当地政府特别建设了“梅葛表演广场”，这个

---

① 云南省民族民间文学楚雄调查队：《梅葛》，云南人民出版社，1959，第12页。

能够容纳数百人的广场，成为马游村旅游开发中的重要组成部分。由于马游村距离县城只有 24 公里，所以，当县里举行重大的活动时，要么就是将马游村村民拉到县城表演梅葛舞蹈，要么就是把县里参加活动的客人拉到马游村进行观看。笔者于 2011 年参加了由楚雄师范学院民族研究所举办的梅葛文化国际学术研讨会，该研讨会主要集中讨论梅葛文化的内涵、象征意义和文化产业开发方法，在会议之后，所有参会人员理所当然地被邀请到了马游村观看梅葛舞蹈的表演。

据调查，这里的彝族人民，无论男女老少，都会唱梅葛、跳梅葛。梅葛舞蹈的种类是不同的，有儿童梅葛、中年梅葛，还有老年梅葛。所以，儿童唱儿童梅葛，老年人唱老年梅葛，年轻人唱青年梅葛，已婚妇女唱女人梅葛，等等。人们总是将生活中的各种不幸、快乐以及故事传说等唱到歌中，大小事情都能够融入歌声和舞蹈中，所以，歌舞一直受到彝族人民喜爱。马游村还举行了“梅葛文化进校园的活动”，编制了“芦笙梅葛课间操”，通过这种课间操来传承彝族芦笙舞蹈和梅葛文化，同时能够让孩子们锻炼身体。

截至 2015 年 1 月，马游村共有 24 个文化传承人，其中有国家级传承人 1 人、省级传承人 2 人、州级传承人 1 人、县级传承人 20 人。马游村通过各种活动，培养出了一些农村艺术家，他们不仅是村中的歌舞积极分子，还组织专业的表演队伍，到县城、州府、省城乃至首都进行表演。更为重要的是该村的文艺积极分子中，还唱出了一位全国人大代表，这位党的十八大代表是云南省唯一的农民人大代表。据说，该人大代表非常喜欢唱梅葛，从小就跟村中的老人学唱梅葛，长大后又积极推广梅葛歌舞。在她的带领下，很多原来不怎么喜欢文艺活动的人，也都喜欢上了梅葛歌舞。作为人大代表，她认为自己不仅要带头致富，还要将本民族的文化传承下去。由于她工作积极，乐于助人，受到村民的喜爱。

从笔者调查的情况来看，马游村的文化重建并不困难，因为灾民并没有搬迁到很远的地方，他们是在家乡重建，没有离开熟悉的土地和群体，也没有陌生的群体迁入，所以，文化原本就是存在的。所不同的是，原来他们居住的是瓦房，而现在住的是平顶房。梅葛歌舞广场的建设和舞蹈队的成立，以及由此带来的政府对民族文化产业的支持，说明马游村文化在重建中得到了拓展，这是让人感到欣慰的事情。然而，不是所有的搬迁地点都能建设梅葛歌舞广场，也不是所有的搬迁村寨都能够得到政府对文化产业的帮助，除了马游村村委会所在地之外，其他的搬迁点就没有获批文化上的项目，这些地方的文化恢复必须依靠村民自己进行。

2. 彝族特色村寨与彝族文化生态旅游村

去马游村的路上，能够看到“彝族文化生态旅游村”的标语，说明马游村恢复重建就是围绕着打造彝族文化生态旅游进行的。到了马游村之后，笔者发现还有另外两个项目对于马游村的恢复重建也特别重要。

第一是彝族特色村寨建设，该项目是国家民委的少数民族特色村寨建设项目的组成部分，马游村在 2014 年得到了该项目的 100 万元资金之后，就开始了民族特色村寨建设的工作，建设了民族广场、文化长廊和用于商品交易的民族特色一条街，同时还修建了水池、垃圾房等。作为民族特色村寨建设的重要内容，该项目为马游村打造民文化旅游奠定了很好的基础。

第二是发展歌舞产业和民族刺绣产业。据村民讲述，马游村在发展民族歌舞文化的同时，还以此为依托，与民族刺绣专卖店和相关公司签订单，然后由村民负责完成。将民族刺绣工艺与产业发展结合起来，是灾后恢复重建中文化重建的一部分。尽管歌舞产业和刺绣产业在马游村的经济结构中仍然不占较大的比重，但是，人们认为，民族文化能够传承下去，这本身就是一件非常有价值的事情。在马游村的民族广场旁，笔者看到了“民族团结进步边疆繁荣稳定示范区”的标志，虽然还没有得到相关的经费支持，但是，这也是他们今后努力发展的方向。

（四）姚安地震对当地村民的长期影响和遗留问题

马游村在经历了地震灾害之后，在很多方面得到了改善，但村民生活仍然存在着很多的困难和不便，地震造成了长期的影响，这些影响，有的是正面的，有的是负面的。笔者认为，地震对村民和社会所产生的影响主要分为如下几种情况。

1. 土地调整和置换

马游村搬迁点涉及4个村民小组100多户人家的205亩土地，被征地的村民希望在土地上得到补偿，但是，村委会又没有多余的土地分配给他们，最终采取的办法是：第一，所有搬迁到“统规统建”点的村民，每户退出5分地给被征地的村民；第二，各村民小组在自己的区域内，把一些荒山荒坡开垦成田地，补助给那些提供土地的村民；第三，在土地补给完成之前，国家按照每年每亩田780元、地400元的价格补助给土地被征用的村民，五年之后，所有征用田地基本上完成补给，费用补助也就停止了。被征用的土地是按照1∶1.2亩进行补偿的，换句话说，被征用1亩土地，今后可以得到1.2亩土地的补偿。但是，对于新开垦的耕地，有的被征者认为，补给的田地距离他们的村寨太远，有的质量又不好，一些村民不想要，在多方努力之下，村民勉强接受。由于土地有限，还有七八户村民没有得到补偿，成为遗留问题。

2. 灾民尚未交清房屋建设费

按照当时的规定，灾后恢复重建采取“统规统建”的方法，每户村民需要出资7万元，剩余部分由政府承担，村民可以交现金，也可以到信用社贷款，但是，150户人家中，还有41户没有交清，有的人家交了1万~5万元，有的人家房子也不要，钱也没有交清或者没有交。没有交清的人家主要来自吊索箐和黄泥塘村，吊索箐有30多户没有交清，有的已经搬入新居，有的没有搬迁，其中有7户还要求退房。这7户人家中，有5户从未交过钱，也没有搬迁。还有2户交了5万元，是通过跟信用社贷款后交了的，他们没有搬迁，也不要房子，所以要求退房。但是，信用社的贷款并没有消除，尽管他们没有要房子，也没有搬迁，但账目还是存在，这使得问题更为复杂化。对于已经交清房款的人家来说，他们认为一些人家没有交钱也同样住进了新房子，这样，矛盾和抱怨就出现了。

3. 村民的耕地与搬迁点之间的距离问题

搬迁点共安置150户灾民，其中，吊索箐村共有78户搬迁户，黄泥塘村委会半坡村安排了17户搬迁户。上述两个村寨属于整体搬迁，此外，有60户搬迁户是周边麻姑村、大寨、小寨、易学等村寨的村民。所有的灾民在搬迁点都没有耕地，他们必须回到原来的村寨耕作。周边的村寨，如麻姑地、易学等村因为搬迁点距离原来的村寨非常近，回家耕作不是问题。但是，吊索箐村和半坡村就有问题了，吊索箐村距离搬迁点有3公里，走路需要1个小时，每天需要走2个小时的时间，村民认为耕作非常不便。笔者在吊索箐村调查时发现，很多村民都没有搬迁，真正搬迁到马游村的村民只有5~6户，剩下的村民要么就是两边都住，要么就是根本不搬迁，有7户村民要求退房。笔者采访的A先生家，既没有交清房款，又不愿意搬迁，他们解释说自己没有钱，只好住在老房子里，并且这边距离田地近，到“统规统建”点太远，来回耕作不方便。A先生家目前有5个人，夫妻2人、2个小孩和1个老人。2个小孩中一个在读小学，一个初中毕业后就去楚雄打工了。他们的经济收入主要依靠烤烟，夏季时会到山上拾松茸，松茸价格为每公斤80~400元，主要种植的粮食作物是玉米、小麦和白芸豆，但这些都不出售，用来喂猪。另外一位Z先生60岁，家中有5个人，除了自己之外，还有女儿、女婿、2个外孙女，大外孙女在姚安读初中，小外孙女在读小学。他们家的房款已经全部交清，但仍然是两边住，老人对笔者说：

由于搬迁点距离田地较远，所以，我们家是两边都住人，我女儿、女婿住在老房子，方便劳动，而我则带着外孙女住在搬迁点，因为小外孙女需要读书，而小学距离搬迁点近。

如果住在老村的话，小外孙女没有办法每天早上走3公里去读书，尤其是冬天这里特别冷，有时还会下雪，需要住在距离学校近的地方。我住在搬迁点还可以做饭给外孙女吃，照顾她读书。到了周末，我和外孙女就会回到老家住，与女儿、女婿团聚，帮他们做饭。我们觉得两边都住是比较好的。

与上述Z先生家情况不同的是，L先生家则不住在搬迁点，但是，他们家的房款也全部交清了，之所以不搬迁是因为新房没有装修。L先生45岁，家中有4口人，除了夫妻二人之外，还有开车的大儿子和在红河学院读大学的女儿。L先生家每年种植3亩烤烟、1亩苞谷和2亩白芸豆。由于女儿在读大学，所以，要攒钱供女儿读书，等到有点钱的时候再考虑装修和搬家的问题。现在主要居住在老村，因为这里距离田地较近，方便劳动。

总结上述三户人家情况，吊索箐村78户人家中：有5~6户村民完全搬迁了，再也不回老家住了；而有7户村民坚决不搬家，他们要求退房；还有一些村民是等待装修，还是要搬迁的。绝大多数人家都与Z先生家的情况相似，即两边都住人，老人在搬迁点居住，方便孙子女读书，而年轻的劳动力在老家居住，方便劳动。他们有一个共同的问题是搬迁点距离田地较远，劳动不方便。

然而，问题更为严重的是黄泥塘村委会半坡村的村民，他们的村寨距离搬迁点约30公里，每天来回耕作需要走60公里，这是不太现实的。但是，他们在搬迁点又没有任何土地，即使是菜园子也没有，这样就出现了很多的生活困难。不仅如此，黄泥塘村的村民认为他们为搬迁付出了代价，因为他们村拿出了500亩的林地，用来置换马游村的土地，据解释，林地置换宅基地的原因是土地征用中的平衡问题。当然这些不是问题的主要因素，主要困难还是耕地与搬迁点的距离问题，这个问题可能将困扰半坡村数代人。笔者与半坡村村民交谈时发现，他们都表现出无奈的样子。例如，LQN先生就是其中一个，他61岁，家中有5个人，分别是夫妇俩、儿子、儿媳和孙子。他说：

我们老两口住在马游村搬迁点，儿子、儿媳住在原来的村子，主要是要耕作。那边要种烤烟，我们在这边带小孩，因为小孩要上学，没有人照顾不行。半坡村在这里住着的有四五家人，都是有小孩的，小孩不读书的话，就不住在这里了。我们虽然没有菜园子，但是，房子旁边空地多，我们都在空地里栽种了蔬菜，足够吃了。儿子经常会来看我们，他骑着摩托车来，大约需要1个小时，坐微型车的话需要1.5个小时。我们回家的时候，坐不到车就走路，我走路回家需要近3个小时，但是，我们不走公路，而是走山路，要翻过一座大山才能到家。我们家两边都在养猪，搬迁点养着2头母猪，而老家那边也养着几头，年猪就是在老家杀了之后带来的。由于孩子不在这里，我们也不知道要在哪边过年，要由儿子一家人决定。

笔者看到了村民LQN对于生活的无奈，搬迁点与老村寨有30公里远，生活极其不便，几乎所有的半坡村村民都面临这个问题。然而，也有例外的。例如，LDS就是其中一个，他们家有6个人，两个老人，女儿、女婿和外孙子、外孙女。如同其他搬迁户一样，他们家也是老人居住在搬迁点照顾上学的孩子，女儿、女婿住在老家劳动，然而，他们是少有的想居住在搬迁点的人家之一。他说：

我们家现在几乎所有的东西都搬过来了，全部搬过来的人家有3家，我们家是其中之一。我们村有9家人经常不住在这边，他们只是偶尔来一下。我们家有6个人，我们老两口，还有女儿、女婿、外孙子和外孙女，外孙子和外孙女都在读书。所以，我们老人在这边，女儿和女婿在老家劳动，他们种着7亩烤烟，还有一些玉米。我们家要在新房过年，因为老寨没有什么了，猪也养在搬迁点这边。我们两个老人除了照顾小孩之外，还养着15头猪，本来也没有那么多猪，但是，有一家人要去打工，就把他们家的猪全部卖给我们家了。当时我们也想买几头猪，正好价格合适我们就全部买下来了。我们的猪食是女婿从老家拉来的，用的是微耕机，开到这里需要2.5个小时，有时还更长，现在路好走，要不然以前根本来不到。我觉得老家和这里相比的话，还是这里好点，老家在大山上，坡陡，村寨后边有裂缝，属于地质灾害监测点，非常危险。

与LQN家不同的是，LCF家是老人住在老寨劳动，而年轻人则住在搬迁点。LCF是一个年轻的女子，只有28岁，女婿是上门的。她家现在有6个人，除了夫妻之外还有父母和2个小孩。LCF对笔者说：

我们家是老人居住在原来的地方，年轻人住在搬迁点，我主要是照顾小孩和养猪，丈夫则外出打工。我的父母在老家劳动，他们在老家养2头猪，还种着谷子，由于人老，不再种植烤烟。我们在搬迁点也养着2头猪，准备在这边过年，再过几天，我丈夫就会去接老人过来。

从调研情况来看，半坡村17户村民中，有8户经常住在搬迁点，这8户中有3户是全部搬过来了，但还有9户经常不住。他们几乎都在老家居住。无论是吊索箐村还是半坡村都有一些村民由于耕地与搬迁点距离太远而拒绝搬迁；有的人家已经搬迁了，但不久又迁回原来的村寨；有的虽然没有迁回老家，但是，基本上都不到搬迁点居住。笔者与吊索箐村和半坡村的村民交谈，他们都表示了远距离搬迁点的不便之处，特别是半坡村的村民，无论是谁，都没有办法每天到30公里之外的地方耕作，同时当天还要回来，别说是没有车子的山区彝族村民，就是那些有车子的人，也是根本做不到的。所以，这些村民基本上不愿搬迁。

4. 马游村地震知识的宣传和普及

“7·09”地震之后，马游村开始了地震知识的宣传和普及，这种宣传和普及主要是通过小学来进行的。马游小学是一所全日制小学，共有来自周边村委会和马游村委会的小学生两百多人，教师15人。周边黄泥塘村委会、山角村委会和葡萄村委会4~6年级的小学生也到马游小学上学，而这些村委会1~3年级的学生则在当地就读。这样，马游小学的学生就更多。这些小学生毕业之后，就到姚安县城上初中，因为官屯乡政府所在地没有初级中学。正是由于马游小学特殊的生源情况和地理情况，学校的地震知识和逃生知识培训就成了重要的内容，因此开设了相应课程，平时每周进行两次演练。马游小学校长表示，“希望有更多的专业性指导，比如消防演练时我们请专业队伍做指导，效果很好，而地震逃生的方法都是通过一些宣传片普及的。在实际演习过程中并没有专业人士亲临指导”。与此同时，村委会也在地震后多次宣传地震发生时的逃生知识，并为每家每户发放了应急资料包。然而，在开展宣传和培训的时候，每户只来一个代表，培训完成后，由代表回家再培训家庭成员。但是，村委会也没有办法保证该代表已经完成了培训家庭成员的任务，特别是对老年人、残疾人、儿童等的培训是否到位不得而知。因此，村委会领导认为，地震逃生和其他防灾减灾的知识培训在今后是一项较大的任务。

5. 马游村委会灾后搬迁的总体感受

马游村委会作为地震的重灾区，工作也是最为繁杂的，尽管地震已经发生很多年了，但是，后续工作并没有结束，主要是自筹款收不起来，至今还有150万元的自筹款没有交齐。土地置换也到了2014年才基本结束，但是至今还有17.8亩地没有着落。还有一些村民没有搬迁，主要是吊索箐村和半坡村的。吊索箐村有81户村民，还有7户没有搬迁，他们原来的村寨有砖混结构的房屋，所以不想搬迁，有的人家认为田地太远不方便，还有一些人家至今没有还清贷款。

四 地震灾害的防灾减灾经验总结

根据上述两个少数民族地区地震的研究案例，笔者对地震灾害方面的防灾减灾进行了一些总结。这些总结是基于个案调研和人类学研究的经验，也加入了国内一些其他学者和国外学者的成果。虽然笔者的总结可能并不全面，但作为一些探索性的论述，还是非常必要的。

地震致灾因子能否转变成灾害，由以下几个方面决定：地震级别、震源深度、地震发生的时间；震前预报；震源区地形、地基、水文地质和地质构造；建筑物和生命线工程的抗震能力；震区人口密度和经济发达程度；地震知识宣传情况和人们对防震的认识程度；震后应急行动和对策措施。① 这些既是防灾的内容，也是减灾的内容，因为防灾做好了，减灾的目的也就达到了。然而，一旦灾害爆发，减灾就变成了更为复杂的任务，还要加上如下几个部分：灾区倒塌房屋的恢复重建；灾区产业重建；灾区社会文化功能的恢复。笔者认为，从总体上看，地震灾害的防灾减灾包含了技术和社会两个方面，因此，在总结地震灾害的防灾减灾经验时，就围绕这两个方面进行。

在技术方面，包括：地震级别、震源深度、发生地震的时间判断，震前预报，震源区地形、地基、水文地质和地质构造分析，等等。其中最为核心的问题是震前预报，但是，这比较难以把握，所以，地震灾害的防灾减灾主要在社会文化方面。

在社会方面，包括：建筑物和生命线工程的抗震能力；震区人口密度和经济发达程度；地震知识宣传情况和人们对防震的认识程度；震后应急行动和对策措施；灾区倒塌房屋的恢复重建；灾区产业重建；灾区社会文化功能的恢复。针对云南省少数民族

① 王景来、扬子汉编著《云南自然灾害与减灾研究——献给国际减灾十年》，云南大学出版社，1998，第57页。

地区灾后恢复重建的问题，笔者认为，地震灾区的建筑物分为几种类型：倒塌，或者受到严重损坏而不能再住人的建筑物；受到一般性损坏或者轻微损坏，不需要重建，但需要加固的建筑物；地震中没有受到影响的建筑物。

针对这些特点，笔者提出如下几点建议。

第一，云南少数民族地区地震灾害的防灾重点应该放在村寨选址和房屋建设上。村寨选址对于一些地方来说是比较容易的，如平坝地区，但是，对大部分地区来说并不容易，如高山地区，很多村寨不得不建设在陡峭的山坡上，如果发生地震，这些地方非常容易倒塌。即使是相同级别的地震，不考虑建设质量，在高山上的房屋也比平坝地区的房屋更容易倒塌。所以，在高山建设房屋，质量就变得非常重要。然而，房屋建设的质量受到经济和技术的限制，很多村民还在使用土坯墙建房，这些房子几乎没有什么抗震力，小地震也能造成大损失。地方政府可以针对山区的实际情况，在设计和材料使用上进行专项培训，使之在抗震能力上有质的提高。

第二，需要加大对农民抗震安居房的补助力度，通过整合各种项目资金，来达到提高防灾减灾能力的目的。目前，中国少数民族地区有很多资金是可以整合的，专项的资金有抗震安居房建设资金等，其他可整合的资金包括新农村建设资金、特色村寨建设资金、整村推进资金等，都可以与防灾减灾联系在一起。之所以这样建议是因为安全问题对所有人来说是重中之重，没有安全保障，新农村、特色村寨建设等都立即失去意义。同时，建议国家加大安居房建设扶持力度，将补助提高到每户 10 万元左右。

第三，地震灾害的应急和急救主要依赖军队的情况应该得到改变。目前，我们看到的地震灾害应急和急救主要依靠军队进行，军队的主要任务是保卫国家，当然救灾也是其任务之一，但是，军队与专业救灾队是应该分开的，建议建立一支反应敏捷的专业救援队伍，配备直升机和各种先进的技术装备。专业队员需要接受严格的训练，成绩合格才能成为急救队员，而且可以终身聘用。

第四，农村物资分配在考虑公平性的同时，还要重点向残疾人、患病者、妇女、儿童、老年人等弱势群体倾斜，他们受灾更重，重建面临更多的困难，恢复的时间也更长。

第五，在恢复重建过程中，不能将建设完成时间规定在比较短的时间之内，应该以质量为主。规定时间，特别是“一刀切”的时间，会让部分施工者偷工减料，赶工期容易导致质量问题，不仅群众不满意，还影响减灾效果。

第六，灾后恢复重建中应尊重少数民族的文化和风俗习惯。少数民族在村寨选址和房屋结构上都有自己的传统和习惯，特别是在房屋设计上应该与懂得少数民族文化的人员进行讨论。

总的来讲，灾区存在着严重受损村寨和非严重受损村寨。严重受损村寨有的是就地重建，有的是整村搬迁，这取决于当地的居住条件。那些严重受损村寨的重建问题是较为复杂的，对于村寨来讲有村寨搬迁重建与原地重建的区别，对于住户来讲有“统规统建”（统一规划统一建设）和“统规自建”（统一规划自己建设）的区别。在村寨搬迁的重建方面，又有当地搬迁和异地搬迁的区别。无论哪种，搬迁重建与村民的生产生活便利程度之间存在着矛盾。从实践经验可以看出，“统规统建”出现的矛盾较多，而“统规自建”出现的矛盾较少。但是，统规自建的房屋形式不统一，有的建设一层，有的建设两层，有的建设钢混结构的水泥平顶房，有的建设石棉瓦房，质量上也千差万别。由于是自己盖的房子，所以人们都不会抱怨质量的问题。

五　小结

本章以德宏州盈江县和楚雄州姚安县的地震灾害为例，讨论了地震灾害的防灾减灾问题。少数民族地区地震灾害的防灾减灾主要是以建筑物的重建方式进行，也包括产业和社会文化的恢复重建。本章对于灾区的产业重建方式也进行了一些讨论，特别是对姚安县的产业重建问题进行了讨论，因为这个地方借重建发展当地旅游，并且是建立在民族文化基础之上。

所以，本章讨论防灾减灾问题时是将重点放在恢复重建上。姚安地震和盈江地震后的防灾都是在新村中进行的，其他村寨的防灾则不在此次恢复重建的范围之内，主要是以加固的形式得以完成。由此，我们可以得知，灾区防灾的重点是那些受到损失的村寨，而那些没有受到损失的村寨则没有得到应有的重视。搬迁或者异地重建的矛盾较多，而原地恢复重建出现的矛盾较少，前者是导致文化变迁的原因之一。从重建方式上讲，“统规统建”的矛盾较多，“统规自建”或者分散自建的矛盾较少。当然，无论是异地搬迁重建还是“统规统建”都有很成功的例子，离开不适宜人居的环境，村民不必再为环境安全担心，而在比较安全的条件下从事生产生活，这是很多搬迁村寨所向往的。

第五章　云南传统建筑的地震灾害应对与灾后重建

——以景谷县地震灾害为例

一　传统知识与云南少数民族传统建筑

传统知识，也可称为"地方性知识"，包括"传统生态知识""文化遗产知识"等，是人类文化的重要组成部分。人类学家将"传统知识"定义为"与西方科学知识相区别的文化传统、价值、信仰和当地人对世界的看法"。[①] 韩恩（Hunn）认为："传统知识是世界范围内与自然资源的传承和生态整体保护有关的具有很高价值的信息资源。它提供了人类－环境关系的洞察力，这些洞察力是自然科学没有或者无法提供的。"[②] 在我国学界，严永和将"传统知识"定义为传统部族在其漫长的生产生活过程中所创造的知识、技术、诀窍的综合，一般具有"圣境"性、"经验"性、"整体"性、与环境要素的兼容性、另类的科学性及其描述形式等特征。[③] 传统知识源于经验，在群体内共享，被编为语言和艺术密码，而非以书面方式保存。在世居民族社会中，不同的传统知识有

---

① George J. S. Dei, "Indigenous African Knowledge Systems: Local Traditions of Sustainable Forestry," *Singapore Journal of Tropical Geography*, Vol. 14, No. 1, 1993.

② Eugene Hunn, "What is Traditional Knowledge?" in *Traditional Ecological Knowledge: Wisdom for Sustainable Development*, edited by Nancy M. Williams and Graham Baines. Canberra: Centre for Resource and Environmental Studies, Australian National University, 1993.

③ 严永和：《论传统知识的知识产权保护》，法律出版社，2006，第33页。

不同的拥有者和保持者，所以，很少能找出一个能拥有全部传统知识的个人。[①] 在灾害的感受和观察方面亦如此，并不是所有的民族群体都以同样的方式感受灾害、都在自己的脆弱性框架中经历灾害的。[②] 灾害中所积累的传统知识也因民族的不同而不同。

灾害人类学家重视研究传统知识，认为传统知识与灾害有密切的联系。在人类学家看来，传统知识与灾害之间关系研究的基本命题是知识怎样被用来减少破坏和脆弱性，[③] 要做到减少脆弱性，实现有效减灾，就要重视灾前预防和积极备灾，在致灾因子发生时通过采取系统的应对办法尽量减少因灾损失。这种方式在国际上被称为“减轻灾害风险”，国内被称为“防灾减灾”。在少数民族地区的乡村社区，无论是何种灾害类型，减轻灾害风险都是通过传统知识来实现的。例如，福里尔利特（Fleuret）就对非洲撒哈拉地区居民通过传统知识应对干旱灾害方式进行了深入的研究，她发现当地茨瓦纳人（Tswana）能食用250多种野生食物，泰塔人（Taita）的儿童能找到80种野生果子作为小吃，他们在家中的主食常常能配上野生绿菜。他们的食品保存和储藏方式能有效地预防和应对干旱灾害。[④] 除了在食物方面的传统知识之外，南

---

① Prober, S. M., M. H. O'Connor and F. J. Walsh. “Australian Aboriginal Peoples' Seasonal Knowledge: A Potential Basis for Shared Understanding in Environmental Management,” *Ecology and Society*, Vol. 16, No. 2, 2011. [online] URL: http://www.ecologyandsociety.org/vol16/iss2/art12/.

② 〔美〕安东尼·奥利弗-史密斯、苏珊娜·M. 霍夫曼：《人类学者为何要研究灾难》，彭文斌编译，《民族学刊》2011年第6期。Oliver-Smith, Anthony and Susanna M. Hoffman, “Introduction: Why Anthropologists Should Study Disaster,” in Susanna M. Hoffman and Anthony Oliver-Smith, eds., *Catastrophe and Culture: The Anthropology of Disaster*, Santa Fe, New Mexico: School of American Research Press, 2002.

③ Anthony Oliver-Smith, “‘What is a Disaster?’: Anthropological Perspectives on a Persistent Question,” in Anthony Oliver-Smith and Susanna M. Hoffman (eds.), *The Angry Earth: Disaster in Anthropological Perspective*, London: Routledge, 1999. 〔美〕安东尼·奥利弗-史密斯：《何为灾难？——人类学对一个持久问题的观点》，彭文斌、黄春、文军译，《西南民族大学学报》2013年第12期。

④ Fleuret, Anne, “Indigenous Responses to Drought in Sub-Saharan Africa,” *Disaster*, Vol. 10, No. 3, 1986, pp. 224–229.

美世居民族还有对气候、星辰方面的详细观察,[①] 而非洲西部世居民族也有对雨量的详细解读[②]。在亚洲，孟加拉国平原地区的房屋被建筑在地势较高的地台和底座上，并且具有一个特殊的屋顶，人们能将粮食储藏在屋顶下面，如果洪水进入家里，家庭住户能够在床上做饭、吃饭、睡觉和储藏食品，还能够在支架下放上砖头将床升起来。物品被储藏在较高的支架上，或者挂在从屋顶吊下来的麻网内，牲畜被关在特殊制作的木地台里得到保护。[③] 韩恩（Hunn）认为西方现代科学知识作为西方文化的代表，体现出的是西方文化的独特视野。从文化视野上看，西方文化与世界上的其他文化没有什么不同之处，也没有比别的文化更好。[④] 非洲茨瓦纳人（Tswana）和泰塔人（Taita）的食物搭配以及孟加拉国平原地区的房屋建筑案例说明了这一点。

云南少数民族创造了丰富多彩的建筑文化，干栏式建筑、“三坊一照壁”、土掌房、木楞房、“穿斗式”房、蘑菇房、石片房、平顶雕式房等，都具有环境和文化的意义。此外，云南少数民族传统建筑具有多种防灾减灾的功能。

第一，村寨选址的防滑坡崩塌灾害内容。少数民族在村寨选址时非常认真，不仅要考虑自然地理上的便利条件，如地质、水源、森林、土地、阳光等条件，还要考虑是否符合宗教意义，如

---

① Orlove, Benjamin S., John C. H. Chiang and Mark A. Cane, “Ethnoclimatology in the Andes: A Cross-Disciplinary Study Uncovers a Scientific Basis for the Scheme Andean Potato Farmers Traditionally Use to Predict the Coming Rains,” *American Scientist*, Vol. 90, No. 5, 2002.

② Roncoli, Carla, Keith Ingram and Paul Kirshen, “Reading the Rains: Local Knowledge and Rainfall Forecasting in Burkina Faso,” *Society and Natural Resources*, Vol. 15, 2002, pp. 409 – 427.

③ Shaw, Rosalingd, “Living with Floods in Bangladesh,” *Anthropology Today*, Vol. 5, No. 1, February, 1989.

④ Hunn, Eugene, “The Ethnobiological Foundation for Traditional Ecological Knowledge,” in *Traditional Ecological Knowledge: Wisdom for Sustainable Development*, edited by Nancy M. Williams and graham Baines. Canberra: Centre for Resource and Environmental Studies, Australian National University, 1993.

从风水上确定所选之地是阳地而不是阴地，任何不利因素都会影响到最终的决定。在自然地理方面，村寨房屋和重要建筑群（如寺庙、山神庙等）都不会建在可能发生泥石流滑坡等环境脆弱的地方，村寨选址的第一要素就是地基稳定。因此，绝大部分的村寨都会建在地基坚硬的山梁之上，即使是在平坝地区，村寨地基也是坚固的。一些具有泥石流滑坡风险的村寨很多是后来的人为因素造成的，如人口增长、过度开发等，祖先们在进行村寨选址的时候实际上已经考虑到了规避泥石流、滑坡、崩塌等风险。由此可知，村寨选址中有规避滑坡风险的内容。

第二，民族建筑文化中的防范火灾功能。很多民族建筑都有防火功能，如藏式建筑就具有防火的特点（尽管之前的独克宗古城还是被火灾吞食了，但究其原因有人为因素）。侗族建筑防范火灾功能也很有代表性，西南民族大学兰婕对贵州东南侗族建筑的调查发现，侗族村中的粮仓等皆为木质吊脚楼，底部木柱建于水塘中，四周都有很多的水，用于防鼠和防火，保护粮仓。村中所有的粮仓都集中在一起，与村民住房保持一定距离，粮仓与民房相互隔离的设计使粮食得到了保护，即使村中房屋发生火灾也不会烧到粮仓，而侗族村寨之内和周边的水渠、水塘实际上是村民的消防水源。[①] 云南很多民族的火塘也都有防火的设计，藏式建筑、彝族土掌房等都有火塘，彝族人在挖火塘时底部和四周都用厚厚的硬石块隔开，与墙壁保持一定的距离。楼上的火塘更加注重防火，除了用石板与楼层土隔开之外，还要分几层，不让热量传到楼层的木头上，四周的石板坚硬，并用土层再次隔离，即使整天烧火也不会发生危险。另外，火塘的位置、风向和排烟方式都与防火有关。滇南的傣族、基诺族、哈尼族、拉祜族、佤族等民众都住干栏式建筑，他们全部在竹楼上烧火做饭，但竹楼火塘都有较好的防火功能，很少听说有干栏式建筑着火的情况。

---

① 兰婕：《不同灾难风险场景下的本土应灾实践探析——以黔东南南侗地区火灾为例》，硕士学位论文，西南民族大学，2014，第14页。

第三，少数民族建筑文化中有防风灾、防寒灾和防高温灾害的功能。在风力巨大的地方，各民族都在房屋建筑上下功夫，如大理白族的“三坊一照壁”房屋结构，为了防风防火，设计出了“三合一”的外墙工艺。[①] 滇南彝族、傣族的土掌房有冬暖夏凉的特点，高地彝族的土掌房有防寒功能，河谷傣族的土掌房有防高温功能。彝族和傣族的土掌房在建筑方式、外形上的区别不大，差别主要在内部结构上。彝族居住在高山上，气候较冷，一般房间都比较小，楼上楼下都有火塘，有的人家有2~3个火塘，整间房屋都比较温暖。而傣族地区气候炎热，房屋都比较高，房间大，不建火塘，一楼宽敞不隔开，二楼虽然隔开，但是房间也比彝族的大。总体上，彝族土掌房有保温防寒功能，傣族土掌房有降温防高温功能。

第四，建筑材料使用中的防灾减灾功能。几乎所有少数民族的建筑材料都根据当地的地理气候条件进行了严格的选择，使用非常结实的木料，如傣族热带地方从来不用松树建房，因为河谷地区的白蚂蚁非常喜欢吃松木，他们用的是坚硬的栎木。

第五，最为重要的是，云南少数民族建筑具有防范地震灾害的功能。房屋的墙不用石头或者土坯砌成，而是用木头堆积或者木料穿斗，整间房屋就是一个整体，地震时不易倒塌，纳西族、独龙族、怒族、普米族、傣族、哈尼族、拉祜族、佤族、布朗族等的建筑都是如此。这也是本章需要讨论的内容。

二　传统建筑与2014年的景谷地震

（一）永平镇的地震灾害

2014年10月7日21时49分39秒，在云南省普洱市景谷傣族彝族自治县（北纬23.4度，东经100.5度）发生了6.6级地

① 段炳昌、赵云芳、董秀团编著《多彩凝重的交响乐章——云南民族建筑》，云南教育出版社，2000，第74页。

震，震中位于永平镇，震源深度 5 公里，临沧、德宏、西双版纳等地震感强烈，大理、楚雄、昆明等地有震感，地震涉及 9 个县 37 个乡镇 280 个行政村（居委会）。地震造成 1 人死亡、331 人受伤，其中 8 人重伤[①]，永平镇是此次地震的震中，也是此次地震遭受损失最大的地方。据当地政府统计，永平镇的“10・7”地震以及后来的两次余震（2014 年 12 月 6 日凌晨 2 时 43 分和 18 时 20 分的 5. 8 级和 5. 9 级余震），共造成全镇 28 个村委会、1 个社区的 7. 11 万人受灾，其中 2 人死亡、306 人受伤，大量民房、公共设施和基础设施受损。“10・7” 地震造成全镇民房一般性受损 13668 户、严重受损 4776 户、倒塌 84 户；两次余震新增房屋倒塌 37 户，新增房屋受损 2301 户。初步统计共造成经济损失 35. 53 亿元，其中，“10・7” 地震损失 29. 98 亿元，两次强余震损失 5. 55 亿元。

地震发生后，国家减灾委、民政部启动国家四级救灾应急响应。中国地震局、云南省地震局启动了二级应急预案，并派出工作组赶赴地震灾区。云南省启动救灾应急一级响应。习近平总书记委托时任中央办公厅主任栗战书慰问，要求云南省委、省政府全力以赴组织好抗震救灾工作。习近平总书记做出重要指示，要求迅速核实灾情，全力以赴组织抢险救援和伤员救治，妥善做好受灾群众安置工作。[②] 加强余震监测，严密防范滑坡、崩塌等次生灾害；加强舆情引导，及时发布灾情信息，维护灾区社会秩序，安定人心；国家减灾委、国务院抗震救灾指挥部要根据应急响应机制，会同有关部门组成联合工作组立即赶赴灾区。云南省委要求迅速核实灾情，全力以赴组织抢险救援和伤员救治，妥善做好受灾群众安置工作，保障基本生活。

笔者在田野调查中，永平镇政府提供了很多的抗震救灾工作资料，他们采取的措施包括如下几项内容：（1）全力救治伤员，

---

① 《云南景谷 6. 6 级地震灾情（三）》，2014 年 10 月 8 日发布，中国地震局官网，https://www. cea. gov. cn/cea/dzpd/dzzt/370050/370054/3578126/index. html

② 《习近平：全力以赴抢救景谷地震受伤群众》，2014 年 10 月 9 日发布，中国地震局官网，https://www. cea. gov. cn/cea/dzpd/dzzt/370050/370053/3578385/index. html

主要是搜救伤员，306 名伤员得到妥善医治；（2）第一时间抢通生命线工程，主要是对交通、电力、通信、供水等线路进行抢通；（3）及时转移安置群众，共转移安置群众 6.5 万人；（4）精准发放救灾物资，发放帐篷 14048 顶、棉被 30988 床、食用油 14683 件（桶）、矿泉水 21200 件、钢架床 4511 张，救助资金达 1881 万元；（5）全面做好灾区卫生防疫工作，主要是对食品、饮用水进行检查检测，对公共场所进行全面消毒；（6）加强次生灾害防范，主要是对长海水库等进行抢修，对 89 个地质灾害隐患点进行检测防范，加大对震情、雨情、水情的监测预报预警；（7）全力以赴使学校复课，截至 10 月 27 日，搭建了 14752 平方米的活动板房，全镇 27 所学校、9209 名学生得以复课；（8）维护灾区社会稳定，对灾区进行巡逻防控，收集、排查和化解群众反映的热点难点问题；（9）加强舆论宣传引导。[①]

然而，景谷地震也给当地人民带来了巨大的财产损失，景谷县委、县政府认为此次地震是“外伤不重内伤重”，呈现伤亡小、损失大的特点。一进入永平镇的地震灾区，就能够看到四处倒塌的房屋，印有“民政救灾”的帐篷随处可见，特别是永平镇的集镇上，几乎所有的空地都搭建着帐篷。由于灾后恢复重建是一个长期的过程，人们也不可能在短期内搬入新房，所以，帐篷生活将持续很长时间。

（二）“穿斗式”木房下的“七七”组村地震

地震震级为 6.6 级，震源只有 5 公里，人们都做好了打攻坚战的准备。但是，救灾的人们到了灾区之后，发现这里的人员伤亡较轻。从四面八方赶来的救灾人员到了灾区之后基本无事可做，他们带来的生命探测仪、救灾器材都用不上。救灾人员认为这是多年来他们见到过的“最不像灾区的灾区”。景谷地震伤亡较少的情况引起了社会各界尤其是学者的重视，人们开始反思为什么这

① 数据资料为调查时当地政府提供。

么严重的地震带来的伤害较小呢？在调查的过程中，笔者发现，无论是当地人还是外地人，无论是救灾者还是专家，都认为是当地的“穿斗式”木房起到了决定性的作用。当地灾民认为，景谷地震造成人员伤亡小的原因主要有两个：第一是地震是在晚上9点多钟发生的，这个时候人们还没有睡，有的人家刚刚吃完饭，还在看电视，有的则在聊天；第二是当地的土木（有的是砖木）结构建筑，很多村民甚至认为是这种房屋救了他们的命，那些受伤的村民大部分都不住木结构的房子，而是住一些新式的房子。可以说，木结构的住房在此次地震中产生了很不错的抗震效果。笔者调查了当地的穿斗式房子，发现每栋房子有16根柱子，有承重梁32根，横梁24根，顶梁和中间梁共有5排，共30根，这些横梁、顶梁和柱子上有60根椽子相互拉着，楼上用木板铺成，大梁、柱子、横梁、椽子和木板形成一个整体，非常结实。更为重要的是，房屋的柱子在墙之内，每当土坯墙倒塌时，不会往内侧倒塌，因为被柱子挡住了，墙只会向外侧倒塌，所以，绝大部分墙壁倒塌伤不到人。这种房屋具有很强的抗震减灾效果，得到很多地震研究者和建筑专家的赞誉。

景谷地震创造了该地区震级最高、震源最浅、伤亡最少的新纪录。景谷地震中的万幸是只造成2人死亡，其中6.6级地震死亡1人，一个月后的5.8级和5.9级地震死亡1人。中央电视台记者甚至说“这是最不像灾区的灾区”①，它体现出少数民族建筑中的传统知识，能够为防灾减灾的工作提供经验。

在一些媒体报道中，当地村民表现出了前所未有的镇定，毫不惊慌。但事实上，笔者访谈的村民都表示，他们被突如其来的地震吓坏了，因为他们从未经历过如此的强震，被地震吓得不知所措，无论是年轻人还是老年人，都有被吓哭了的情况。

---

① 中央电视台新闻调查视频资料《震后的七七组》中“云南景谷6.6级地震新闻视频资料”，云南省地震局官网，http://www.eqyn.com/manage/html/ff808181126bebda01126bec4dd00001/ynpejgdzzt/index.html。

在地震发生的时候，当地政府和人民表现出了团结合作的精神。一个村民说：

> 地震发生之后，我们先把村民叫到球场上，各家自己清点各家的人，如果没有发现住户代表，就叫人去找。发现有人受伤后就把伤者送往医院。由于没有电，电话也打不通，村干部还得到22个村民小组检查情况。那天晚上大部分村民都没有睡觉，地震发生3个小时之后，部队就来了，他们把没有倒的墙推倒，把没有掉的瓦片戳下来，以防止墙倒瓦片掉落伤到人。当天晚上，省长也来到村子里。我们整夜没有睡，帐篷搭建好之后天也就亮了。我们初期住在帐篷中。

地震发生几天后，村寨中非常有序，老人在村中喝茶，小孩在村中玩耍。然而，地震中很多房子的墙还是倒了，因为这里的墙都是土坯墙，非常容易倒塌。另外，屋顶之上的瓦片已经全部掉下来，掉到地上或者楼板上，只剩一个木结构框架。虽然瓦片没有砸到人，但是屋顶已经是光秃秃的。

（三）傣族干栏式建筑与地震灾害

永平镇坝子里的居民以傣族最多，傣族人的房屋就是滇南著名的干栏式建筑，虽然有很大一部分傣族人已经建盖了钢混结构的水泥房，但是，傣族人中干栏式建筑与钢混结构的水泥平顶房混在一起的情况较为普遍。换言之，傣族人是居住干栏式建筑还是水泥平顶房，取决于村民的经济状况，经济条件好的村民一般都住水泥平顶房，而经济条件较差的村民则居住在原来的干栏式建筑中。那些中等经济状况的村民，居住的是一半干栏式一半钢混结构的房屋。

笔者的田野调查村寨是永平镇芒腊村委会芒板村，该村共有45户190人，全部为傣族。在“10・7”地震中有1人死亡，有36户的房屋需要重建。应该说，该村的房屋绝大部分都是干栏式建筑，由于永平发生了两次地震，即2014年10月7日的第一次地震和2014年12月6日的余震，有很多房屋在第一次地震时只是被震裂了，但是第二次时就被震倒了，而有的房屋第一次没有被震坏，但第二次时就被震坏了，出现了很多的裂缝，成为危房，不能再居住。傣族干栏式的房屋有一个特点，就是不用土坯砌墙，整栋房屋都是用木材建成。房屋一般都由两层构成，底部有柱无墙，一般都有30～100根柱子，视房屋大小、经济状况和社会地位而定。二层用木板将全部柱子连成一片，铺上木板或者竹子，在此基础上再建盖房屋。过去一般用草或者木板盖顶，后来也用瓦片盖顶。干栏式建筑在滇南地区具有普遍性，佤族、傈僳族、基诺族、德昂族、布朗族、拉祜族、哈尼族等都建盖和居住干栏式建筑。

干栏式建筑具有防震、防洪、防潮等功能。换言之，与其他地区的土坯房相比，干栏式建筑能更好地预防和减少地震、洪涝和潮湿带来的各种灾害。在2014年发生的地震中，永平县的干栏式建筑有效地抵御了地震带来的损坏，当地傣族人在如此巨大的地震中，只有1人死亡，全部震倒的房屋也不多，出现最多的情况是被震裂，有的还是在第二次地震中被震坏的。这些情况体现出干栏式建筑在防震减灾中的优越性能。

三　景谷地震的恢复重建与传统建筑的革新

工作组实行的是“八包八保”责任制，即包物资发放，保基本生活；包环境卫生，保疫情防控；包临时住所，保过渡安置；包检测防范，保群众安全；包情绪疏导，保思想稳定；包矛盾化解，保社会和谐；包项目建设，保恢复重建；包纪律监督，保工作规范。这种“八包八保”责任制是景谷县的灾害管理创新，对于地方防灾减灾具有重要的意义。

景谷傣族彝族自治县永平镇的地震灾害恢复重建以分散安置为主、集中安置为辅的原则进行，具体有如下三种：统规自建、分散自建和一般修复。笔者对统规自建以芒费村委会七七组为例进行调查，对分散自建以芒腊村委会芒板村为例进行调查。统规自建的意思就是政府统一规划、村民自己建设，而分散自建就是村民自己使用统一的图纸、自己建设。对于补助和贷款标准，全县统一，即每户村民补助3.65万元，如果属于政府认定的特困户，则每户再加8000元，此外，政府协调贷款5万元，其中贴息2.5万元。村民贷款如果在10万元以内，则不需要担保，如果超过10万元，则需要担保，因此，大部分村民的贷款都在10万元以内。那些房屋没有被震倒但需要进行一般性修复的家庭，政府每户提供4000元的费用，但是，此项工作直至2015年2月也尚未开始。统规自建和分散自建的灾民必须在2015年12月底前完成房屋建设，而统规自建的村寨要于2016年12月底前完成公共部分建设。

（一）统规自建：七七组的重建

景谷傣族彝族自治县永平镇芒费村委会有22个村民小组，866户2946人。其中，七七组共有50户187人。在“10·07”地震中，七七组受到严重损害，住房全部倒塌1户4间、严重受损40户321间、一般损失9户64间。地震造成5人受伤，其中3人重伤、2人轻伤，经济总损失486万元。在救灾阶段结束之后，就开始了恢复重建。

七七组大部分村民是汉族，他们的长辈是1977年从永平镇永塘村委会的5个村民小组搬迁而来的，为了纪念搬迁日期，这个村子被命名为“七七组”。七七组也有一些少数民族村民，但都是因为婚姻等迁入村子的。七七组实行的是统规统建方法，按照科学规划、因地制宜、量力而行的原则，结合美丽乡村建设，实行人畜分离，完善配套供排水和公共基础设施建设，努力建设生态宜居新家园。统规自建指的就是对村寨进行统一规划，村民自己建设，但每户有固定的图纸，房屋框架基本固定，面积根据自家情况可以适当增加或者减少。据当地村民介绍，政府拿来了8种设计图纸，由村民根据自己的喜好选择其中的一种。

七七组的补助标准与全县所有灾民的补助标准一致，即每户补助3.65万元，如果是特困户，就在此基础上加8000元，政府贴息贷款2.5万元，其余资金由灾民自己贷款或者找亲戚朋友借。由于每栋房子都盖一楼一底，约300平方米，所以，大部分人家都需要28~30万元才能完成房屋建设。通常情况下，村民都是将自己的房子承包给建筑队，大部分人家都是包工不包料，材料自己购买，每平方米360元；也有个别人家是包工包料，每平方米1360元。来七七组承建房屋的主要有两个施工队：一个是来自红河州红河县的哈尼族建筑队，由于哈尼族不过春节，他们十月已经过完年了，所以他们在春节期间将继续施工；另一个是来自大理州弥渡县的汉族施工队，他们是要回家过春节的。两个施工队都是包工不包料，村民认为，自己进料比较可信，不仅质量上可以把关，而且运输上也能节约钱。当然，还有个别村民是自己建盖，不请任何施工队。

七七组由县政府的灾后恢复重建工作组负责监督施工的质量和进度。截至2015年2月，全村已经有32户启动建房，其余人家也将在春节之后启动。笔者调研时，村寨中一片繁忙景象，有的人家在挖地基，有的人家在砌墙，有的人家在浇灌。虽然村中仍然有民政部门发放的救灾帐篷，但是很少有人住在其中，人们基本上都住在过渡房里，在走访时，笔者发现还有一些村民住在帐篷里，没有住在帐篷中的人家把生活用品堆放在帐篷中，以避免被雨淋湿。村寨中经常能够看到工作组的车辆，他们主要是检查建设的质量和进度。村寨中，除了原来建盖的水泥平顶房之外，剩下几乎所有的房屋都被拆除了，初期主要集中在民房建设上，公建部分还没有开始，但规划已经全部完成，等待民房建完之后，立即开始公建部分的建设施工。

据介绍，七七组将规划成以地震旅游为主题的新农村，今后将在该村开展地震旅游和农家乐。村民反映的重建中的问题是资金缺口大，但都在积极进行恢复重建。笔者调查的时候是春节之前，有一些人家还没开工，但几乎都打算春节之后开工建设。

（二）分散自建：芒板村的重建

永平镇芒腊村委会芒板村共有45户190人，全部为傣族。在“10·07”地震中有1人死亡，有36户需要重建。芒板村不像七七组一样，到处是繁忙的景象，由于不属于统规自建的村寨，有的人家开始重建，有的则没有开始，很多人家表示在春节之后才能开始。

芒板村的补助标准与其他村寨的补助标准一致，贷款数目和条件也一致。所不同的是这里不属于统规自建，而是分散自建，也就是村民自己拆老房子建设。房屋建设的图纸由政府提供，村民可以选择自己喜欢的图纸建盖，也可以不按照政府提供的图纸建盖，但必须是钢混结构的水泥平顶房。施工承包商来自不同的地区，通常情况下费用是350元/平方米，包工不包料。

DH是一个只有37岁的傣族人，家有5口人，分别是父母、夫妻和儿子，家里不种甘蔗、烤烟。不种甘蔗的主要原因是出售甘蔗之后拿不到钱，糖厂总是说糖没有卖出去，所以欠着钱，2014年出售的甘蔗到2015年都没有拿到钱。他家还有5000棵桉树，5年砍伐一次。家中的主要经济来源就是打工，但打工也不到外地，就在周围地区，帮助别人种西瓜、甘蔗等，每天80元。他告诉笔者，由于大家都在建房，市场上建筑材料有涨价趋势，如水泥现在每吨为400元、粗砂每吨70元、细砂每吨240元、石头每方110元等，虽然价格比较贵，但是由于需要的数量太大，经常出现供不应求的情况。

刀先生是一个58岁的老先生，他的老伴也58岁，家里只有他们两个人，他们对自己的住房非常担心。他说：“我们有2个孩子，1个儿子和1个女儿。但是，女儿嫁到辽宁省去了，儿子又到景洪当上门女婿。我们坚决不同意儿子当上门女婿，希望他将妻子带回来，但他妻子是独生女，要招女婿，我儿子又喜欢那个女孩，就这样在那边了。我们家里就只剩下两个老人了，感到很孤独。我们的房子是承包给别人建盖的，并且是包工包料，因为我们人老了，没有时间和能力进货，干脆包工包料比较省事。但是，我们对自己的经济状况比较担忧，只种着6亩甘蔗，其他收入就是来自打工。我们年纪大，没有办法从事重体力劳动，每天的打工收入也就是50～60元。”刀先生的情况在傣族村寨中并不普遍，虽然很多人家都表示经济困难，但是，不像他们家那样特殊。然而，他们家却要盖一楼一底的房屋，预算接近30万元，房子大小与村里其他人家的基本相似。我问他们，既然只有老两口了，还要盖那么大的房子干什么，他说是因为家里还有亲戚，如果过年的时候都回来了，必须要有住处，大房子是必要的。

在芒板村调查时，我们还碰到了一个情况比较复杂的家庭，一个傣族老者向笔者讲述了她家的故事。她说：“我有三个儿子，老大、老二和老三。其中，老二娶了彝族米利人的女子为妻，但是，有了2个孩子之后，我儿子就死了，这样，儿媳又招了一个汉族男子进来，现在他们又有了1个孩子。他们的家庭非常困难，在此次地震灾害的恢复重建中，他们可能就是村中最为困难的家庭。”笔者在进行访谈的时候，发现家里的大女儿只有17岁就结婚了，她仅仅是初中毕业，由于家中还有弟弟和妹妹要读书，她自己作为长女，就回家劳动了，并且有了一个女孩。这段时间她是回娘家帮助父母进行重建，但是，由于自己也没有钱，无法进行经济上的帮助，只有回家帮着做一些杂事。孩子的父亲是傣族人，母亲是彝族人，属于彝族人嫁到傣族村寨的情况。但是，她的父亲几年前因病过世了，母亲就招了一个汉族丈夫，继续在傣族村寨中生活，这样，他们的家庭就由原来的傣族彝族人组合变成了彝族汉族人的组合方式。

除了芒板村之外，笔者还调查了附近的村寨，几乎都是相似的情况，属于分散自建。但是，由于景谷出现了第二次地震，第一次没有被震坏的房屋，第二次就被震坏了；而第一次被震裂的房屋，第二次就几乎被震倒了。两次地震的补助额度是一致的，但是，第二次的建房补助直至次年2月中旬也没有批下来，所以，村民要等到政府的补助到位之后才能开始重建。

四 景谷地震灾害对当地村民的长期影响

景谷地震对当地村民产生了深远的影响，这些影响包括经济上和精神上两个方面。经济上的影响主要是建盖房屋所需要偿还的贷款，特别是那些较为贫困的人家可能很长时间没有办法还清贷款；精神上的影响主要是地震产生的恐惧感将持续很长时间，同时人们的防灾减灾意识和感激之情增强。两种状况结合在一起可以说就是文化上的影响。

首先是经济上的影响。灾民的经济状况虽然并不很差，家庭人均纯收入4730元，但是，由于恢复重建需要建盖的房子需花费25万~30万元，偿还贷款（借款）需要很长的时间，这就会影响到下一代人，特别是正在上学的孩子。笔者采访的人家中，有的有2个孩子上学，其中一个上大学，另一个上初中，这样的人家很难在短期内还清借款，因为他们的收入只能供两个孩子上学。即使不影响孩子上学，他们的经济压力也是长期的。

其次是地震造成的恐惧感将对村民产生长期的影响。很多村民表示，他们对看到的地震状况一辈子也忘不了。第一次地震发生1个月之后，在2014年12月6日又相继发生了第二次和第三次地震，震级分别是5.8级和5.9级。由于5.8级地震发生在下午，村民看到了地震发生时的情景，听到了地震时的巨大响声，他们在后来的生活中，只要听见类似的响声，就会认为是地震而陷入恐慌。

再次是村民的防灾减灾意识增强。景谷县永平镇的村民都以自己的传统房屋而感到自豪，因为这种房屋在这次地震中经受住了考验，这些“穿斗式”的房屋主体没有被震倒。即使有的房屋的墙壁被震倒了，也没有伤着太多的人，因为墙壁是往外倒的，而人居住在房子内。很多人的房子被震坏了，他们在恢复重建的过程中，不能再建穿斗式的房屋，而是建钢混结构的房屋，当然，后者会更加坚固。除了震中地区倒塌严重的房子之外，还有一些村寨的房屋仍然沿用了穿斗式的土木结构建房，这些房屋的主人们更加重视防灾减灾的功能，说明地震之后，人们的防灾减灾意识增强了。

最后，景谷县举办了以“党在家在”为主题的纪实摄影宣传活动，灾民体会到了党和政府的关怀，增强了对党和政府的感恩之情。“党在家在：景谷‘10·07’地震抗灾救灾纪实摄影展”是由中共普洱市委、市人民政府主办，中共普洱市委宣传部，中共景谷县委、县人民政府承办的纪实摄影宣传展示活动，该展示共分为七大部分：（1）前言；（2）灾害袭来，祈福景谷；（3）关怀备至，情暖灾区；（4）科学救援，普洱模式；（5）鱼水情深，感恩永志；（6）党在家在，景谷不倒；（7）后记。展览从头到尾显示出灾区人民对党和政府的感恩之情，如“地震虽然摧垮了我们的家园，但摧不垮我们的精神和意志，因为有我们的党——我们不会被任何困难吓倒，在党的领导下，我们开启恢复重建的航船”。“我们的心里盛满真诚的感谢，感谢党的关怀，时时把群众的冷暖放在心上；感谢人民子弟兵，第一时间救援灾区群众；感谢各级各部门社会各界，及时伸出援助之手……我们忘不了党和政府的深切关怀，让我们铭记党的恩情，让我们感恩救援的人民，让我们奋起重建的精神。”“党在家在”的摄影活动在永平镇广场举办，参观的人络绎不绝，可以看出当地人民对党委、政府工作成就的肯定和支持。

五 小结

2014 年发生在云南省普洱市景谷县的“10·15”地震（震级 6.6 级，震源深度 5 千米）和“12·06”地震（震级为 5.8 级和 5.9 级，震源深度为 9 千米）说明，传统建筑对于地震灾害有很大的抗击作用。在地震发生初期，人们预测损失会很大。但是，景谷地震最终只造成了 1 人死亡，324 人受伤，其中 8 人重伤。为什么震级那么大、震源那么浅的地震，伤亡会那么小呢？包括中央电视台记者、建筑专家和抗震专家在内的人都到该地区进行了调查，发现，造成景谷地震损失小的原因是当地的传统建筑，这种房屋被称为“穿斗式”，特点是整栋房子连成一个主体，地震时即使墙壁震倒了，整间房子也不容易倒。另外，房屋的墙壁与柱子是分离的，柱子在里面，墙壁在外面，墙壁被震倒之后不会往内侧倒，因为被柱子挡住了，往外侧倒的墙壁不会伤到人。另外，当房顶瓦片掉下来时，被房子的楼板隔开了，很少能够砸在人头上。6.6 级的地震只造成 1 人死亡的情况在全国上下震动很大，中央电视台记者甚至说“这是最不像灾区的灾区”[①]，它说明传统知识能为现代建筑设计提供很多有益的启发，为其他地区（甚至城市地区）的防灾减灾提供经验。

需要加大对农民抗震安居房的补助力度，通过整合各种项目资金，来达到提高防灾减灾能力的目的。目前，中国少数民族地区有很多资金是可以整合的，专项的资金有抗震安居房建设，其他可整合的资金包括了新农村建设资金、特色村寨建设资金、扶贫建设资金、整村推进资金等，都可与防灾减灾联系在一起。之所以这样建议是因为安全对所有人来说是重中之重，没有安全保障，新农村、特色村寨等建设都失去了意义。

① 中央电视台新闻调查视频资料《震后的七七组》，云南省地震局官网“云南景谷 6.6 级地震 新闻视频资料”，http://www.eqyn.com/manage/html/ff808181126bebda01126bec4dd00001/ynpejgdzzt/index.html。

第六章　云南少数民族地区的泥石流灾害与防灾减灾

——以玉溪市新平县和怒江州泸水市为例

一　云南少数民族地区泥石流灾害的总体情况

西南地区是我国泥石流灾害的多发地区，泥石流灾害又以云南省和四川省最多。云南省的山地占全省总面积的94%，高山峡谷地区、半山开发过度的地区都存在着泥石流灾害风险，换言之，泥石流灾害在云南全省都有分布。据学者的研究，全国共有泥石流、滑坡和崩塌隐患点100多万处，而云南省内有迹象明显的崩塌、滑坡、泥石流点计20余万处，并以每年1000～2000处的速度递增，大规模的泥石流滑坡点6912处。[①] 泥石流灾害能够对城镇建设、交通、矿山、水利水电、农业、林业等产生重大损害，对人民生命财产和社会稳定产生威胁。自1980年以来，云南全省每年因泥石流滑坡死亡的人数为150～180人，每年因泥石流滑坡造成的经济损失超过2亿元。由于泥石流灾害的影响，原碧江县因县城滑坡，于1986年被迫撤销县制；又因滑坡、泥石流危害难于全面治理，而搬迁了兰坪、耿马、元阳、镇源4个县城。据1951年以来的不完全统计，云南全省崩塌滑坡泥石流灾害已造成8000余

---

① 王景来、扬子汉编著《云南自然灾害与减灾研究——献给国际减灾十年》，云南大学出版社，1998，第113页。

人死亡，直接经济损失达90多亿元。[①]

据学者研究，云南省的泥石流滑坡危险区主要分布在6大流域：金沙江流域，共有泥石流沟107条；澜沧江流域，共有泥石流沟662条；怒江流域，共有沟谷型泥石流沟308条；红河流域，共有发育型泥石流沟248条；独龙江流域，共有黏性泥石流沟54条、稀性泥石流沟117条；珠江流域，共有泥石流沟68条。这些区域中的滑坡点占全省滑坡点的80%以上。从坡度上讲，25°以上坡度的山地约占全省总面积的60%，而35°以上坡度的土地约占全省总面积的10%，是泥石流发生的主要地区。[②] 按照坡地所占的比例来讲，最为突出的地方是怒江州，因为怒江州25°以上坡度土地面积占全州总面积的80%，35°度以上坡度土地面积占全州总面积的32%，泥石流发育极为容易。[③] 泥石流灾害的形成和发生需要经历一个长期的历史过程，脆弱性和致灾因子的结合是其条件，了解地方性的泥石流隐患点就成了预防中的重要内容。

从20世纪中叶到21世纪初，泥石流、滑坡、崩塌等地质灾害在云南省普遍发生，如：1965年禄劝县“11·22”特大滑坡泥石流，造成444人死亡。[④] 这都说明泥石流滑坡灾害是云南最为普遍的灾害之一，也说明云南省面临严重的环境问题。

2014年是云南泥石流灾害频繁发生的一年。6月30日，怒江州福贡县上帕镇腊吐底村俄玛底自然村民小组发生山体滑坡，造成30人受灾、12人死亡、3人失踪、3人受伤。7月7日，丽江市东山乡牦牛坪村委会春天湾发生泥石流灾害，冲毁3户村民的房屋，造成1人死亡、4人失踪。7月9日，大理州云龙县功果桥镇

① 王宇：《云南省崩塌滑坡泥石流灾害及防治》，《地质灾害与环境保护》1998年第4期。

② 唐川：《云南省泥石流灾害区域特征调查与分析》，《云南地理环境研究》1997年第1期。

③ 唐川：《云南省泥石流灾害区域特征调查与分析》，《云南地理环境研究》1997年第1期。

④ 王景来、扬子汉编著《云南自然灾害与减灾研究——献给国际减灾十年》，云南大学出版社，1998，第116~118页。

弯以头、水磨房、河边等村民小组发生泥石流灾害，造成523人受灾、6人死亡、8人失踪、1人受伤，紧急转移安置509人（其中集中安置54人、分散安置455人），房屋倒塌21户63间、严重损坏55户165间、一般性损坏77户231间，直接经济损失达7000万元。7月21日，受台风“威马逊”残余云系影响，德宏州普降暴雨，导致芒市芒海镇吕英村委会户那村民小组发生泥石流灾害，造成1659人受灾、14人死亡、6人失踪。7月11日14时，玉溪市元江县的哀牢山区发生了泥石流灾害，造成1人死亡、4人失踪。①

泥石流灾害在山区频发，这些地区又是少数民族居住地区。在民间，泥石流、滑坡、崩塌等都被称为“坍山”。不同的民族都有与“泥石流”相对应的词语，如彝族尼苏语称泥石流为“咪夫”，哈尼语将泥石流称为“米哈巴”，独龙语称为“阿杜”，纳西摩梭语称为“旦拉”，藏语称为“刷达”，傈僳语称为“龙伙霍”，瑶语称为“尼拉”，这些具有民族特色和文化意义的名称说明了各民族很早就有与泥石流灾害相关的传统知识和经验。当然，一些少数民族也认为泥石流滑坡的发生与某种神灵有关，人类需要尊重自然和保护自然，才能避免此类灾害的发生。这种思想与当今的尊重自然、与自然和谐相处的理念不谋而合。

下面所进行的两个案例研究是从人类学的角度出发的。笔者对新平县的个案已经进行过深入的研究，因此，接下来主要关注前期研究中没有重视的问题，包括三个方面：首先是泥石流灾害发生时的应急机制是怎样建立起来的，主要调查了当时从事应急指挥的人员和领导；其次是泥石流灾害所引发的后期问题，包括搬迁和社会变迁；最后是目前哀牢山泥石流灾害出现的新情况。而怒江州的泥石流灾害则是环境脆弱性地区的泥石流灾害案例，它反映出的环境问题为我们今后制定环境政策具有一定的启发意义。

---

① 调查时当地政府提供。

二　玉溪市新平县泥石流灾害个案

（一）新平县的泥石流灾害概况及“8·14”特大滑坡泥石流灾害

新平彝族傣族自治县地处滇南哀牢山主峰地段，全县面积4223平方千米，98%以上是山区，其中高山占23.80%，中山占50.60%，而低山和丘陵占25.56%，从自然地理条件和地质地貌上讲，全县均属地质灾害易发区。历史上，新平县泥石流滑坡地质灾害频繁发生，如1822年、1906年、1948年等都发生过泥石流灾害。1949年之后，新平县的泥石流灾害继续发生，如1968年、1994年、2000年、2001年、2002年、2005年、2007年、2008年、2012年、2013年、2014年都发生过。从发生频率上看，进入21世纪之后，新平县的泥石流灾害几乎年年发生。根据新平县国土资源局提供的资料，截至2010年，新平县共发现地质灾害隐患点716处，涉及全县所有乡镇的121个村委会209个村民小组，受威胁人口9.9万人，受威胁财产超过14亿元。

新平县历史上最大的泥石流灾害是2002年发生的“8·14”特大滑坡泥石流。2002年8月14日，新平县哀牢山区的戛洒、水塘、者竜等镇普降大雨，发生了严重的泥石流灾害，当地政府和专家将其命名为“8·14”特大滑坡泥石流。它造成了64人死亡和失踪、3000多人无家可归、房屋倒塌893户4007间，冲毁田地2.34万亩，冲走大牲畜1829头。此外，滑坡泥石流还造成当地交通、电力、通信中断，直接经济损失2.3亿元。最后搬迁安置70个小组2545户。[①]

泥石流是什么因素导致的呢？这是困扰着灾区领导和人民的问题。据地质专家的调查和研究，这次特大滑坡泥石流是由以下

① 新平年鉴编辑部编《新平年鉴》，德宏民族出版社，2003，第32页。

几个原因造成的。（1）地质条件，哀牢山变质带的片麻岩、片岩劈理发育，产状与坡向一致，沿劈理面易产生斜坡变形，三叠系的砂岩、泥岩易风化，遇水软化，饱水后力学强度降低较快。红河大断裂两侧岩石破碎，结构面发育，本次灾害的众多灾点沿该断裂带分布。（2）地形条件，者竜—水塘—戛洒地处哀牢山东坡红河谷西岸，斜坡陡（平均大于30度）、高差大（最大相对高差1150米）、河流侵蚀能力强，微地貌再造活跃，斜坡上的物质多处于准稳定状态。（3）高强度降雨量或雨水过度集中是灾害的直接诱发因素。（4）人为的因素，即山林砍伐、过度垦殖有一定的影响。[①] 从泥石流专家的分析中可以看出，哀牢山特大滑坡泥石流的发生是由综合因素造成的，其中，自然因素占主导地位，但人为因素也不可忽视。

（二）新平县泥石流灾害应急、政府救灾和社会援助

面对突如其来的巨大灾难，新平县政府立即成立了灾害应急指挥中心，从全县抽调相关人员到灾区救灾。当时的新平县并没有应对大型灾害的经验和能力，所有的营救行动都是在探索中进行的。灾害发生当天，县长在漠沙镇调研国有企业，他是从漠沙镇赶往灾害发生地——戛洒、水塘等镇的。他到戛洒镇听取了情况汇报之后，首先赶到了受灾村寨——曼糯村。曼糯村村民看到县长到来，心灵上得到了安慰。由于213国道在曼糯村段被毁坏了，县长只有徒步走向水塘镇方向。

新平县委、县政府的应急指挥中心设在戛洒镇，县委常委会议也在戛洒镇举行。在灾害发生当天，县委、县政府就成立了指挥中心，设立了包括急救组、抢修组、后勤保障组、宣传组、防疫组、应急分队等在内的工作小组，几乎所有县委、县政府下属单位的工作重点都转移到了灾区，县各大医院、防疫站、急救中心等是重点救灾单位。水塘镇还成立了医疗急救指挥中心，下设

---

① 罗永祥、李天禄、高有安：《新平“8·14”地质灾害抢险救灾纪实》，载政协玉溪市文史委员会编《抗灾岁月》，云南人民出版社，2004，第379~418页。

秘书组、药品运输组、后勤保障组、传染病防疫组、治疗组等。与此同时，新平县发生泥石流灾害的信息通过传统新闻媒体、网络等传播到全国各地，与救灾有关的物资和人员也源源不断地到来，上级政府的救灾人员、军队、社团、非政府组织等汇集在戛洒、水塘等灾区。当地政府除了忙于救灾之外，接待外来人员也成了一个大问题。

初期救灾的主要工作是挽救生命，寻找失踪人员，保证村民有饭吃，有衣穿，有水喝，有地方住。同时要修复交通干道，保证救灾物资顺利到达，尽量减少人工背运。“8·14”泥石流造成多条公路损毁坍塌，其中省道2条、县道3条、乡道63条、蔗区专用道33条，冲毁桥梁5座、涵洞373道、路基32万立方米，坍塌方456万立方米、挡墙20道5000立方米。公路的修复工作具有重复性，由于大雨不断，刚修通的公路又会坍塌，只有不断地进行维修才能保证交通正常通行。

（三）当地居民的泥石流灾害应对和灾后重建

1. 傣族村民的应急回应和恢复重建

“8·14”特大滑坡泥石流中，傣族村寨曼糯村半个村子被冲走，共有14人遇难，灾害发生之后，附近的傣族村民立即到该村急救，特别是与之距离只有1公里的达哈村村民，为曼糯村的急救工作做出了巨大贡献。达哈村位于山坡上，在泥石流灾害中除了田地被冲走之外没有遭到任何伤亡。由于婚姻等关系，村民的亲戚朋友大部分都在曼糯村，在泥石流发生之前，达哈村村民就已经有了预感，他们认为曼糯村要出事，因为曼糯村在达哈河边上。在8月14日晚上，曼糯村有人去世，所以，达哈村、曼罗村、新寨村的一些村民都集中在曼糯村陪伴，大雨下个不停，达哈村的村民劝说曼糯村的村民离开村子，到达哈村躲一躲。

泥石流灾害发生之后，达哈村的村民第一时间就到了曼糯村进行营救，随后，其他村寨的村民也来了，新寨村委会发动了300多人来帮助曼糯村。除了寻找失踪人员之外，还要帮助曼糯村搭建简易棚，政府提供材料，所有的搭建工作需要村民自己完成，包括石棉瓦、电线、水管等建筑材料的搬运工作。灾害发生的第一天和第二天，公路被泥石流冲断了，所有的救灾物资只能靠人工搬运。新寨村委会数百名村民步行8公里到戛洒镇搬运物资，所有的村民都很配合，到第三天，公路修通了，物资被运送到村边。帐篷搭建在达哈村附近的安全地带，需要建设水池、拉电线、砌墙、搭棚等，这些都是由周边的傣族村民来完成的，并且不收费。傣族村民说："我们就从来没有想过要工钱的事情。"村民的互助是出于他们之间的友谊和责任，在他们看来，有困难的时候相互帮助是应该的。

达哈村村民在帮助曼糯村村民方面贡献最大，他们不仅接收了所有的曼糯村的村民，还接待了所有到曼糯村的外来救灾人员，包括政府领导、记者等。达哈村的村民还帮助曼糯村火化尸体，办理丧葬事务。按照傣族的习俗，参加过尸体火化仪式的人当天不能到别的人家睡，双方村民都清楚这一点，但又有什么办法呢？曼糯村的村民没有地方住，而达哈村的村民也表现出很包容的态度，他们让那些参加过尸体火化的人来家里住。文化传统在紧急情况下还是会有所改变的，对此，曼糯村村民即使在10年之后还铭记在心。曼糯村的简易棚搭建共进行了15天，在此期间，很多傣族村民都自愿到这里帮忙，救灾的工作只有在搬入简易棚之后才告一个阶段，随后就进入恢复重建阶段。

曼糯村的恢复重建计划是将这个村寨永久性地搬迁到安全地带。在政府的帮助之下，该村重建地址被安排在距离原村寨1公里的地方，这个地点原来就有优质的水稻田，属于新寨村和毛木树村管辖，一共征用34亩，包括另外两个傣族村寨——光胡村和腊纳村，共计91户人家全部搬迁到这里，村名被定为曼雅村，即"美丽村寨"之意。虽然是一个大村寨，但是，内部按照原来的三个小组分成三个部分，各小组有自己的活动室和场地。政府统一规划，提供建设图纸，村民自己建设。政府对于全无户（房屋和财产全部被冲走者）提供5000元的重建费用，对一般的灾民提供

2000元的重建费用，但是，很多灾民还是出现了经济上的困难。人们通过向银行贷款、向朋友借钱等方式进行重建，在一年的时间里完成了重建工作，并搬入了新房。

村民搬入新房之后，曼糯村变成了曼雅村，但还是保留了曼糯小组的名称。曼雅村的文化恢复成了重要的内容，原来的雅摩（女性举行宗教仪式者）和伙色（主管仪式的男人）没有变动，他们每年十一月都会举行撵寨子的宗教活动，祭龙地点也没有改变，只是整个村寨上移了1公里，搬到了安全地带。

应该说，曼雅村傣族灾民的搬迁和产业重建是比较成功的。虽然他们在恢复重建中出现了很多经济上的困难，他们的田地在泥石流灾害中被覆盖，并且几乎没有得到政府的补助，但是，他们的基础还是比较好的，不仅按时完成了重建的任务，而且田地的复垦也是自己完成的，搬迁村民还是比较满意的。对于原曼糯村村民来说，由于搬迁地点距离原来的村寨并不遥远，到田地里耕作很近，加上交通方便，村民对于泥石流灾害导致的恢复重建是满意的。更为重要的是，他们的产业重建也很成功，村民们在灾后种植了很多杧果树，加上当时赫赫有名的褚时健先生在他们村寨附近创建了褚橙基地，傣族农民也跟着栽种橙子。他们村寨是距离褚橙基地最近的村子，加上交通方便，又是戛洒通往新平县的旅游胜地——哀牢山的必经之路，所以，他们只要将橙子摆在公路边，就会有很多人停下车来购买。一个傣族村民说，他家的橙子供不应求。随着褚橙在国内知名度的提升和品牌的建立，傣族村民也开始大量种植橙子，虽然不是褚橙，但作为新平县的橙子之一，也得到了市场的肯定。

2. 彝族村民的应急回应和恢复重建

哀牢山中段的彝族主要是腊鲁人，他们与大理州的彝族是同源的。水塘、戛洒等镇都居住着很多的彝族人，他们与拉祜族人和汉族人杂居。水塘镇大口村委会是彝族的主要聚居区，该村委会的核桃坪村是主要的彝族村寨。“8·14”特大滑坡泥石流主要发生在大口村委会的大口村和核桃坪村，大口村是村委会所在地，而核桃坪村则距离村委会比较远。发生泥石流的当天，核桃坪村的灾害应急自救主要是靠村寨自身进行的。当天晚上，由于雨太大，所有的村民都不敢睡觉，他们集中在山坡上地势比较高、土地较硬的人家里，半夜里，泥石流发生了，冲毁了6间房子，由于转移得早，没有人员伤亡。到天快亮的时候，村委会出动民兵，把全部村民转移到安全地带。大口村的抗灾大转移是在村委会主任T先生的指挥下进行的，他预感到了灾害即将发生，于是就出动民兵把所有的村民全力转移到安全地点，那些不愿意转移的老人，被民兵强行背走。泥石流发生的时候，大口村有45家人的房子被冲倒或者毁坏，但是，没有造成人员伤亡。天亮之后，所有村民又进行了第二次转移，全部转移到了1公里之外的小学操场上。但是，全村近千人的吃饭又成了问题，村委会号召所有安全地带上的人家，把粮食拿出来，煮给灾民吃，并自行做下记录。同时，又将田地中所有的青苞谷掰回来吃了，这样坚持了两天。直到第三天，政府的救灾物资逐步运到了，灾民的吃饭等问题才得到解决。

大口村委会的恢复重建是所有村委会中最为复杂的，因为这个村委会的土地上已经很难找到合适的居住地，附近的平坡被地质学家认为是有潜在的泥石流灾害风险的，所以，当地政府不得不把搬迁点向更远的地方延伸，搬迁点分散而且较远。这样，大口村委会就出现了5个搬迁点，其中的一个点延伸到了傣族村寨——小麻卡，其余的4个搬迁点分别是方家空房、锅底塘、一撮树和四角田。在上述5个搬迁点中，四角田和一撮树是村民自己找的搬迁点，另外的3个村子是政府安排的搬迁点。核桃坪村由于寨子太大而被安排在了锅底塘、小麻卡和方家空房，这样，原有的社区就被分开了。其中最远的村寨是小麻卡，村民几乎不可能再回到原来的地方耕作。所以，搬迁到了小麻卡的村民，基本上都放弃了田地耕作，而通过种植核桃和打工来维持生计。小麻卡村寨位于主干道边上，交通十分方便，去水塘集镇坐车仅需要十多分钟。锅底塘是3个搬迁点中条件最差的，交通不便，并且与其他村寨隔离，距离原来的村寨较远，土地又不太平整，所以，很多被安排到这里的村民都没有搬迁，搬迁到这里的村民又抱怨村寨偏僻等问题。方家空房的村民距离也不近，但是，这里是村委到集镇的必经之地，交通方便，并且，村委会办公室也搬迁到了方家空房，这样，搬迁户办事情就非常方便。

在大口村的搬迁点中，除了方家空房之外，小麻卡和锅底塘都有没有搬迁的村民。有的灾民的房屋建设完一半之后就停工了；有的房屋已经建好，但没有搬迁；有的没有动工建设，仍然居住在原来的地方；有的则用自己的良田或者耕地与其他村民置换安全地带的宅基地建房，这样可以不用搬迁到很远的地方。笔者在调查的时候，发现这样的村民占很大一部分，他们还是不愿意远离耕地，毕竟每天来回行走 8 公里的话，随着年龄的增大，这种劳动强度是承受不了的。

3. 汉族村民的应急回应和恢复重建

水塘镇汉族村民主要居住在南达村委会、金厂村委会、邦迈村委会和戛洒镇平田村委会。这几个村委会都发生了严重的泥石流灾害。其中，南达村委会的大石板、大水井村发生了超过 100 多米宽的泥石流灾害，两个村寨中有 15 人遇难，金厂村委会芭蕉树村房屋全部被冲走，有 14 人遇难，邦迈村委会没有人员伤亡。但是芭蕉树村和曼糯村的泥石流就源于邦迈村委会的花房子村，戛洒镇平田村委会的岩村发生了严重的泥石流，全村共有 9 人死亡。这些村寨是损失严重的村寨。

汉族村民的应急也与村民互助和村委会有着密切的关系。在戛洒镇平田村委会的岩村，几乎村民们都意识到要发生泥石流了，所以，小组长带领村民往安全地带转移。但是，还是有一些人认为灾害不会发生在他们身上，结果泥石流灾害还是发生了，有些人就遇难了。岩村的应急本来是很有序的，这种惨痛的教训一定要吸取。岩村发生泥石流之后，村寨由于存在危险，就被封锁了，任何人不能进入。后来又一直下大雨，村子被封锁五天之后，到了第六天，确定已经安全了，村民才回到村中。

在南达村委会的大石板村和大水井村，有的人家跑出去之后又回去拿现金或者其他值钱的东西，结果泥石流灾害发生了，从而也增加了伤亡人员。大石板村、大水井村的村民在泥石流灾害发生的时候，逃跑方向主要是村委会的方向，但是，那个方向恰恰是泥石流灾害发生的方向。在哀牢山陡峭的山坡上居住，村民出门之后，要么选择跑向左方，要么选择跑向右方，这种决策有点像赌博，选择对了方向就安全了，选择错了方向就危险。结果是跑向左方的人们，即向深山方向逃跑的人员，全部活了下来；而跑向右方的人们，即跑向村委会方向的人员，大部分都在泥石流灾害中遇难了。据村民解释，逃跑的路太狭窄也是造成人员伤亡的原因之一，村寨下方的沟渠很窄，而走在前面的又是一个残疾人，所以后面的人只能在他身后慢慢行走，结果泥石流下来时，跛行的残疾人前面的人全部逃脱，而他后边的人，包括他自己在内，全部在泥石流灾害中遇难。

金厂村委会芭蕉树村分为上村和下村，上下村各9家人，本来也可以逃离的，但是，村民们却错误地认为村中地面较硬的人家是安全之地，大部分人员都到那家人的房屋中躲避，结果，从邦迈村方向滑下来的泥石流把上下村房屋都卷走，在村中避险的村民无一躲过劫难。

汉族村民的搬迁与彝族基本相似，他们居住在半山区，与彝族杂居或者居住在相似的高度，所以，汉族人也很难找到足够的搬迁点。与南达村委会相比，金厂村委会的情况相对较好。金厂村委会有一个山头叫大包包，这里可以容纳数百户人家，所以，金厂村委会所有的村寨都搬迁到这里了，包括芭蕉树村的村民也搬迁到了大包包山头上。与金厂村委会的搬迁情况相比，南达村委会的搬迁就有点困难了，村民被搬迁到了3个村寨，其中的一个村寨并不遥远，主要是为全无户安排的，但是，另外的两个村寨的村民被安排在马脖子山和河谷地带。马脖子山听起来就不平整，地貌与地名基本相似，但是，也找不到更好的地点了，所以，这些村民也就同意在此建房。河谷地带的搬迁点原来是傣族人的甘蔗地，该地点又被选定为搬迁示范村，并得到上海市政府200万元的资金帮助，这个搬迁点也因此被取名为“上海新村”。上海新村由于受县、乡政府的重视，恢复重建得到了重点的帮助和推进，145户村民被要求在规定的时间内完成建房。由于交通方便，所有的搬迁户都完成了建设，除了个别的人家直接到集镇上建房之外，没有人家拒绝搬迁到这里，应该说，这个村也是所有搬迁村寨中最成功的。

与水塘镇的搬迁情况相比，戛洒镇岩村的搬迁情况就出现了一些困难，这个村在土地征用上出现了问题。岩村搬迁点选在狭窄的小山头上，新村两边都很陡峭，居住了一段时间之后，村民发现了一些险情，所以认为这个地点还是没有选择好。然而，这个村子距离戛洒集镇非常近，约3公里，所以，一些村民也认为虽然其他条件不太好，但是，对年轻人来说，与集镇之间的距离是非常重要的，他们在集镇打工或者出售土特产品时会很方便。

这里需要强调关于泥石流灾害与性别、儿童等弱势群体的一点问题。从笔者的观察中，妇女在泥石流灾害中的受影响程度远远大于男性，换言之，泥石流灾害极大地加重了妇女的身心负担。妇女需要承受比以前更加繁重的劳动，如到更远的地方背柴、找猪食，她们要照顾整个家庭，克服泥石流灾害带来的恐惧感；即使是在急救阶段之后，妇女也要参与房屋建设并且像男人一样干重活，在搬迁之后需要走更多的路程，也加重了妇女的负担，这对于那些有病的妇女更是如此。另外，“8·14”特大滑坡泥石流共夺去了63人的生命，造成13个孤儿，其中有6个彝族、5个傣族和2个汉族儿童。灾区儿童在学习和生活上遇到了很多困难，当然，他们也得到了当地政府的特殊照顾，傣族孤儿陶志鸿还得到了云南省省长的特别资助。

（四）泥石流灾害的避险搬迁

哀牢山“8·14”特大滑坡泥石流发生之后，新平县人民政府对该地区泥石流风险进行了普查，完成了《新平县地质灾害详细调查报告》，确定全县共有地质灾害隐患点583个，其中滑坡隐患点392个、泥石流沟隐患点62个、崩塌隐患点4个、不稳定斜坡124个、地裂缝1个。涉及全县12个乡镇、120个村委会、209个村民小组，影响人口51798人。此外，中国地质环境监测院于2007~2010年连续对新平县地质灾害隐患点进行了多次调查，发现突发性地质灾害隐患点716处，包括滑坡隐患点433个、崩塌隐患点4个、泥石流沟63条、不稳定斜坡216个，全县12个乡镇121个村（居）委会、209个村民小组共99064人受到威胁，140573.6万元财产受到威胁。这些情况说明新平县的地质灾害隐患极大。

搬迁工作是按照危险程度逐年实施的。根据新平县的地理环境和地质灾害隐患点情况，新平县将全县地理环境分为地质灾害高易发地区、中易发地区和低易发地区。高易发地区是指断裂和陡坡地带，中易发地区是指斜坡和岩体破碎地带，低易发地区是指局部和历史问题遗留严重的地区。搬迁也是按照高易发地区、中易发地区和低易发地区的顺序进行的，要逐年搬迁。2007年，安排实施11个乡镇52个村委会93个自然村的2197户8788人搬迁；2008年，安排实施7个乡镇22个村委会40个自然村的1005户搬迁；2009年，安排实施11个乡镇30个村委会53个自然村的1421户搬迁；2011年，安排6个乡镇11个村委会13个村民小组的343户1355人进行搬迁。戛洒、水塘、漠沙、新化、老厂、建兴、平掌等乡镇的村落被列入搬迁的村寨，涉及傣族、彝族、拉祜族、汉族等。笔者这里各举一两个例子说明。

1. 傣族村寨的避险搬迁

傣族的搬迁村寨主要是戛洒镇的上曼罗村和下曼罗村。其中，上曼罗村的搬迁比较顺利，因为这个村子地面本身就出现了裂缝，滑坡在所难免，村民对此非常担心，主动要求搬迁。当地政府在考察了上曼罗村的具体情况之后，就同意搬迁了，新村地点是原住址往山梁上移了约1公里。但是，下曼罗村的搬迁就出现了一些问题，村民对于其泥石流风险的看法不同，有的村民认为有危险，有的村民认为没有危险。认为有危险的村民向政府反映了情况，政府邀请地质学家考察了之后，认为存在着危险，于是决定让他们搬迁。搬迁地点选择在与上曼罗村搬迁点相同的位置，距离原来的村寨约3公里，这样，村民就认为距离劳动地点太远，特别是老年人，在搬迁点建设完成之后，仍然居住在老村寨。然而，政府还是认为如果有人继续住在老寨是非常危险的，所以，村民必须全部搬迁到新村，这样才能达到搬迁的目的。

然而，有的傣族老人却坚持要住在老寨子，他们认为新村没有老村方便，他们没有办法天天奔波于新村与老村之间，所以，只要不下雨，他们就会住在老寨，也就是住在那间简陋的临时休息处。笔者多次到曼罗村调查，并且多次从新村走到老村，实际上，他们虽然面临一些困难，但是，与水塘镇的其他村寨相比，他们的搬迁点与老村之间的距离并不算遥远，只是老人更愿意居住在原来的地方才导致这种情况的发生，对于那些会骑摩托的中青年人来说就不会这样了。

2. 彝族村寨的避险搬迁

彝族村寨的泥石流避险搬迁在很多乡镇都出现了。漠沙镇胜利村委会的木场小组和会场小组，老厂乡黑查莫村委会五舍底小组，杨武镇尼鲊村委会它斗科下寨、老白甸村委会二道箐小组等，都有彝族村寨搬迁。这些彝族村寨都属于因泥石流避险搬迁。

3. 拉祜族村寨的避险搬迁

拉祜族的主要聚集村寨是水塘镇的旧哈村和波村村委会拉祜大寨，搬迁点主要在旧哈村委会的拉祜族村寨。在发生“8·14”泥石流灾害的时候，旧哈村委会的拉祜族村寨全部被列入搬迁范围。旧哈村委会所有的拉祜村寨都被搬迁到了大寨中。拉祜族在搬迁到了新村之后，就开始了文化复兴的计划，在镇政府的帮助下，他们每年都举办“旧哈拉祜文化节”，在节日期间都要举行陀螺比赛、物资交流以及歌舞活动。“旧哈拉祜文化节”是新平县拉祜族的唯一节日，深受当地拉祜族同胞的喜爱。

4. 汉族村寨的避险搬迁

汉族村寨的避险搬迁主要发生在金厂村委会的白猫沟等村子，该村子被搬迁到了15公里之外一个叫大窝塘的地方，没有什么耕地，灾民每户只有一个120平方米的座基，用来盖房子。这给他们的生活带来了严重的困难，他们怎么可能每天都到15公里之外的地方劳动，又同时返回到搬迁点居住呢？于是，一些村民也就没有盖房子，没有搬迁，他们还是居住在原来的村寨，虽然比较危险，但是劳动强度并不高。当然，有一些村民还是出于安全的考虑，同意搬迁了，有的年轻人开始骑摩托车劳动，有的则干脆外出打工，放弃传统的耕作方式。

与此相反，水塘镇大田村的村民被安排搬迁到上海新村旁边的空地上，他们本来是被安排到马脖子山的，但是，他们坚决拒绝搬迁，后来，政府多次协商，他们才同意搬迁到上海新村旁边，并且非常乐意。一个村民说，这里交通方便，距离集镇近，不像马脖子山，在半山上，不仅交通不便，地面也不平。村民认为这是他们通过争取之后才得来的。笔者在调查的时候，发现他们是对搬迁点最为满意的村民。虽然回家种地的路程仍然很远，但是，大家都是这样，所以，基本上也就没有什么抱怨的了。

另外的一些搬迁避险点来自邦迈村委会的花房子村，他们有的人家被安排在一个名叫“高捲槽”的山坡上，交通比较方便，但是距离老村超过3公里，由于新村与老村之间都是柏油路，对于会骑摩托车的年轻人来说并没有什么困难，而对于那些不会骑摩托车的中老年人，他们则觉得搬迁点距离原来的村寨太远，生活不方便。

（五）新平县政府的泥石流灾害应对计划

自从2002年8月14日发生了哀牢山特大滑坡泥石流之后，新平县政府针对泥石流灾害制定了一系列的防御措施，这些防御措施中有工程性防御的，也有社会文化性防御的。工程防御方法主要是技术上的问题，而社会文化的防御方法则涉及政治、经济等多个方面。在下面讨论中，有的属于工程防御，有的属于社会文化防御，有的两者兼备。

第一是工程防御。这主要是针对一些隐患点进行工程上的修复、改善，使之达到避险的目的，如拦沙坝、拦河坝、抗滑挡土墙、防渗沟、排水沟、稳固斜坡、夯填滑坡裂缝、道路硬化等，其主要目的是消除隐患点。工程地点以区域划分，如农村、流域、矿山、水库、学校等。如果是地质灾害隐患点特别大，无法进行工程治理或者花费巨大而安全却无法保证时，就把相关地区的居民进行搬迁。工程防御所需的资金主要是靠上级政府支持，也有一部分配套资金由县人民政府预算划拨。

第二是制定相关的防御制度。在此方面，新平县制定了各种与泥石流滑坡灾害有关的制度，如《新平县地质灾害防治汛期值班制度》《新平县地质灾害"两卡"发放制度》《新平县地质灾害监测人员规章制度》《新平县地质灾害灾情险情速报制度》《新平县地质灾害险情巡查制度》《新平县地质灾害"三查"制度》《新平县地质灾害隐患点监测人员管理办法》等，这些制度是在实践的基础上建立起来的，对于未来的避险有重要的作用。

第三是加强对全县泥石流滑坡隐患点的调查和研究。新平县发生特大滑坡泥石流灾害之后，引起当地政府和学界，特别是自然科学界的关注，县政府邀请中国地质环境监测院的研究者于2007年、2008年、2009年和2010年对新平县地质灾害隐患点进行了多次调查，完成了《新平县地质灾害详细调查报告》，并发表了多篇与新平县地质灾害有关的论文，中国地质环境监测院同时将新平县哀牢山段建设成了"哀牢山国家级地质灾害研究基地"，使之成为中国重要的三个国家级地质灾害研究基地之一。

第四是群策群防的避险监测方式。在乡村多年的实践中，群策群防表现出其巨大的优越性，其核心又是避险员24小时监测制度，该制度确保县人民政府在6月1日至10月30日雨季期间及时掌握全县所有隐患点的情况。按照《新平县地质灾害详细调查报告》和中国地质环境监测院后期调查的结果，对新平县突发性地质灾害隐患点716处进行检测，其中滑坡点433个、崩塌点4个，泥石流沟63条、不稳定斜坡216个。这些点按照危险度又被分为县级检测点和乡镇级检测点两类，县级检测点检测的是极其危险的地方，乡镇级检测点检测的则是一般的地质灾害隐患点。通常情况下，一个检测点由2个村民负责，任务是每天向乡镇政府避险办汇报3次隐患点的情况，乡镇政府避险办又向县政府避险办汇报3次，这样，县避险办就知道全县隐患点的动向。群策群防的重点是雨季的农村，特别是下大雨的时候，如果碰到昼夜长时间降大雨，检测员就必须到周边的隐患点巡视，疏通水渠，保证村寨排水顺畅，如果看到村子里有人家排水出现问题时，就及时通知村民排水，必要时敲锣打鼓通知村民离开村寨。

对于监测员的管理，新平县也制定了一系列的政策，如《新平县地质灾害监测人员规章制度》《新平县地质灾害灾情险情速报制度》《新平县地质灾害险情巡查制度》《新平县地质灾害隐患点监测人员管理办法》等，都是群策群防的内容。通常来讲，监测员一般都来自村寨，对于周边的环境非常熟悉，身体健康，有一定文化，在村寨中也有一定的威望和组织能力，加上政府的支持，工作开展比较顺利。群策群防的工作重点中还有一项是避灾演练，这种活动一般都在乡镇政府的统一安排下进行。即在平时就进行避灾演练，全村村民在监测员的统一指挥下，向安全地带转移。避险监测员的工作非常辛苦，他们的工资待遇极低，每个月只有300元，装备包括一个电筒、几对电池、一套雨具、一个锣和一个对讲机。虽然待遇极低，但是，笔者采访到的监测员都十分负责，体现出了当地村民对社区安全的责任心。

第五是退耕还林与生态保护。新平县制定了整治泥石流滑坡灾害的长远规划，那就是退耕还林，保护生态环境。退耕还林是国家保护西部地区自然环境的重大政策之一，这一政策也深深地影响到新平县乡村地区，特别是哀牢山等发生了特大滑坡泥石流的地区。退耕还林的主要目的是将目前脆弱的生态环境恢复到原来的状况，或者使生态恢复力得到提高。按照国家的规定，超过

25°的坡耕地都要退耕还林，但是，哀牢山区的村民根本做不到，因为山区大部分耕地都位于超过25°的山坡上。对于那些极其危险的灾害隐患地区是必须进行的，这样，新平县很多泥石流灾害隐患地区都进行了退耕还林，为了避免农民在经济上的损失，当地选择的树种主要是核桃和竹子，其中又以核桃为多。这样农民不仅进行了退耕还林，还有经济收入。退耕还林的效果已经在哀牢山区显现出来，那些发生了特大滑坡泥石流的地方，由于村民搬迁，又在原来的村寨种上了核桃树，山坡上郁郁葱葱，多年没有发生泥石流滑坡，当地村民也认为，退耕还林对生态确实有帮助。除了退耕还林之外，新平县政府还采取了强有力的措施保护动植物，禁止随意砍伐树木和进行狩猎活动，这也促进了生态系统的恢复。

第六是大力推广沼气、太阳能等新能源建设。沼气池的建设是搬迁三配套（畜圈、卫生和沼气池）的项目之一，它与太阳能结合在一起，也是新能源建设的推广项目。沼气池和太阳能的建设是从节能角度出发的，农村推广新能源项目能够减少柴薪的使用量，从而维护生态平衡，保护生态环境。应该说，通过十多年的推广，新能源的工作取得了长足的进步，在农村地区确实起到了作用。

当然，新平县的泥石流滑坡等地质灾害的避险工作仍然任重而道远，因为，泥石流滑坡等致灾因子虽然有人为的成分，但也有自然的成分。人为因素造成的致灾因子有不得已而为之的特点，就像坡耕地一样，如果当地人民不在山坡上耕作，那在什么地方耕作呢？因为这些地方全部是山坡。搬迁需要土地和耕地，但是，政府也没有办法在平坝地区找到足够的土地让高山地区村民进行搬迁。如果搬迁没有办法进行，那么，高山地区乡村的坡耕地就无法停止继续耕种了。未来的城镇化可能是一个方向性选择，但是至少目前还没有办法做到这一点，所以，如何在乡村发展与减灾之间实现平衡是今后新平县一个重要的课题。

三 怒江州泸水市泥石流灾害个案

（一）怒江大峡谷地区的地质环境及泥石流隐患状况

怒江傈僳族自治州地处云南省西北部，属于青藏高原南部延伸区，横断山脉纵谷区，山高、谷深、坡陡，断裂发育，气候条件复杂，属亚热带山地季风气候，具有立体气候特点，局地暴雨频发，地理、气候条件以及各种人为因素，造成了地质灾害频繁发生的复杂环境，是云南省乃至全国地质灾害最严重的地区之一。境内除兰坪县通甸、金顶有少量较为平坦的山间槽地和江河冲积滩地外，多为高山陡坡，可耕地面积少，垦殖系数不足4%。耕地沿山坡垂直分布，76.6%的耕地坡度均在25°以上，可耕地中高山地占28.9%，山区半山区地占63.5%，河谷地占7.6%。怒江州是少数民族聚居区，主要聚居着傈僳、怒、独龙、白、普米等少数民族，此外还有汉、彝、纳西、藏、傣等民族，少数民族人口占总人口的92%。其中，傈僳族占总人口的52%，白族占总人口的28%，怒族占总人口的6%，普米族占总人口的3%，独龙族占总人口的1%，其他民族占总人口的10%，怒江州降雨量以独龙江一带最大，平均降雨量在2000毫米以上，最大超过4000毫米，降雨成为当地泥石流灾害的主要诱因之一。

根据怒江州国土资源局提供的资料，截至2010年底，怒江州内发现各类地质灾害隐患点861个，地质灾害类型有滑坡、泥石流、崩塌、塌陷、不稳定斜坡等。其中，滑坡隐患点434个，崩塌隐患点45个，泥石流沟246条，不稳定斜坡130个，塌陷6处。在全州的泥石流滑坡隐患点分布中，兰坪县有274个隐患点，泸水县[①]有193个隐患点，福贡县有224个隐患点，贡山县有184个隐患点。这些泥石流滑坡隐患点有的是自然因素造成的，有的是人

① 泸水县于2016年撤县建市，改为泸水市，但因本部分内容不仅涉及2016年之后，还有之前的，所以为叙述方便，本部分仍用“泸水县”。

为因素造成的。人为因素中，主要是工程因素，如兰坪县的矿产开发导致很多泥石流的发生。全州地质灾害潜在威胁人口 84765 人，潜在威胁资产 17.5 亿元。[①] 这些情况说明怒江州在生态环境方面面临的问题。

（二）泸水县的泥石流灾害隐患点及其诱因

泸水县的泥石流滑坡等隐患点不容忽视，当地地质灾害类型主要有滑坡、泥石流、崩塌、地面塌陷和潜在不稳定边坡五类。截至 2010 年，全县共发现地质灾害隐患点 215 个（滑坡点 97 个，泥石流沟 34 条，地面塌陷点 2 个，崩塌点 19 处，不稳定边坡 63 个），其中大型以上灾害点有 13 个，中型灾害点有 50 个，其余为小型灾害点；滑坡、泥石流及潜在不稳定边坡隐患点多、突发性强。在调查的泸水县 215 个灾害点中，有 165 个均为人类活动导致，占 77%。人类活动和自然条件是泥石流灾害隐患点的主要形成原因。

首先，泸水县的采矿业是泥石流发生的主要因素之一，泸水县有 23 家采矿公司，其中有探矿证的企业 20 家，采矿不规范、矿渣乱堆乱放，破坏了生态环境，导致泥石流发生。

其次，当地修建的乡村公路在某种程度上导致了泥石流灾害的发生。泸水县有很多的乡村公路建设项目，但是，在陡峭的怒江大峡谷修建乡村公路，会导致随意切坡，公路弃土堆放也并不科学，陡坡的固坡和护坡措施不得力或者没有被考虑，加上植被被破坏，造成了生态环境的整体下降，为泥石流的发生提供了条件。

再次，泸水县地处怒江大峡谷地区下段，山高坡陡，地质结构复杂，雨量充沛，气候多变，生态环境脆弱，这一切都说明泸水县在自然环境和生态方面都存在泥石流隐患。

最后，泸水县具有聚居群体脆弱性的特点，表现在经济、教

① 数据由怒江州人民政府国土资源管理局提供。

育、社会关系等方面。该地区居住着傈僳族、怒族、白族、景颇族等少数民族，由于这一地区特殊的环境、地理等因素，这些少数民族与云南省内其他地区相比，属于低收入人群。而且，该地区的教育水平也不高，对于灾害信息的接收、通信系统的使用和防灾减灾知识的获得和理解也与其他教育比较发达的地区有一定差距，防灾减灾能力自然也比较低。

（三）泸水县的泥石流灾害治理措施

1. 应急预案的制定和备灾物资储备

泸水县国土资源局、住建局、水务局、交通运输局，负责灾害信息的调查、收集、整理和上报；民政局、卫生局、药品监督管理局、公安局，负责设置灾民避难场所和救济物资供应，做好医疗救护、卫生防疫、药品供应、社会治安工作；交通运输、电力、通信、市政等单位，负责抢修和恢复交通、通信、供电、供水等设施，保障人民基本生活；气象局负责做好气象服务保障工作；发改委和财政局负责安排救灾、治理等专项经费；各乡镇人民政府负责做好本辖区内群众的思想工作等。灾害抢险救援人员的组织和应急、救助装备、资金、物资准备，统一纳入县政府自然灾害救灾系统，发生灾害后，由泸水县突发性地质灾害应急领导小组调动、整合。泸水县突发性地质灾害应急领导小组制定人员和财产撤离、转移、医疗救治、疾病控制等应急行动方案。

2. 县、乡镇、村委会、自然村的群策群防

泸水县制定了县、乡镇、村委会、自然村的群策群防机制，针对当地的地质灾害隐患点，选择村委会和自然村的群策群防监测员，在每年 5 月中旬到 10 月下旬之间进行监测，并向乡镇政府汇报，每天汇报 3 次，然后，乡镇政府又向县政府汇报 3 次。监测重点在雨天，特别是暴雨巨大的时候。每当发现险情，在向上级政府汇报的同时，还要敲锣打鼓地组织社区人员撤离。监测员平时就要掌握危险时期的转移方向，并向村民进行宣传，每隔一段时间还要组织村民进行逃生演练。

3. 泥石流滑坡灾害隐患点的工程治理

泸水县的泥石流工程治理中不断加强技术含量，对六库镇阿亚洛河、赖茂河、阿亚洛河和石缸河、志奔河等泥石流沟进行监测仪器安装，主要有一体化卫星雨量自动监测仪、泥石流地声监测系统、泥石流次声监测系统、一体化泥水位监测系统、报警电子显示屏、无线报警电子显示屏、泥石流预警信号警报设备、北斗卫星数据接收指挥机、视频监控预警自动摄录仪和地质灾害监测预警系统等。目前，所有监测系统安装、调试已全面完成。

4. 避险搬迁

对于治理费用太高、难度太大的泥石流灾害隐患点，泸水县政府实施了分期、分批的搬迁计划。根据泸水县国土资源管理局提供的资料，在 2011～2020 年，泸水县实施了 76 个地质灾害隐患点避灾搬迁，共涉及 1476 户 6069 人，基础设施建设 4 万元/每户，搬迁补贴 4 万元/户，所需投入总费用为 11808 万元。

5 保护生态环境，发展绿色 GDP

泸水县被列入国家生态功能区之后，开展了生态环境保护、发展绿色 GDP 的目标，包括退耕还林、荒山造林、陡坡地生态治理等多项活动，成绩突出。通过 10 年的努力，有效保护了区域内的天然林资源，完成人工造林 40.8 万亩，其中退耕还林 5 万亩，荒山造林 9 万亩，陡坡地生态治理 3.5 万亩，巩固退耕还林 11.5 万亩，天保公益林建设 8.3 万亩，完成封山育林 25.9 万亩。森林覆盖率达到 71.3%，生态修复成效明显，生态恶化状况明显改善。与此同时，当地政府还编制了 2010～2025 年的《怒江州泸水生态县建设规划》，该规划对于泸水县的生态环境保护、生态示范区建设和可持续发展具有重要的意义。

（四）泸水县集镇地区的泥石流灾害治理个案研究

泸水一中滑坡群和芭蕉河、赖茂河泥石流治理工程总投资为 5278 万元，分别为省级专项资金 2800 万元、中央财政资金 2478 万元。一期工程于 2010 年 10 月开始，总投资为 1663.5 万元，直接工程费为1288.3万元；二期工程于2011年11月开始，投资规模为2680.18万元，直接工程费为1775.77万元。泸水一中滑坡群和芭蕉河、赖茂河泥石流的主要防治工程有抗滑桩、锚索、锚杆、抗滑挡墙、截排水沟、拦挡坝、排导槽、防洪堤和绿化工程等。笔者在泸水县国土资源管理局领导的陪同下，于2014年5月初对泸水一中滑坡群和芭蕉树、赖茂河泥石流点进行了调查。在泸水一中，我们看到了教学楼后方不稳定滑坡坍塌点的治理工程，据介绍，该点已完成人工清方1370立方米、机械清方36500立方米，建设了排水沟、锚杆、钢绞线、锚索、急流槽、护脚墙、抗滑桩、抗滑挡墙等，坡面框格梁内种植“遍地黄金”和叶子花5313平方米。工程已经全面完成，校园内泥石流滑坡挡墙上能看到“遍地黄金”和叶子花，挡墙下面是学生宿舍。据学校领导介绍，该校的泥石流滑坡隐患点已经存在很长时间，近几年在政府的关心下，开展了治理项目，有效解决了滑坡隐患，学校在正常的教学和日常生活中不必担心滑坡问题。

赖茂河泥石流治理段河堤土石方开挖35000立方米，河堤基础2150立方米，河堤挡墙9000立方米。赖茂河泥石流源于六库镇的新老城区连接区，是人口集中地带，面积为216.61平方米，灾害类型主要以滑坡、不稳定边坡、泥石流为主，威胁对象为城镇、学校、村庄。笔者在泸水县国土资源管理局领导的陪同下观察了赖茂河泥石流滑坡治理工程的状况，源头部分正在施工，山坡陡峭，明显有泥石流滑坡痕迹。赖茂河的泥石流滑坡治理一期工程总投资为1663.5万元，二期工程投资为2680.18万元。工程以排水沟建设为主，兼有钢绞线、锚索、急流槽、护脚墙、抗滑桩、抗滑挡墙、绿化等方法，同时安装了一体化泥石流水位数据采集监测仪，包括GPRS通信模块、北斗卫星通信模块、太阳能板、蓄电池、立柱等。我们从源头一直走路观察，泥石流排水沟一直从源头到达怒江中，中间地段涉及不同的单位和群体，给施工增加了很大的难度，但在当地国土部门的努力下，这个广受社会关注的泥石流滑坡治理项目还是达到了既稳固滑坡体和泥石流拦挡、排导的功能，又兼顾了健全完善市政建设、美化环境的目的。

（五）泸水县泥石流灾害治理的成就和面临的问题

泸水县的地质灾害治理成就表现在如下几个方面：第一是地质灾害的综合防灾减灾工作成绩显著，县政府的灾害应急预案等制度齐全、演练充分，备灾物资准备充分，制定了2011～2020年的地质灾害防治规划，不同部门团结合作（如气象部门与其他部门的合作）非常有效；第二是地质灾害的工程技术防治工作逐步推进，包括了滑坡泥石流治理项目不断推进，如县城新区、老窝镇四季坪村泥石流治理等，工程治理中的技术含量不断提高，工程治理项目得到上级政府的重视，基础设施等工程建设都考虑到了地质灾害防治；第三是生态恢复和环境保护为地质灾害的防治做出了贡献，泸水县被列入“国家生态功能区”，县政府编制了2010～2025年的《泸水生态县规划》，生态治理（退耕还林、荒山造林、陡坡地生态治理）成绩突出，县城“两污”处理和乡村环境治理取得成就。这些都为泥石流滑坡灾害的防灾减灾起到了积极的作用。

面临的问题主要表现在如下几个方面：第一是怒江特殊的地理地质环境给地质灾害治理带来困难；第二是地方政府有限的财力无法为国家的治理和其他生态项目建设提供配套资金，换言之，州县政府的财政收入使得上级政府下来的项目无法进行资金配套；第三是村民经济贫困和其他能力不足，使防灾减灾能力减弱；第四是地质灾害的预警监测能力仍然有待提高；第五是地方经济发展与地质灾害的防灾减灾之间存在一些矛盾；第六是生态环境保护任重道远，泸水县地处怒江大峡谷地区，特殊的地理地质环境，并不利于发展工业，特别是高耗能、高污染的产业，目前，泸水县有采矿证的矿山企业23家，还有水泥厂以及工业园区的各种企业，它们具有很大的环境风险，包括潜在的地质灾害风险、污染和能源消耗风险。因此，从泸水县的实际情况出发，泥石流治理中需要坚持三个原则：重绿色产业，轻工业；重绿色GDP，轻高耗能、高污染产业；重长期的可持续发展，轻短期的项目利益。

四 泥石流灾害的防灾减灾经验总结

通过对滇南哀牢山地区的新平县和滇西怒江大峡谷地区泸水县的两个泥石流灾害点的研究，笔者认为，泥石流滑坡灾害是一种人为和自然因素相交叉融合的灾害，其中人为因素占主导地位。很多泥石流滑坡灾害的发生是人为因素的结果，也反映出人类与环境的关系。这是人类过度毁坏森林、过度开发和开挖土地的结果，一旦生态环境失去恢复力，就会转变成另一种可怕的生态系统。直到今天，人们发现，想减少其脆弱性、增加环境恢复力变得非常困难，不管投入多少经费，仍收效甚微。哀牢山的甘蔗种植和对山区的过度开发也是泥石流灾害发生的主要原因，而怒江大峡谷地区的矿产、公路建筑导致了泥石流灾害。人类与环境的关系，是导致生态系统恶化的重要因素，这也是党中央大力建设生态功能区的原因。

对不同地区的泥石流滑坡灾害，包括哀牢山和怒江大峡谷地区，从人类学的角度上讲，笔者认为应从如下几个方面总结防灾减灾经验。

第一，要通过生态系统整体观来统领地质灾害的防灾减灾工作。人类赖以生存的环境是一个生态系统，这个系统中各个部分是相互联系、相互制约和互为条件的。比如，森林、河流、坡度、地质结构、环境状况、灾害等是相互联系的，我们需要用系统的观点和方法来分析防灾减灾问题。因此，生态恢复、环境保护、社会群策群防和技术治理相结合的综合治理方法是泥石流滑坡灾害防灾减灾的主要方法。

第二，把防灾减灾工作纳入怒江州国民经济和社会发展规划中，在发展中合理使用土地，科学开发和保护生态环境。怒江、哀牢山等都是地质灾害的频发地区，这些地区山高坡陡、地质地貌复杂，极易发生地质灾害，加上历史上的过度开发、环境衰退等原因，这些地区成为泥石流滑坡灾害的高发区。从目前的情况来看，吸取历史上的经验教训是当代人应有的认识，这些地区的任何发展规划和项目建设都必须具有防灾减灾的内容。在农村风险地区和贫困地区，乡村发展、村寨搬迁、新村选址等都要纳入地方发展规划；在城市规划中要避免在风险区建设，并将灾害风险纳入施工评估；要加强对各类项目的督导检查及监理，严查不按设计施工的项目，防止不符合防灾减灾要求的情况发生；要扩大灾害工程治理的普及面，结合城镇化建设规划，重点推进灾害高发易发地区、设防能力薄弱区和连片贫困区域的居民避让搬迁安置工作。

第三，泥石流滑坡灾害的防灾减灾是科学、文化相结合的产物，怒江大峡谷和哀牢山的泥石流防灾减灾都是通过工程治理、搬迁和群策群防的方式进行的。

第四，重视各民族的传统知识在泥石流防灾减灾中的作用。各民族都有与泥石流灾害有关的传统知识，只是有的民族多一些，有的民族少一些；山区民族多一些，坝区民族少一些。即便是生活在江边的傣族也有与洪水有关的传统知识，这些知识也可以直接用于防灾减灾。当然，这些少数民族内部对传统知识的掌握和传统知识的分布状况也不均匀，老年人多一些，年轻人相对少一些，经历过的人员多一些，没有经历过的人员少一些。收集、整理和总结这些传统知识对于泥石流灾害的防灾减灾具有重要的作用。同时，还应当将这些传统知识普及于民众，使全体村民的防灾减灾能力得到提高。

第五，泥石流灾害的防灾减灾与政府的项目支持有极大的关系，无论是工程治理项目，还是搬迁和群策群防都需要政府的投入。应积极争取中央和部委资金、省政府预留专项资金，把泥石流隐患点治理好，至少要把那些具有重大威胁的隐患点排除在危险之外。

泥石流滑坡灾害的发生具有自然因素及人为因素，其防灾减灾的方法也特别复杂，短期的泥石流防灾减灾应该是以工程防灾为主，中期的泥石流防灾减灾可以考虑搬迁、工程等相结合的方法，而长期的泥石流防灾减灾必须走综合性治理的道路，即走退耕还林、生态保护和可持续发展的道路。

五 小结

本章通过新平县的哀牢山和泸水县的案例，探讨了泥石流滑坡灾害的防灾减灾问题。云南省的泥石流滑坡主要分布在六大流域的生态环境脆弱性地区，本研究的田野点涉及了多个民族的泥石流防灾减灾方法，包括了彝族、傣族、哈尼族、傈僳族等地区，因为不同地区、不同民族泥石流灾害的防灾减灾方法具有差异性。通过本章的探讨，笔者认为，泥石流滑坡灾害的发生除了自然因素之外，还与人为因素有着密切的联系。自然科学的研究成果表明，人为因素造成的地质（泥石流、滑坡、崩塌等）致灾因子非常普遍，特别是在公路和铁路建设、矿山开发、水库建设等方面更是如此。而毁林开荒和土地使用不当也能够造成泥石流灾害的隐患，泥石流致灾因子的发生是环境退化、生态系统韧性下降和不良发展的结果。因此，泥石流灾害的防灾减灾问题不只是对雨天进行监测和关注，还要思考长期的可持续发展战略，那就是对生态系统进行保护，使生态系统的恢复力不断增强，从根本上保证生态系统处在安全的范围之内，这是泥石流防灾减灾的根本之策。

第七章　环境脆弱性、生态韧性与泥石流灾害

——以云南省东川区的泥石流灾害为例

一　东川问题的提出

云南省昆明市东川区位于昆明市最北端，东邻会泽县，南连寻甸县，西接禄劝县，北邻巧家县，全区面积1858.79平方千米，其中山区面积占97.3%，平坝面积占2.7%。全区辖8个乡镇（办事处）、130个村民委员会、33个社区居民委员会，2013年总人口313272人，其中少数民族人口23693人。东川区汉代称“螳螂县”，包括了今东川、会泽、巧家等地；唐代设东川军郡，清康熙四十四年（1705年），东川官办铜政，清乾隆年代铜业最盛；民国时期和新中国成立后，东川区仍然是中国铜业主产区。东川区人口较多的民族是汉族，但是，该地区从古至今各民族文化共同发展。首先，东川区及其周边的禄劝、昭通部分地区及邻近的四川部分地区是彝族祖先居住的核心地区，该地区的古代居民主要是彝族，传承至今的滇南彝族尼苏、纳苏等支系的彝文古籍《指路经》就是将彝族亡灵引导到该地区。其次，东川区周边主要是彝族居住区，如禄劝、寻甸等县的主要居民是彝族。再次，东川区域内至今有很多的少数民族，东川的神话、传说和故事中，少数民族神话占有很大的部分。例如，在《中国民间故事全书·云南昆明·东川卷》中，就流传着各种彝族神话，如《睡柜子与山茅竹》《插

花节的由来》《第七个太阳》《阿涅格兹与水龙王》等。[①] 最后，本研究的田野调查地点即东川区大白泥沟的泥石流源头本身就是彝族居住地区。

东川区是我国泥石流灾害最为频发的地区，被称为“泥石流灾害的天然博物馆”。东川泥石流引起世界各国学者的关注，中国科学院1961年就在东川建立泥石流观测站，日本、美国等科学家到东川进行过泥石流灾害的研究，在理论和实践上取得了丰硕的成果。东川在泥石流灾害治理方面取得的成就，被称为“东川模式”，也被认为是成功的泥石流灾害治理方式之一。然而，泥石流灾害仍然频发，研究和治理仍需加强。东川泥石流灾害的研究者主要是自然科学家，从社会科学特别是从人类学的角度对东川进行研究的学者还非常少。本章从人类学的角度，对东川泥石流灾害发生的原因、治理方式和对当地人民所产生的影响进行考察，反思东川的环境脆弱性问题、生态韧性问题及其人类学意义，对东川的泥石流治理提出初步的建议。

二 环境脆弱性和生态韧性的理论背景

“脆弱性”由英文的vulnerability翻译而来，指个人或者群体的状况影响他们参加、处理、抗击和恢复受自然灾害（一种极端的自然事件或者过程）损害的能力。在联合国减轻灾害风险战略中，脆弱性的定义较为具体，它指一个社区、系统或资产的特点和处境使其易于受到某种致灾因子的损害。[②] 脆弱性既指环境系统易受到致灾因子的损坏，也指社会系统中的抗灾能力变弱。脆弱性有多种，如物理脆弱性、经济脆弱性、社会脆弱性和环境脆弱性。所谓物理脆弱性是指影响脆弱性的物质因素，主要是指由工

---

① 王文朝主编《中国民间故事全书·云南昆明东川卷》，知识产权出版社，2012。

② 联合国国际减灾战略（UNISDR）：《2009 UNISDR减轻灾害风险术语》，www.unisdr.org/publications，2009。

程结构所构成的人类建筑环境，如房屋、厂房、设备、大坝、公路、桥梁等基础设施；经济脆弱性又分为宏观经济层面上的和微观经济层面上的脆弱性，两者都会对灾害产生深远影响，特别是穷人往往比富人具有更高的脆弱性；社会脆弱性是指与个人、团体或社会的福利水平相联系的部分，包括教育水平、社会治安、管理体系、社会公平、传统、宗教信仰、意识形态和公共卫生及基础设施等多个方面。影响环境脆弱性的主要因素有自然资源的损耗和环境退化。[①] 笔者倾向于将脆弱性分为环境脆弱性和社会脆弱性两种。环境脆弱性是针对自然环境而言的，虽然有的是由人为因素造成的，或者人为因素原因为主，但是，其产生原因离不开自然环境。社会脆弱性与环境脆弱性相对，是与人类社会有关的各种脆弱性。在很多情况下，环境脆弱性与社会脆弱性往往同时存在。环境脆弱性和社会脆弱性相结合为灾害发生创造了条件，即在环境脆弱性条件下，致灾因子碰到了脆弱的社会群体，灾害就容易发生。灾害的发生会使社会更加脆弱，社会脆弱性更加严重。防灾减灾就是要减少环境脆弱性和社会脆弱性，即在减少环境脆弱性的同时加强群体的抗灾能力建设。

系统生态学中的韧性理论（resilience theory）在人类学及其他社会科学中有广泛的应用。该理论最初由加拿大生态学家霍林（Holling）于 1973 年提出，他将“韧性”定义为社会 - 生态系统能承受干扰并继续保持其功能的能力。韧性是一个系统内部持续关系的决定因素，是这些系统吸收变量状态的测量能力，使变量和参数得到保持。韧性是生态系统的特点，该系统的可能性结果是持续或者灭绝。[②] 韧性的定义被提出来之后，学者对其不断修正和补充，总体有两种思路：第一种是将“韧性”定义为生态系统能够在不改变自我组织过程和结构的情况下抵抗干扰的总

① 唐彦东：《灾害经济学》，清华大学出版社，2011。

② Holling, C. S. , “Resilience and Stability of Ecological Systems,” *Annual Review of Ecology and Systematics* 4, 1973, pp. 1 – 23.

量；第二种是将“韧性”定义为系统主体在干扰时回到稳定状态的时间。[①] 2006年，瓦尔克（Walker）和萨尔特（Salt）将“韧性”定义为一个系统能承受干扰动乱并保持其基本功能和结构的能力。[②] 在今天，社会生态系统被认为是一个由自然和人类要素组成并相互作用和影响的网络。韧性理论之所以重要，是因为它跟环境和人类社会的脆弱性、致灾因子的发生和灾害的形成有着密切的关系。韧性下降，脆弱性就提高，防灾减灾能力就变弱；相反，韧性增强，脆弱性就降低，防灾减灾能力就变强。[③] 所以，致灾因子和灾害的形成与否与脆弱性关系密切。

东川泥石流灾害的产生是环境恶化的结果，由于泥石流灾害的长期影响，东川已经受到国内外学者的关注，对于该地区泥石流灾害的治理，也被认为是泥石流综合治理的典型范例。如果说，当代泥石流致灾因子和灾害的防灾减灾的重要方式是以降低环境脆弱性、增强生态韧性的方式进行的话，那么，东川的综合模式就具有理论上和实践上的双重意义。这里需要强调的是，东川的环境脆弱性的形成是一个长期的过程，因此，生态系统恢复所需要的时间比生态恶化所需要的时间更长。我们需要针对生态危机、致灾因子和灾害的状况，加强防灾减灾的能力建设，减少脆弱性的状况，增强韧性，这是研究东川泥石流灾害的价值所在。

三　东川区的泥石流灾害及其成因

东川区是中国泥石流灾害发生最为频繁的地区，其特征明显，表现为唯一性、范围广泛、单点面积和流量大。东川泥石流灾害

---

① Gunderson, L. H., “Ecological Resilience in Theory and Practice,” *Annual Review of Ecology and Systematics* 31, 2000, pp. 425 – 439.

② Walker, Brian & David Salt, *Resilience Thinking*: *Sustaining Ecosystems and People in a Changing World.* Washington, Covelo & London: Island Press, p. xiii, 2006.

③ Harrell, Stevan, Intensification, Resilience, and Disaster in Chinese History, A Paper Presented on the International Conference on Anthropology of Disaster and Hazards' Mitigation and Prevention Studies. Kunming, China, August, 2013.

的成因是复杂的，它与生态系统的恶化有着密切的联系，是一个长期的历史演变过程。东川泥石流滑坡有自然原因和社会原因两方面。自然原因包括了地质地貌、气候等，而社会和人为原因主要就是过度开发，如矿产开发、森林砍伐、开荒造田等，导致环境脆弱，两者的结合造成了泥石流滑坡的发生。

在地形地质方面，东川地处小江深断裂带东支以东，结构复杂，规模巨大，挤压剧烈，岩石破碎，底壳脆弱。在地貌方面，东川为深、中切的高山峡谷区，山区面积为97.3%，平坝面积为2.7%，坡度大于35度的面积占总面积的29.1%，全市分为北部中山峡谷区、南部中山峡谷区、东部高山峡谷区、西部高山峡谷区和中部河谷盆地区，地貌有剥蚀构造山地、侵蚀构造山地、侵蚀堆积河谷、岩溶山地等，具有山高谷深、坡陡山峻的特点。

在社会和人为因素方面，自然科学家认为，东川泥石流的发生与人为因素有关。例如，王治华就认为，在东川的泥石流灾害中，触发泥石流的人类活动，主要有乱砍滥伐、过度放牧、陡坡垦殖、不合理开挖、随意弃渣等。王治华还认为造成东川泥石流灾害的人为因素主要包括不合理开挖、破坏山体稳定。大规模的开挖，破坏了森林植被，破坏了山体稳定，破坏了地表径流或地下受力结构，改变了水动力条件。另外，随意弃渣和堆放是被人们忽视但能够造成泥石流灾害的常见的人类活动。东川汤丹露天矿，多年来将废石堆积于坑口附近的菜园沟，总量达1013万立方米。1973年以来，年年雨季暴发泥石流。[①] 然而，东川的泥石流灾害发生的人为原因也不是当代形成的，它是一个历史的过程，与过度的矿产开发和环境破坏有关。东川具有悠久的采矿史、环境变迁史和灾害史。《华阳国志》就记载过："堂琅县，因山名也。出银、铅、白铜、杂药。"其地震和开矿史都可以追溯到汉代。西汉河平三年（公元前26年），堂琅地震，小江水断流21天。东汉

① 王治华：《东川泥石流与人类活动》，《中国地质》1990年第6期。

建初元年（76年），堂琅能够生产铜洗、铜犁等工具。这些情况说明，东川具有两千多年的开矿史和地震史。清代是东川大规模开采铜矿的时期，清康熙四十四年（1705年），东川府开始放本收铜，抽税20%，并在昆明建立了官铜店，控制着东川铜业的买卖。乾隆四年（1739年），东川产铜在5000吨左右，矿产人员往来超过10万人，乾隆皇帝曾于1793年亲自为东川铜业题匾，铜业兴旺发达，但给当地环境带来了很大的破坏。民国时期，东川成立了矿业公司，铜业继续发展，同时开采铅、锌等矿。1923年，矿业公司还聘请了日本专家到东川调查矿业状况，专家提交了《调查东川各矿山报告书》。1937年，滇北矿务股份有限公司成立，即后来的滇北矿务局，东川矿务仍然受到重视。民国时期的东川矿业得到发展，但是，矿山事故也时常发生，生态环境继续走向恶化，泥石流等自然灾害继续发生。

给予东川环境最后一击的是新中国成立之后的大规模铜矿开采，特别是大炼钢铁时期的无序开采和冶炼，东川生态环境遭到全面破坏。1951年中央财政经济委员会批准了《东川铜矿开发意见书》，将东川的铜矿列为全国重点项目，1952年成立了东川矿务局，中央从东北抽调干部、技术人员和大学生支持东川铜矿建设，矿务局最盛时期职工达到1万人。与此同时，国家开始修建矿山公路，在民工、技术人员的努力下，从羊街镇到因民镇全长243公里的铜矿公路于1953年开始通车。1953年，重工业部提出“全国人民支援东川”的口号，从全国调集干部、技术人员、大学生、军队转业人员到东川工作，被称为“万人探矿”。然而，1954年，蒋家沟发生了规模巨大的泥石流灾害，阻断小江达30多天，从此，在进行铜矿开发的同时，又开始了泥石流的治理工作。

四 东川区泥石流灾害的应对和治理方式

（一）自然科学家的应对建议

东川泥石流在国内外具有相当的代表性，被称为“泥石流灾害的天然博物馆”，说明了东川泥石流受到国际关注。1961 年，中国科学院开始在蒋家沟建立泥石流观测站，1988 年其成为中国科学院首批 5 个野外开放性观测站之一，2006 年成为国家重点野外观测站，主要研究领域包括了泥石流的形成、运动、预测预报、防治和泥石流活跃地区的环境修复等。东川站在科学研究和学科建设方面成绩突出，为东川泥石流灾害的预防提供了技术、建议和培训，为东川泥石流的预防和减灾做出了贡献。此外，东川区国土资源管理局还有泥石流研究所。通过 50 多年的观察和研究，科学工作者对于东川泥石流的治理提出了一整套的建议，有的已经实施并取得了成效。例如，陈循谦专门针对东川泥石流提出了几条具体的建议：预防和治理相结合；加强监督工作；合理利用和开发山区资源；大力做好水土保持工作；建设基本农田，提高面积产量；发展多种经济，活跃山区经济；保护自然环境，恢复生态平衡；建立劳务积累制和小流域承包制；加强泥石流的预报警报工作。[①] 在泥石流减灾建议中，姚一江的建议具体而又实用，其主要包括：

> （1）山区铁路、公路通过河谷缓坡或潜在滑坡区时，首先应查清构成斜坡岩石土体的软弱结构面（或滑动面）所处位置及其强度，工程上应避免深挖高填，迫不得已时必须采取预防性工程措施，恢复山体平衡条件。（2）避免施工不当造成病害。施工时间应避开雨季，雨季施工滑坡的发生率很高；施工方法忌大面积开挖基坑。（3）为了减少人为活动造成和扩大的泥石流灾害，对所有能造成大量弃渣的厂矿工程建设严禁投资，要求必须对弃渣的堆放做出有力措施之后才允许动工。铁路、公路两侧分水岭禁止滥垦、滥伐，保护好自然环境和森林植被状态，多种树，加速恢复森林植被，保

① 陈循谦：《论东川市水土流失、泥石流的危害和治理》，《水土保持学报》1989 年第 4 期。

护好生态平衡。要加强防灾管理，防止出现引水渠道漏水、堤坝溃决，对高坝需进行检算。[1]

姚一江的建议说明了大工程建设，如铁路、公路、水坝、大型矿山等对泥石流灾害的影响，泥石流的防灾减灾也要针对这些工程进行，此外，保护生态环境对泥石流防灾减灾也具有重要的意义。除了自然科学家之外，还有一些人类学学者也提出了泥石流灾害治理中要重视传统知识的建议。[2] 当然，泥石流灾害是主要的自然灾害类型之一，它与地震、干旱、洪水等灾害一样，是防灾减灾的主要防范对象。

（二）东川区政府的泥石流防灾减灾方式

东川区政府的地质灾害防治措施包括如下三个方面：群策群防、工程治理、搬迁避让。在群策群防方面，一是建立了分级负责的管理制度，即由区政府、镇（街道办）及国土局等相关部门负责，建立了由分管领导任组长，相关部门负责人为成员的地质灾害防治领导小组；二是发布防治方案和应急预案，即各级政府编制辖区内的防治方案和应急预案，地质灾害隐患点“一点一案”，并进行演练；三是加强监测员管理，对以村两委负责人和村民小组组长为主的防灾责任人和隐患监测员的聘用条件、职责、考核及奖惩做出了明确规定；四是落实“两卡”发放和灾害隐患点警示；五是汛前排查、汛中检查、汛后加强巡查监测；六是加强汛期值班，自 5 月 1 日起启动 24 小时地质灾害防治值班制度；七是健全完善灾（险）情速报制度，对不同等级的灾（险）情，规定了上报时限；八是加强宣传培训，主要是预警的基本知识和基本技能，开展监测预警工作，提升报警和快速组织群众转移的

① 姚一江：《滑坡和泥石流——人类活动诱发的山地灾害》，《水土保持通报》1985 年第 1 期。

② 何茂莉：《山地环境与灾害承受的人类学研究——以近年贵州省自然灾害为例》，《中央民族大学学报》2012 年第 6 期。

能力，发放地质灾害防治知识手册、光碟、贴画等宣传资料；九是开展综合性应急演练；十是保证监测补助经费足额发放，省财政每年向每名监测员发放补助 1000 元，市、区两级政府发放部分不低于省级补助的 50%，自 2013 开始，各级政府补助经费已全部发放到监测员手中。

在工程治理方面，矿山地质环境治理重点是治理城市后山大桥河沟、田坝干沟、腊利沟、深沟和尼拉姑沟五条泥石流沟道；阿旺特大型泥石流治理，重点治理阿旺镇集镇区域的阿旺小河、大白河等地区的隐患点；同时，还通过省、市补助地质灾害治理工程项目，对铜都街道蒋家沟、梨坪村新田沟、姑海小烂山、拖布卡镇树桔村学堂后山、乌龙镇园子村郑家坟等地质灾害点进行了整治。东川泥石流滑坡工程治理方面的突出成就是总结出具有当地特色的泥石流滑坡的综合治理模式——“东川模式”。“东川模式”以“稳—拦—排”为代表，以工程、生物、农耕措施配套，采取治理与科研相结合的方法，该模式在东川泥石流滑坡的预防和治理中起到了积极的作用，不仅得到国际专家的肯定，对我国泥石流地区减灾防灾和搞好生态环境建设也起到了积极的示范作用。

在搬迁方面，东川区政府制定了《昆明市东川区地质灾害隐患区移民搬迁安置总体规划》《昆明市东川区（倘甸）移民搬迁安置总体规划前期规划》，涉及 127 个村委会（社区）363 个村（居）民小组的 1.6 万户 6.5 万人，其中有 7203 户 29796 人急需紧急搬迁。从 2009 年开始，以集中采购、集中安置方式将第一期 538 户 1734 人搬迁至东川主城区安置，第二期搬迁的 383 户 1162 人也以集中采购、集中安置的方式安置于东川主城区，第三期计划搬迁安置 604 户 2216 人，以东川主城区、镇内就地安置为主。搬迁是泥石流滑坡灾害避险的主要方式，这种方式对于那些居住在危险区域内的村民非常有用。

（三）乡村社区的泥石流防灾减灾方式：以阿旺镇大白泥沟泥石流为例

东川区大、小白泥沟属于金沙江一级支流小江上游大白河左岸，阿旺镇地处东川区南段，素有“东川南大门”之称，面积为267.8平方千米，最高海拔3240米，最低海拔1350米，全镇有1个社区16个村委会216个村民小组，总人口9857户36977人，其中非农业人口7440人，农业人口29537人。少数民族人口4342人，占总人口的11.7%，世居民族有彝族和苗族，其中又以彝族人口最多，有3947人。阿旺镇主要种植水稻、玉米、小麦、豆类等粮食作物，经济作物以烤烟、药材、水果等为主，全镇年人均纯收入5158元。[①] 大、小白泥沟就在彝族和汉族的居住区域之内，其中，源头居住着汉族和彝族，而河谷地区居住着汉族居民。

大、小白泥沟流域总面积约33.5平方千米（其中，大白泥沟流域面积约21平方千米，小白泥沟流域面积约12.5平方千米），其崩塌、滑坡十分频繁，松散固体物质较多，达1.83亿立方米，在东川的泥石流沟中，其严重程度处于第二名。大、小白泥沟每年多次暴发泥石流，最大流量可达每秒1500～2000立方米，实测流速高达每秒6.74米，近20年来，堆积面积增大0.52平方千米，淤高13.8米，增加淤积方量1570万立方米，小江河床上涨8米，整个堆积扇向小江下游延伸约3千米。由于泥石流规模不断加大，逐渐埋没了下游的村庄和基本农田，昔日的一片良田变成荒凉沙坝，人均耕地面积不断减少。拖落、新碧嘎、海科三个村6995人生活相当贫困。

根据当地的史志资料，在两百多年前，大、小白泥沟附近地区曾经有着很好的植被，沟边两旁草木丛生，村庄相望。但是，由于历史上的种种原因，特别是土法炼铜需要大量砍伐树木，生态环境遭到严重破坏，水土流失加剧，滑坡崩塌发育，泥石流活跃，严重影响到当地居民的生计和生命安全。笔者到了大、小白泥沟附近的村寨采访，距离白泥沟最近的是阿旺镇新碧嘎村委会，该村委会辖有新碧嘎村和老碧嘎村，共有480户2700余人，其中新碧嘎村只有一个村民小组，而老碧嘎村则有6个村民小组，共

① 东川区人民政府编《东川年鉴2014年》，德宏民族出版社，2014。

705人。这里的村民大部分都是汉族，有一部分彝族村民，但都是因为婚姻关系迁入两个村寨的。据村民介绍，大白泥沟的源头还有2个彝族村委会，一个是拖落村委会，另一个是海科村委会，彝族的自然村包括了白泥井、大麦地、马脖子、山头等，但是除了白泥井是纯彝族村寨之外，其他的村寨都是彝族和汉族杂居的村寨，这些地区的彝族都会讲彝语。

大白泥沟是一条泥石流沟，从山上流下来，进入小江中，在与小江交汇处形成了一个巨大的沙滩堆积层，当地人形象地称之为“沙坝”。这个沙坝是当地人长时间以来种植水稻、玉米和红薯的田地。大白泥沟在新碧嘎村和老碧嘎村之间，对于老碧嘎村的村民来说非常不方便，因为他们每次到东川城，都需要穿过大白泥沟。但是，如果碰到泥石流发生，两个村都没有办法通过，因为泥石流淤泥太深，人走过时会陷入泥中，很不安全。沙坝就是一片沙滩堆积层，起初没有公路，目前的二级公路是2006年开始通车的。大白泥沟的左右两边都有村寨，左边是新碧嘎村，右边是老碧嘎村。老碧嘎村72岁的张老太太从小就在该村长大，后来嫁给了同村的人，她的老伴已经82岁了，家里共有6个人，分别是他们两个老人、儿子、儿媳和2个孙子。但是，由于儿子和儿媳都在外地打工，因此是典型的留守家庭。她说：

> 我们家以前都在沙坝开田种，如果被泥石流或者大水冲平了，次年又继续开田。我们还在水稻田的上方挖一个大塘子，目的是澄清泥水，因为只有清水才能种田地。我们在沙坝中种植水稻，每年可以收获5000斤稻谷。但是，近几年沙坝承包出去了，没有再种植水稻。我们虽然没有再种植水稻了，但是村民每年还是可以得到2000～3000元的租金收入。我从小在这里长大，经历过很多次的泥石流，泥石流发生的时候非常可怕，波浪大，大石头随着泥石流滚下来，两个星期都不敢过河，整条沟都是软的，如果强行过去，就会陷到泥石流河中。我们以前生活在这边很不方便，公路在对面，

如果要到城里或者乡上，都要跨过白泥河，当泥石流发生的时候，会变得非常危险。

笔者还采访了村委会的张书记，张书记走路非常不方便，他说是因为前段时间腿摔骨折了，刚刚拆除了钢板，走路还痛。他1982~2012年在村委会工作，整整30年，经历了大白泥沟和沙坝的变迁过程。他说：

在1960~1985年，沙坝都是农田，虽然在一些年份农田会被泥石流冲垮，但是，无论是生产队还是后来的村民，人们都会在田地被冲毁之后，又去开垦，恢复农田，因为这里是唯一可以种植水稻的地方。村民种植水稻的过程，就是与泥石流进行斗争的过程。1985年后除了继续种植水稻，也同时种植玉米、红薯等农作物。沙坝出租是从2002年开始的，一个老板将沙坝租来造林，租金最初用来修乡村道路，2012年之后又租给一个姓范的老板，现在村民开始分红利。

笔者随着白泥沟往源头方向走，发现两岸峭壁上没有树木，有些地方虽然长出了草，但是大部分都有泥石流发生的痕迹。大河的宽度从下到上，由宽变窄，最下边就是大白泥河。大白泥河与白泥沟交叉的地方，是一大片堆积层，当地村民称为“沙坝”，也就是村民种植水稻的地方，是新、老碧嘎村产粮区。现在，沙坝被分成两大部分：西部的部分被一个老板承包，用于种树；另一部分被用来举办东川泥石流国际汽车越野拉力赛，是场地赛的主场地。昆明至东川的二级公路大桥由西向东从沙坝上面穿过，据当地人员介绍，在建设之初，公路大桥高度距离堆积层有10米左右，但通车（2006年通车）仅仅10年的时间，桥面与堆积层之间的距离最低的地方只有3米高，可以看出泥石流堆积的速度。从堆积层往泥石流源头方向走，河道的宽度慢慢变窄，由最初的100多米变为50多米，最后就是10多米。河流中还有一股非常浑浊的水流下来，有的堆积层看起来非常软，很明显，这里每天都在滑坡，水当然也就无法变清。河中不时可以看到数吨重的大石头，有的地方，还有人将石头堆积起来，想用于出售或者拉回家盖房子。往上走，就进入“丫”字形河道，两岸是陡峭的大山，山上有无数的泥石流滑坡痕迹，这些地方的土壤呈现黑色。有些村民认为泥石流源头有煤，因为他们看到过有些地方曾经冒着火烟，应该是煤燃烧的迹象。山坡不仅陡峭，土质还非常松软，山上只有一些草，没有任何树，极个别的地方有点灌木丛，已经算是最好的植被了。这些草还是近几年来封山保护的结果，应该说，它们对于山体还是有一定的保护作用，但是，对于源头那种巨大的泥石流滑坡就另当别论了。一直走到可以看到部分泥石流源头的地方，笔者发现再也没有办法往前走了，因为有一座悬崖挡住了去路，如果要往前走，就必须过泥石流河，或者爬山翻越峭壁。在仔细查看了河流之后，笔者还是选择爬山，因为泥石流河层太软，村民多次说过，强行过河会陷入其中，而且一个人在这里叫喊根本听不见，没有人会到这里来的。于是，笔者选择爬山，顺着草丛往上爬，最初信心十足，但是，爬了20多米就彻底放弃了，因为到了一座非常危险的岩子下，那些石头像要掉下来的样子，如果此时发生轻微的地震，石头就会立即掉下来，何况这里土质松软，非常危险。笔者于是放弃了登山看源头的想法。

然而，笔者还是在东川区政府工作人员的陪同下，驱车到了泥石流源头，观看了这个让人惊叹的泥石流大峡谷。泥石流源头区域有汉族和彝族居住，但是没有直接影响到彝族村寨，那里有两个汉族村寨——黑脑壳村和金龙洼村。我们沿着陡峭的乡村路往上走，路上几乎都没有什么植被，特别是在老碧嘎村附近，既不能种植水稻，也不能种植烤烟，因为根本没有水，只能种植一些玉米、麦子、豌豆等作物，村民的收入几乎全部来自外出打工。快到山顶之时，我们看到了茂盛的森林，看到那么多的树木，让人有了一种久违的感觉。路上还有一个检查站，主要检查森林防火，有一个妇女在登记车辆牌号和发放宣传单，为长期的泥石流减灾服务。到达山顶之时，我们看到了新搬迁的黑脑壳村，该村已因为泥石流灾害搬迁了两次，最初的老村距离泥石流滑坡地区只有400多米，后来，整村往后搬迁了500米。但是，由于泥石流滑坡区域扩大，村子距离泥石流滑坡地区又推近了，政府非常担心，决定整村搬迁到了山顶，这样就可以永久性地搬出泥石流滑坡的危险区域。据介绍，黑脑壳村和金龙洼村原来距离并不遥远，两村遥遥相对，鸡犬相闻，中间仅隔一条河沟，但是，由于泥石流滑坡区域不断扩大，两个村寨之间变成了峡谷。随着黑脑壳村搬迁到山顶，两村间的距离也越来越远。

我们最后到达了金龙洼村，这个村子与泥石流滑坡区域的距离约400米，是一个受泥石流滑坡影响很大的村寨。在村中，我们找到了一个老人，他带着我们观察了泥石流源头区域，在村边400米左右的地方，一块小麦地里用电线杆和电线拴着，形成了一道明显的分界线，这就是说，电线杆围栏之外就是危险区域，村民不能再过去或者种植庄稼。但是，我们看到，危险区域内还是种植着小麦，并且一直种到了泥石流滑坡的边沿，距离滑坡点不到一米，那已经是非常危险了，因为土地下面已经掏空了，只是伸出了一小块，其危险程度可想而知。我们在田地中看到了很多的裂缝，预示着这些田地可能在今后某一时期（如大雨之后）就会消失，成为更大的泥石流峡谷。老人对我们说：

泥石流滑坡把村里的田地一刀一刀地砍走了，田地一点点地减少，对面的大洼中，曾经是一座山，那里有我们的旱地，1984年的时候还在种植玉米和麦子，但是，现在整座山消失了，我们的地也没有了。这里原来是没有泥石流的，后来，人们开始在这里挖山，听说山的筋骨被挖断了，就开始滑坡。在没有发生泥石流前，我们到阿旺赶集就是顺着这个大峡谷去的，走路很快就到达河底了。现在，我们担心滑坡会往村寨这边移动，这样，村寨就要搬迁，但是，村里很多人家都盖了新房子，有的人家正在盖，如果刚盖好或者盖好几年后要搬迁就不合算了。

大白泥沟泥石流滑坡的源头呈现一个巨大的“凹”字形结构，这个“凹”字形的底端就是金龙洼村村民居住的地方，而左边是黑脑壳村，右边是下羊子村。我们在与老人谈话的时候，不时看到了靠近黑脑壳村方向的陡峭的泥石山上冒着白灰，认真一看，就可以看到有很多的石头往下滚，说明滑坡仍然每时每刻都在发生，即使在没有下雨的时候也如此。金龙洼村和黑脑壳村之间的箐沟在上游没有消失，从山上往下看，我们清楚地看到了沟里有清澈的水往下流，这些水就是在沙坝看到的浑浊的泥浆水，在泥石流没有影响的源头，这些水是清澈的。

从金龙洼村再往山上走 2 公里左右，就是他们的村委会所在地——拖落村，这里是中心小学所在地，附近所有的小学生都到这里上学。在十多年前，拖落村还有附属中学，但现在附属中学搬迁到阿旺镇去了。在金龙洼村访谈的时候，村民们也表示出了对于泥石流滑坡的担心。他们并不想搬迁，但是，对于这个居住在泥石流滑坡边沿上的村寨，可以肯定，他们的搬迁是必然的。

（四）泥石流沙滩变废为宝：大白泥沟的东川泥石流国际汽车越野赛

东川由于具备了泥石流的所有类型，被国内外专家称为“泥石流灾害的天然博物馆”，该地区的泥石流及其环境脆弱性独具特色。东川泥石流区域有河滩、湿地、涝塘、流沙、戈壁等障碍，具有唯一性、多样性、天然性、永不重复性等特点。2003 年，东川开始利用泥石流资源开展汽车越野运动，并于 2004 年成功举办了东川泥石流汽车越野赛，之后连年举办，并且规模不断扩大，受到了中国汽车运动联合会和社会各界的关注。2007 年东川泥石流汽车越野赛发展为国际赛事。到 2014 年，共有 23 个车队、61 台赛车、122 名赛员参加角逐，车赛期间，媒体运行部接待中央、省、市主要媒体及汽车行业媒体 35 家 154 名记者，参与为期 6 天的车赛现场报道。该赛事是一种“变废为宝”的灾害利用方式。

五 小结

东川区的环境脆弱性，有的是自然因素形成，有的是人为因素形成。自然因素是东川地处小江断裂带的核心地区，地震灾害多发，造成了与地质结构和地貌有关的环境脆弱性。加之小江流域气候状况，也在某种程度上加重了环境脆弱性。人为因素如前面所言的矿业开发和过度的环境损害，导致了森林覆盖率的下降，泥土砂石长期裸露和风化，造成了生态系统的难以恢复，最终的结果是生态恶化，经常发生泥石流灾害并影响当地人民生活。

东川区对于环境脆弱性的治理已经开始了很长的时间，但治理方式长期以来是以对泥石流灾害的治理为主。泥石流滑坡灾害的防灾减灾是科学、文化相结合的产物，东川泥石流灾害的防治是在中国科学院东川泥石流观测站的指导下进行的，在科学工作者的帮助下，总结出了别具特色的东川泥石流灾害防治模式——“东川模式”。但是，在小江流域的一些地区，环境脆弱性仍然严重，增强生态韧性的工作仍然非常困难，投入了不少经费，收效甚微。由此，笔者认为需要通过生态系统整体观来统领地质灾害的防灾减灾工作。人类赖以生存的环境是一个生态系统，这个系统中各个部分是相互联系、相互制约和互为条件的。比如，森林、河流、坡度、地质结构、环境状况、生计模式、文化、灾害等是相互联系的，我们需要系统的观点和方法来分析防灾减灾问题。因此，生态恢复、环境保护、社会群策群防和技术治理相结合的综合治理方法是泥石流滑坡灾害防灾减灾的主要方法。

东川传统的泥石流灾害应对方式虽然是以搬迁为主，但是，泥石流发生地区的土地使用一直在持续，人们在泥石流灾害发生的地方开垦耕地，种植水稻和其他作物。每年都有泥石流灾害发生，田地变成沙地，但当地人民每年都在泥石流灾害之后又继续开垦耕地，这样的应对方式基本没有停止过。只有到了政府将这些泥石流沙滩出租给商人，部分用于植被恢复，部分用于汽车拉力赛，农民的耕地开垦才得到停止，但是，泥石流还在以其他方式影响当地人民的生活。泥石流灾害的治理在大白泥沟地区是一个长期的过程。

更为综合的建议是，把东川区防灾减灾纳入当地的国民经济和社会发展规划，在发展中合理使用土地，科学开发和保护生态环境。东川地区山高坡陡、地质地貌复杂，极易发生地质灾害，加上历史上的过度开发、环境衰退等原因，这些地区成为泥石流滑坡灾害的高发地区。从目前的情况来看，吸取历史上的经验教训是当代人要认识到的，这些地区的任何发展规划和项目建设都必须具有防灾减灾的内容。同时，东川泥石流灾害的防治应坚持短期治理和长期治理相结合，短期的泥石流防灾减灾应该以工程防灾为主，中期防灾减灾可以考虑搬迁、工程等相结合的方法，而长期的泥石流防灾减灾必须走综合性的发展方式，那就是对生态系统进行保护，退耕还林，使生态系统的韧性不断增强，从根本上保证生态系统处在安全的范围之内，也就是走可持续发展的道路，这是泥石流防灾减灾的根本方法。

第八章　云南少数民族地区的火灾害与防灾减灾

——以迪庆州香格里拉的独克宗古城火灾为例

一　少数民族的火文化与火灾害治理研究

在云南少数民族的社会中，火文化与火灾害治理并存。各民族都有悠久的火文化历史，也有长期与火做斗争的神话故事。可以这样认为，各民族的火文化与火灾害故事都非常丰富。关于火的由来，不同的民族有不同的传说。独龙族的故事说两个年轻人无意中撞击石块，碰出火花，从此独龙族得到了火种。但此举激怒了龙神，它亲自施法灭火，两个独龙族青年为了保护火种献出了生命，至今独龙族仍在火塘边放上两块石头，以纪念保护火种的英雄。[①] 傣族人也认为火种是由一个人用两块石头撞击之后发出火星而来的。[②] 彝族是一个崇拜火的民族，各支系都有与火有关的神话、宗教仪式和节日，彝族火神叫“阿依迪古”，火把节是彝族的传统节日（白族、哈尼族、拉祜族等也都有火把节），不仅要举行火神祭祀仪式，还要举办与火有关的各种活动。

火灾伴随着人类的历史在各民族人民心中形成了深刻的印象，所谓“水火无情”折射出了火与灾害的联系。汉学中的“灾”

① 普学旺主编《云南民族口传非物质文化遗产总目提要·神话传说卷》（下卷），云南教育出版社，2008，第309页。

② 普学旺主编《云南民族口传非物质文化遗产总目提要·神话传说卷》（上卷），云南教育出版社，2008，第424～425页。

"災""烖"等，都与火有着密切的联系。历史学家认为，在中国早期的甲骨卜辞中，灾与水、火和战争有着密切的联系。① 国际上对火灾害的研究虽然不多，但仍然有不少成果；而随着中国国内古寨古城的火灾害增加，火灾害的人类学研究也受到了关注。苏珊娜·M. 霍夫曼（Susanna M. Hoffman）是自由研究者、著名的火灾害人类学家，曾为美国旧金山大学人类学教授，她对 1991 年 10 月发生在美国加州奥克兰地区的火灾进行了系统的人类学调查，并将加州火灾比喻成为"魔兽"，把自然比喻成为"母亲"，她的比喻具有象征主义人类学的取向。"魔兽"代表着某种危险、制造紧急事件的恶神，而"母亲"则象征着保护人类的正能量。因此，火灾被当成魔兽诅咒，而自然被当成母亲加以赞扬。她还认为，火灾害的恢复重建与其他灾害的恢复重建具有很大的相似性，文化在火灾害中毁灭，但又在火灾害后得到重生。在魔兽和灾害来临时，科学探索和人类有序的理性思维全都轰然崩溃。②

然而，火在人类社会中具有重要的作用，它是人类社会生活中必不可少的能量释放方式，火的由来必定与各种神话传说联系在一起，而通过用火来惩治恶神，在战争中用火攻，火战也是神话传说和历史记忆的重要组成部分。此外，由火带来的风险、灾害以及防灾减灾能力建设是灾害人类学的研究重点和内容。但是，只是将火当成灾害之源也是偏颇的，因为从另外一种意义上讲，火具有驱邪祛污的功能，它能烧掉一些可以导致疾病的有害成分，从而净化人和牲畜的世界。因此，火也是一种"消毒剂"，能毁坏一些物质的或精神的邪恶因素。③ 因此，火与灾害的关系其实具有多面性：火是人类不可缺少的工具，但火是灾害之源

① 张建民、宋俭：《灾害历史学》，湖南人民出版社，1998，第 22 ~ 23 页。

② Hoffman, Susanna M., "The Monster and the Mother: The Symbolism of Disaster," in Susanna M. Hoffman and Anthony Oliver-Smith (eds.), *Catastrophe and Culture: The Anthropology of Disaster.* Santa Fe, New Mexico: School of American Research Press, 2002, pp. 113 – 142；〔美〕苏珊娜·M. 霍夫曼：《魔兽与母亲——灾难的象征论》，赵玉中译，《民族学刊》2013 年第 4 期。

③ 张文元：《从文献资料看西南火节的内涵和外延》，《思想战线》1994 年第 2 期。

头，又是治灾之法宝。各民族的火神话主题主要有三类：首先是人间没有火，但人类得到各种帮助，通过偷、抢等手段得到火种；其次是人类通过火来制服或者驱赶鬼神、害虫；最后是神灵或者人类用火来制服别人。

不同的少数民族都有通过火来制服恶神和灾害风险的传说故事。云南省新平彝族傣族自治县漠沙镇的傣族傣雅人流传着通过火制服龙神的故事，内容大致如下。在傣族居住区的漠沙镇红河岸边，居住着一个凶猛的龙王。有一天，一个美丽的傣族女孩在江边劳动时，由于天气炎热又找不到水，就自言自语说："如果现在哪个人给我水喝，我就嫁给他了。"这话不巧被龙王听到了，看到美丽的女孩，龙王就将清凉的水送给女孩喝。女孩没有办法，就只好跟着龙王到了龙宫里。但是，到了龙宫之后，小姑娘才发现龙宫中有各种怪物，她决心逃出来。她的父亲经过千辛万苦来到龙宫，为了救出女儿，用火烧毁了龙宫。龙宫烧了三天三夜，龙王逃跑了，最后父亲带着女儿顺利地回到了家乡。[①] 彝族还有用火来制服蝗虫灾害的习俗，至今云南省武定、禄劝等县的彝族火把节都要将火把插在田间地头，举行驱赶蝗虫的仪式，说明古代彝族地区虫灾问题严重，人们用火把来驱赶蝗虫，平息虫灾。

在中国，研究火灾害的人类学文章并不多见，但其中廖君湘的《侗族村寨火灾及防火保护的生态人类学思考》和吴大华、郭婧的《火灾下正式制度的"失败"——以黔东南民族地区村寨为例》具有一定的代表性。廖君湘的研究主要集中在侗族火灾的原因、损失和防灾分析上，他认为侗族古建筑的防火关键在于重新调适侗族文化与生态变化的关系，在传承传统和确保消防安全之间找到平衡。[②] 吴大华、郭婧认为目前农村地区防火的正式制度是失败的，农村防火具有地方性，因此，农村防火的关键是注重对

---

① 李永祥：《国家权力与民族地区可持续发展——云南哀牢山区环境、发展与政策的人类学考察》，中国书籍出版社，2008，第179～180页。

② 廖君湘：《侗族村寨火灾及防火保护的生态人类学思考》，《吉首大学学报》2012年第6期。

地方性知识的考量和借鉴。[①] 其他的人类学者或者社会科学工作者对于火灾害的研究，分散在灾害学的概论性讨论中。此外，西南民族大学兰婕写了一篇贵州侗族火灾研究的硕士学位论文。[②] 总体上，除了美国学者苏珊娜·霍夫曼之外，学界对火灾害的关注还是比较少的。

二 独克宗古城的景观与历史隐喻

进入独克宗古城，迎面扑来的是浓郁的民族风情和独特的文化魅力。独克宗古城所代表的是藏族的历史和文化，但纳西族、白族、回族、汉族等民族的商人也都为独克宗的繁荣做出了贡献，换言之，多元文化一直伴随着独克宗古城的发展。

在独克宗古城做调查，感受最深的就是古城景观和它的历史符号。古城正大门道路非常宽敞，全部用石头铺成，道路的左边是各种商铺，出售的是各种土特产品，其中又以玛咖最多，很多商铺都将玛咖摆在明显的位置。[③] 道路的右手边是停车场，与古城月光广场相连，主要是为旅游者提供停车便利。古城的道路一直向前面延伸，呈现出“丫”字口的分岔，左边通往古城西边，右边通往古城繁华的四方街地区，也就是火灾发生的地区。这里有很多的指路牌，都指向了古城西边地区。根据当地人介绍，古城的西边原来不是中心地区，因为古城四方街在东边，所以，西边人气不旺，房价和房租很低。但是，在古城东边地区发生火灾之后，西边地区就开始繁荣起来了。因为东边火灾烧毁了230多座建筑，其中大部分是商铺和客栈，东边地区的商铺和客栈有很多就

---

① 吴大华、郭婧：《火灾下正式制度的“失败”——以黔东南民族地区村寨为例》，《西北民族大学学报》2013年第3期。

② 兰婕：《不同灾难风险场景下的本土应灾实践探析——以黔东南南侗地区火灾为例》，硕士学位论文，西南民族大学民族研究院，2014。

③ 然而，玛咖价格于2016年崩盘，笔者调查的时候每公斤玛咖价格为290元左右，但在2016年初每公斤玛咖在十多元，以致很多农民不愿意去地中收玛咖，放在田中任其腐烂。

搬到了西边地区，推动了西边古城的繁荣。笔者调查时就住在西边一个叫“阳光”的客栈。这个客栈由四川商人投资，只有一个管理者，服务人员都是志愿者，免费吃住，但没有工资。对于那些想在古城待一段时间的旅游者和学生来说，做客栈的志愿者也是一种较好的方式。云南大学的两个学生，一个研究藏医药，一个研究古城火灾，就是通过在客栈做志愿者的方式完成田野调查的。除了学生之外，那些想停留数周的游客也可以通过这种方式实现旅游的目的，市场和游客的互动表现出多种形式。

古城内的传统房屋有两种：一种是全木结构的瓦房，这种房子一般都是一楼一底，无论是墙壁还是屋顶都是木结构的；另一种是藏式传统的土掌房，这种房屋的墙壁是用土坯砌起来的，屋顶也用土覆盖。两种房屋都是藏式传统建筑，但是，由于房屋相互连接和木结构的原因，瓦房有更大的火灾风险。当然，传统土掌房也有火灾风险，只是与瓦房相比，风险较小。

然而，无论是瓦房还是土掌房，藏族的民间建筑是有防火功能的，房子上有房头板，用石头压着，不会串火。通常情况下，火是从房顶上串成一片的，如果发生火灾，只要把房头板拆了就行。火灾只局限在一家的房子之内。古代发生火灾的时候，男人到房子上拆除房头板，女人则去打水，分工明确，火灾就能够被控制。如此的分工方式在藏族民间和古城之内是非常清楚的，并不需要特别的提醒，一旦发生火灾，人们都能根据传统知识和分工方式进行应对。

“丫”字形岔路口的东边就是进入古城的道路。第一个景观就是月光广场和龟山公园。月光广场源于独克宗古老的传说，据当地典籍记载和民间故事，香格里拉有两个城——日光城和月光城。日光城位于松赞林寺旁边的一个城镇，而月光城就是独克宗古城，两个城在一条直线上——北回归线上。两个城的选址和建设显示出藏族先民的天文学和地理学智慧。月光广场由于面对龟山公园，到这里拍照的人员特别多，无论是白天还是晚上，总有游客不断地到来，不断地离开。虽然整天都有游客，但是傍晚之后的游客最多，因为这个时间段拍照的景色更好。龟山公园内的藏传寺庙和转经筒旁灯火辉煌，宗教建筑在灯光的照耀下显得特别美丽和神圣。龟山公园下有一个水井，长年不断有水从井中流出，人们都到这里取水。取水者有的开着汽车来，有的开着拖拉机来，还有的开着摩托车或者小轿车来，他们把车装满水之后拉回家去。水井背面就是龟山公园了，沿着公园的台阶往上走，右边是转经筒，顶端是藏传寺庙。沿转经筒后面的台阶上山顶，就能看到藏传寺庙。

月光广场再往东边走，就进入了古城的街道。进入古城，能看到两种截然不同的景观，一种是未被烧毁的房屋、商店和街道，另一种则是正在建设的新式房屋和街道。一些房屋已经完成建设了，但是大多数房屋正在建设。古城中没有被烧毁的建筑，仍然保持了原有的风格，土特产品、咖啡店、客栈、民间工艺店等占了古城商铺的大多数。那些正在建设中的新房子，有的已经开始装修，有的还在立柱，有的刚刚开始打桩、砌石脚墙，还有的根本就没有动工。没有动工的地方距离古城中心地区较远，有的还用木板写着“此地招租”等广告。可以肯定，这些宅基地的主人由于经济困难，想通过预付租金的方式进行建房，但是，由于距离古城中心地区如四方街等比较远，宅基地招租建房比较困难。那些居住在四方街附近的房东，建房进度明显比其他地方快得多。古城中的重建房屋用料都是木材，所以，古城重建对木材的需求量非常大，以至于一些人说：砍掉一座山，重建一座古城，带来另外一种灾害。

在四方街，恢复重建的工作进行得非常顺利，绝大部分的建筑已经完成，正在进行楼层、墙壁和大门上的工艺装饰，由于古城内寸土寸金，四方街更是价格不菲，因此，四方街仍然保持了原来的基本格局。然而，在四方街背面的山坡地段，重建速度明显不如其他地方，因为这些地方的商业价值没有平地上的高，因此，有的地方还没有开始动土。在古城背面的坡顶，有一座庙宇，据说附近曾是古城马帮的转换之地。古城西边的丽江会馆，是此次火灾的分界线，会馆附近从南到北有一条小路，路的左边虽然也有火灾痕迹，但没有被整栋烧毁的房屋，而路的右边则全部化为灰烬。

独克宗古城的火灾共烧毁230栋房屋，造成严重的经济损失。更为重要的是独克宗古城烧毁的不只是民间建筑，而是藏族等各民族的历史和文化遗产，这是最让人痛心的。独克宗古城重建期间的景观，体现的是一种象征意义，不同的景观代表着不同的意义，各种话语和象征意义都能够通过这些景观体现出来。独克宗古城本身就是一座文化遗产，因为这样的古城在云南具有唯一性，当地藏人认为独克宗是藏族聚居地区仅存的一座古城。但是，古城内的房屋建筑在时间上也不一致，有的房屋建筑古老而又独特，有的则是一般性建筑。另外，古城内的房屋也具有多样性，有的具有藏族的特点，有的具有纳西族的特点，有的具有回族的特点，而有的具有汉族的特点。房屋建筑的多样性说明了这个地方是一个以藏族为主、多民族和谐共居的地方。

三　独克宗古城火灾的发生过程

（一）独克宗古城的火灾经过

2014年1月11日1时10分，云南省迪庆州香格里拉县独克宗古城发生火灾，起火地点是仓房社区池廊硕8号“如意客栈”。根据国家安全生产监督管理总局《迪庆州香格里拉县独克宗古城“1·11”重大火灾事故调查报告》的描述，事故经过如下。

> 1月11日1时22分，迪庆州消防支队接到火灾报警后，迅速调集支队特勤中队奔赴火灾现场。1时37分，特勤中队首战力量到达古城火灾事故现场。1时41分，出水控火，经15分钟扑救后，火势被控制在起火建筑如意客栈范围。之后，参战部队连续开启附近4个室外消火栓（古城专用消防系统

消火栓）进行补水，但均无水，便迅速调整车辆到距离现场1.5公里外的龙潭河进行远距离供水，同时，组织力量从市政消火栓运水供水。此时，火势开始蔓延。

…………

州公安局指挥中心接到警情报告后，副局长七卫东于2时10分抵达火灾现场，会同香格里拉县公安局现场指挥部共同指挥开展工作，州公安局机关民警100人、县公安局150名警力接到指令后陆续抵达火灾现场。从2时20分起至4时，公安民警、消防、武警及军分区官兵先后分5批到达现场。共计1600余人，全面投入到救援中。5时许，挖掘机等大型机械设备陆续到场。6时许，州开发区中队、维西中队5车17人增援力量抵达现场。7时许，在全体救援力量的共同努力下，火势得到有效控制。7时50分，丽江、大理支队18车95人增援力量到场。9时45分，省消防总队灭火指挥部11人、昆明支队33人携相关设备到达现场。当日10时50分许，明火基本扑灭，对余火进行清理，防止死灰复燃。[①]

火灾从凌晨1时发生，到10点50分左右明火扑灭，经历了较长的时间。当地消防队得到丽江、大理、昆明和云南省总队的支持。此次火灾共造成近1亿元的经济损失（不包括室内物品和装修），在国内外产生了很大的影响。

（二）独克宗古城火灾应急经验总结

独克宗古城的火灾应对有很多经验值得总结，我们在独克宗古城调查的时候，当地村民也总结了很多，现在根据调查结果进行一些归纳。很多村民在肯定了当地政府和消防部门应急成就的同时，也提出了很多的批评性建议，甚至认为在有的方面需要自

① 国家安全生产监督管理总局：《迪庆州香格里拉县独克宗古城“1·11”重大火灾事故调查报告》，http://www.chinasafety.gov.cn/newpage/Contents/Channel_21382/2014/0624/236683/content_236683.htm，2014。

我反省和批评。对不足之处总结如下。

第一，消防设施没有起到作用。很多村民认为，消防人员第一时间到达现场，但是，消防车里的水用完之后，没有水可用。古城的消防设施中没有任何水，而专门为古城建设的消防池中也没有水，远距离取水导致没有在第一时间控制火势。与此同时，火灾在大风的作用之下，开始蔓延和失控。更为深刻的讨论被指向了消防工作在预防演练中的失误，当地有些人认为，独克宗古城有一个专门的消防队，但是消防队几乎不进行演练和设施检查，这是导致紧急时刻没有水的原因。一些有经验的当地居民说：

> 消防车虽然是第一时间——基本上是火灾发生12分钟之后赶到火灾现场，但是，……消防人员用完了车中的水之后就在地上找消防栓取水，但消防栓根本没有水，这样，消防车起不到作用。更为严重的是，古城专门用于消防的蓄水池中也没有水。这就使得灭火变得困难。

由此可以看出，古城居民认为火灾的扩大和失控与当地消防设施不完善、水储备不足有很大的关系，特别是消防的各种制度没有得到认真执行。

第二，藏族的传统知识没有得到充分的重视。几乎所有接受访谈的藏族人都认为，藏族建筑中隐藏着丰富的防范火灾的传统知识，这些知识在很多的火灾急救中都显示出突出的功能，是千百年来藏族社会文化的瑰宝。王先生这样说：

> 藏族的民间建筑无论是瓦房还是土掌房都是有防火功能的，房子上有房头板，用石头压着，不会串火。通常情况下，火是从房顶上串成一片的，如果发生火灾，只要把房头板拆了就行。火灾只局限在一家的房子之内。古代发生火灾的时候，男人到房子上拆除房头板，女人则去打水，分工明确，火灾就能够被控制。但是，现在又面临新的问题，房子租出

去之后，租房者都是外地人或者别的民族，他们根本就不知道藏式房屋的防火功能。还有一些租房者，在租到藏式房屋之后，会对房屋进行一些改造，有的人甚至把房屋的防火功能都撤销了。当然，藏式房屋碰到现代火灾也是一个问题。独克宗古城中的房子也不全是藏式房屋，古城中的人员结构和文化都具有多元的特点，防火当然也有现代特征了。

第三，群众在救援中没有发挥作用，政府工作人员担心群众生命安全在隔离群众上花了太多精力，而群众也没有充分配合。在对当地群众的调查中，很多人对群众无法参与救火表示不满，认为政府和部队把重要精力放在将人员隔开，而不是救火。但是，有些群众也没有充分配合，他们忙于寻找和带走现金，耽误了时间，增加了应急人员和政府的压力。有的商家向政府寻求灾害损失补偿，政府由于财力有限，补偿只是杯水车薪。这也说明灾害风险分担机制不完善，几乎所有的灾害风险都由商家、住户和政府承担，这在独克宗古城火灾中体现得非常明显。

第四，对火灾防范没有进行演练，没有演练就不知道是否有足够的水，不知道古城街道是否有足够的空间让消防车通行，不知道群众的撤离方式和应急配合方式该如何安排。村民W先生说：

古城的消防队员也没有经验，消防是古城防火的重点。古城本来有一个专门的消防中队，有人员和编制，也有设备，但是他们并没有演练，不演练就没有措施，没有具体的目标和参照点。只是要求居民购买他们的消防工具，后来虽然建设了一个水池，但是没有水。一旦古城发生火灾了那怎么办呢？这条街发生火灾的话，下一条街怎么办？怎么保护？既没有消防措施，又没有消防预案，没有演练和培训。一旦发生火灾，居民和商人当然就没有办法了。

消防演练，特别是消防官兵与古城居民相结合的演练对于火灾的防范是非常重要的，但是包括消防队内部的演练和消防队与居民相结合的演练都没有得到重视。火灾虽然过去了，但是，未来的灾害风险并没有消失，因此，应该制定完整的火灾防范体系和制度，并落实在行动上。

第五，古城本身就有一些缺点，现代消防技术很难实施救援，如古城街道非常狭窄，而且弯弯曲曲，有的地方用石板铺成，还有的地方甚至有石坎台阶，消防车根本进不去。在没有发生灾害的时候，这些地方似乎是比较美观并体现出古香古色的特点，但是，一旦发生了灾害，它们却成了救灾的障碍。这是未来古城防灾减灾必须考虑到的。

独克宗古城的灾害发生过程体现出火灾的突发性特点，在灾害发生的初期，火势处于可控状态，但是，由于各种复杂的原因可控的火势因为大风的迅疾而发展为无法控制的状态，当地政府只有牺牲财物保证居民的生命安全，这是不得已而为之的办法。熊熊大火烧了 10 个小时之后，终于被扑灭，但是，它留给人们的反思是深远的。

四　独克宗古城的灾后恢复重建

独克宗古城的恢复重建在火灾应急结束之后就开始启动。然而，重建中遇到了很多的困难和问题，如恢复重建到哪种程度；重建的房屋如果全部使用木材，那么这些木材又从哪里来，是不是要建设一座古城，就要砍掉一片森林；由于火灾之前的房屋产权没有卫星定位，所以，火灾之后房屋界线模糊，而古城寸土寸金，所以，重建时房屋界线成为很多住户争论的焦点，那些火灾之前就有争议的界线，重建时期问题更加严重，导致一些住户的重建无法启动，只好通过诉请法院解决；一般住户的房屋重建与文物保护建筑的重建问题也发生了争议。总之，重建工作正式开展起来之后，又遇到了很多的困难。按照指挥部领导的说法，这是一次没有先例的恢复重建，古城火灾不仅损失重大，受到社会各界和媒体的关注，而且即使是在古城灾民内部，也有很多不同的意见，所以，古城恢复重建的每一步都是在探索中前进的。

争论的焦点之一是重建的总体规划和特色问题，即古城需要按照什么样的原则进行重建，总体来讲是“修旧如旧”，这是大部分人员的观点。在重建工作开始之前，就召开多次的讨论会，决定重建方案和原则。在此方面，一些当地居民和精英表达了自己的观点：

> 千屋千面是古城的特点，要修旧如旧，样子是旧的，但材料不要再用旧的了。不要为了修复一座城，又砍光几座山，给生态带来很大的压力很不妥当。现在有很多的消防材料可以做成藏式的样子，门面如果无法代替，需要木头就用点木头，这样对生态的压力就会减轻了。修复古城应该主要以消防材料为主，不能规定用什么材料，尤其不能提倡用木材。这个时代还这样做是不对的。另外是重建要有规划，古城最繁华的那条街道，房屋的间距从历史上就控制不了，可能古城里人的收入太好了，一条街 100 米左右有 10 户商铺，两边就有 20 户了，一家挨一家，那么房屋之间的防火带就让不出来，只有让住户小心火烛，恢复重建就是要规划和解决一些不利于防火的问题。

所谓的修旧如旧，就是样子是旧的，但材料不再用旧的。虽然保持木结构，但内部尽量用防火材料，这样，即使今后再次发生火灾，损失会比较小，因为材料改变了，对以后的防火会起到很大作用，至少是有效的。恢复重建中也扩宽了道路，消防车可以进出，消防手段也有了一定的更新。为了实现这一点，当地政府请来了清华大学的专家设计重建方案，按照“修旧如旧、建新如旧”的思路，更多考虑“千屋千面”，避免“千房一面”。另外，还要用心把握古人的智慧，独克宗古城既在山上，又在坝子里，街道曲曲折折，上坡下坡皆有，弯弯曲曲有利于保温，在古城中心行走有温暖的感觉。这些都是古城人希望重建之后保留的。

火灾废墟清除、街道拓宽和基础设施建设先行。重建中的第一步是清理垃圾，即将过火面积清理出来，政府同时需要对其进行规划和设计，街道需要扩宽，以便保证今后有足够空间让消防车通过。然而，这些街道需要古城居民让出土地，通过各种工作，邻面街道的住户最终同意按照规定后退1米左右，以保持街道的宽度。政府需要在基础设施上进行全面改进，如地下电网、通信管、排水管等网管的铺设，为此，当地政府成立了灾害重建指挥部，从县政府和管委会抽调得力人员组织、协调和指挥恢复重建工作。

如前所述，古城重建中一个令人头痛的事情就是房屋地基界线不明的问题。政府事先没有考虑到这一点，只在争议出现之后，才知道这种争议对重建速度有着很大的影响，有的人家甚至出现了半年都没有办法开工的情况，因为如果宅基地界线有争议，政府指挥部就不敢发放重建许可证，也没有办法发放补助金和建设补助费用。住户之间的矛盾化解成为指挥部的主要工作之一，因为各种矛盾会影响到重建的速度和社会的稳定。在调解无效的情况下，有几家住户只有通过司法途径解决。

红卫小学的搬迁也成为居民关注的焦点。由于地产开发，古城原来的红卫小学必须搬迁，学校在重新规划土地建设，但这遭到居民的反对，一个居民说：

> 古城恢复重建是一个整体，但在重建初期，大家都只注意分钱，地产商把红卫小学的黄金地段拿走了，我曾经公开表示，红卫小学不能搬走。红卫小学为什么重要？因为那里是文庙地，是古城人认为最重要的地方。那是民国之后的第一所省立小学，整个迪庆州当时只有4所省立小学。我认为，城市发展到一定规模，学校和医院不能远离它，我们的观点是明确的。但是，经济利益严重渗透到古城重建中，现在规划建了一个新的小学，但居民的参与度仍然不够。

在独克宗古城的灾后恢复重建中，有一项工作一直是有争议的，那就是文化遗产的恢复重建。从目前搜集的资料来看，独克宗古城有三个重点文物保护单位：第一个是国家级文物保护单位，叫“中心镇公堂”，属清代古建筑，于1996年12月20日第四批次公布；另一个是省级文物保护单位，为清代古建筑“阿布老屋民居”，于2012年1月7日第七批次公布；第三个是州级文物保护单位，叫“金龙街古民居群”，属古建筑，但未注明建筑年代，于2012年12月第二批次公布。香格里拉县文物管理所研究员马永福认为，香格里拉县的文物分布在两个区域：第一个区域是建塘镇域内以云南省历史文化名镇——独克宗古城“茶马古镇”为中心，辐射15公里范围，包括中心镇公堂、藏族民居阿布老屋、迪庆州人民政府旧址、噶丹·松赞林寺、金龙街古民居群等；第二个是金沙江沿线区域，包括了白水台、金沙江岩画、云南茶马古道香格里拉段等。这些文物保护单位体现出香格里拉的地方特色和文化亮点。①

与一般性的房屋重建相比，古城中的文化遗产重建则比较困难，笔者来到著名的古建筑“阿布老屋民居”遗址，据说该房屋建于明朝崇祯年间，有近400年的历史。阿布老屋民居的用料极其丰富，工艺精湛，这样的老房子即使是在古城中也为数不多。但是，在古城火灾中，这栋古老的文化遗产倒下了，这样的损失值得反思和总结，针对古城、古镇、古寨火灾的特点和情况，制定出更加科学的灾害应急和防灾减灾预案。在阿布老屋旧址，笔者看到的不是房子，而是一片空旷的待建宅居地，重建尚未开始，因为房屋的重建涉及文化遗产问题，恢复甚为困难，需要设计图纸得到文物部门的同意才能开始施工。因此，阿布老屋的重建进程比一般古城建筑晚得多。

然而，阿布老屋的重建还是没有按照文物保护相关法律的规

① 马永福：《初谈香格里拉县各级文物保护管理现状及分布情况——写在第十个中国文化遗产日到来之际》，《迪庆藏学研究》2015年第2期。

定进行，主要原因是房屋拥有者出现了不同的想法。居住者由于种种原因，把建设权承包给一个外地商人，外地商人则按照酒店的规模和特点建设，这样就与文物保护相关法律的规定不符合。

独克宗古城的灾后恢复重建完成之后，产业的恢复提到议事日程上来。虽然独克宗古城在重建期间经历了较为低谷的状况，但是，重建完成后的旅游得到了较大程度的恢复。与火灾前的状况相比，古城面貌发生了很大的变化，新恢复的古城房屋租金有大幅度提高，因为重建的投入很大，新的商户确实面临较大的困难。然而，更为严重的情况是，古城仍然是一座没有当地人（或者当地人很少的）的建筑群，如同丽江古城一样，是一座由外地人和外省人居住和经营的城镇。一个资深的藏族学者讲出了他对独克宗古城文化保护的忧虑：

> 现在还有一个问题是独克宗的古城人都不住在古城里，这里住的大多是外地商人，这就没有“魂”了。我希望古城人能够住到古城里来，这样，魂就回来了。政府应该想办法把古城人喊回来。外地人来古城，主要是想看看古城人，而不是外地人。游客也想看看古城人的文化风貌，如青稞等。其实，青稞是有健康功效的，没有一种农作物在田地中那么长时间吸收自然的营养，牦牛肉也是一样，这是古城吸引外地人到这里游玩的关键，他们看的主要是文化，而不是外地商人。

独克宗古城需要文化作为其发展的灵魂，当地人看到了这一点，呼吁政府从各方面关心这个问题，一些责任心很强的古城人也回到城中居住和经营。虽然人数较少，但还是起到了效果。

综观独克宗古城的灾后恢复重建，我们发现，火灾发生在独克宗这样寸土寸金的地方，不仅涉及房屋主建，还涉及古城内部的各种矛盾，如住户与住户之间、住户与当地政府之间、住户与租户之间的矛盾等。如此的灾后恢复重建必然会带来很多经验，值得其他受灾地区学习和借鉴。

五 独克宗古城的未来火灾风险防范

独克宗古城的发展历程、文化遗产价值及其灾害史，都是多元文化的体现，但也存在着多种灾害风险。首先是火灾风险依然存在。由于古城建筑使用的材料大多是木材，包括重建部分和非重建部分，那些没有遭受到大火毁坏的部分建筑所面临的火灾风险更为严重，电线的质量低劣并且老化，城内道路狭窄，加上建筑物大部分都是出租给外地、外省人，这些租户根本不了解传统藏式房屋的防灾减灾方式，火灾风险仍然存在。其次是地震灾害风险。滇西北处在地震带上，经常发生地震，古城建筑的大多数防震级别都较低，一旦发生地震，就会导致房屋倒塌，甚至发生火灾。木结构建筑物在地震灾害之后往往会发生次生灾害，主要就是火灾。再次是冰冻灾害带来的风险，滇西北冬季气温经常在零度之下，很多人家在屋顶上加玻璃层取暖，但是，这种取暖的方式，被认为具有一定的安全风险。

然而，最为重要的隐患仍然是火灾，或者由地震等灾害引起的火灾隐患。这些火灾隐患有一些是原来就存在的，如古城中易发生火灾的地方，还有一些是新建的建筑和房屋所存在的，火灾隐患在灾后重建的居民中依然存在。如何从火灾中吸取教训成为未来火灾防范的关键。

关于独克宗古城未来的火灾害风险可能从重建中就埋下隐患的观点，不仅来自当地精英，也来自民间百姓，换言之，这样的观点不是藏族资深学者所独有，另外一些人也持有类似的观点。古城中的一位居民说：

> 古城重建中的给排水、电路都很不正规，材料的使用也不一样，一些用好的，一些用差的，主要是以自己的经济能力来决定。如果政府能够多赔偿点，或者把补偿现金折成建

筑材料，统一调配电线、排水管、供水管等，质量就会有一定保证。但现在是五花八门的，建材市场，3平方米的也有，5平方米的也有，4平方米的也有，用得好些的就六七平方米的，动力线用得好一点的是12平方米，如果家庭条件差一点的，动力线用个3~4平方米的，肯定就存在火灾隐患。不可能说今年用上去，明年就更新换下来，一般都要用七八年以后，老化了才会换新的。如果在老化期间发生漏电的话，那整个地方就烧起来了。一些用明线，一些用暗线，一些开关存在假冒伪劣产品，特别是电线假的相当多。我房子的电线用的都是昆明电器厂的铜芯线，全都是相当好的。但隔壁邻居是否用质量好的就说不清楚了。我们也看过隔壁的房子，安全通道、消防通道，一样都没有。如果古城恢复以后又着火的话，那肯定会有伤亡的。房东想多赚点钱，想几年之内就把房子的投资赚回来，像我们隔壁那家就相当明显了，前面三个铺面带着后面的院子（客栈）租给不同的人，他那个房子如果以后客人住进去了，铺面关掉了，客栈的客人也就关在里头了，那一旦发生火灾的话，安全通道都没有。你说你去找开铺子的这家，但人家（开铺面的商户）住在外面，等把门打开的话，那全部都烧完了。恢复重建中的安全问题应得到足够的重视，以后如果古城着火，肯定会有伤亡。

独克宗古城火灾经过和防范在政府、学界和民间引起了深入的讨论，对于古城火灾的研究仍然处在初级的水平，但是，从该个案能够看到人类学研究的意义。独克宗古城火灾将灾害、传统知识、遗产保护、文化传承、旅游发展等各种学界关注的领域聚焦在一起，是一种聚合式的灾害类型。从独克宗火灾个案可以看出，灾害深深地嵌入一个社会的政治、经济和文化，它是社会文化的组成部分和文化变迁的主要因素。在很多社会中，灾害是认知系统和知识系统的组成部分，在社会中产生深远影响。[①] 灾害的发生不仅与外部的环境有关，还与社会的内部结构和文化有千丝万缕的联系。社会中的知识系统，无论是科学技术知识还是地方性知识，都被用来作为减少破坏和脆弱性的手段。独克宗古城火灾在深度认知上也体现出这种嵌入性因素，及其知识系统的不足。事实上，灾害的形成，与社会传统的认知系统即文化系统和技术系统有着密切的关系，认知系统的不足和知识系统对于防灾减灾的欠缺，是造成灾害损失的重要原因。

六 小结

本章以云南省迪庆州香格里拉县独克宗古城的火灾为例，探讨了民族地区古村寨、古建筑、古城等面临的火灾害问题。独克宗古城火灾、丽江古城火灾、大理巍山明代建筑火灾等在国内外产生了很大的影响，民族地区的火灾具有普遍性，如贵州苗寨、侗寨火灾也具有代表性，因此，火灾的防范在民族地区具有较大的研究价值。与其他地区不同的是，独克宗古城火灾的情况更加复杂，因为各种错综复杂的矛盾都在独克宗古城体现出来，可以说是“聚合式”的灾害。独克宗的防灾减灾在很多方面值得学者和灾害实践者总结，包括灾害预防、备灾物资储备、灾前演练、传统知识的结合、文化遗产和文物的保护和重建方式等，都可以得到很多的经验和教训。特别是古城巨灾风险分担机制应该得到认真的研究，以避免出现灾害发生之后，仅由政府来承担赔偿责任的情况。灾害的发生是复杂社会和环境脆弱性导

① Oliver-Smith, Anthony, “‘What is a Disaster?’: Anthropological Perspectives on a Persistent Question,” in Anthony Oliver-Smith and Susanna M. Hoffman (eds.), *The Angry Earth: Disaster in Anthropological Perspective*, 1999, pp. 18 - 34. London: Routledge;〔美〕安东尼·奥利弗-史密斯：《何为灾难？——人类学对一个持久问题的观点》，彭文斌、黄春、文军译，《西南民族大学学报》2013 年第 12 期。

致的结果，它深深地嵌入政治、经济和文化，这当中的任何一个环节出现问题，都会导致灾害过程的复杂化，并发生次生灾害和社会不稳定的状况，这是所有灾害研究者和管理工作者需要认识到的。

第九章　云南少数民族的神话记忆与防灾减灾

一　灾害神话与文化记忆

“记忆”是心理学术语，但它在历史学、社会学、人类学等学科中都有深入的研究。心理学中的记忆针对的是个体，而人文社会科学中的记忆研究，特别是历史学和人类学领域中的记忆，都指向集体记忆而非个人记忆。[①] 中国历史学家赵世瑜认为，历史记忆指个人或集体对过去的记忆。它有三个特点：第一，历史是一种集体记忆；第二，记忆具有传承性和延续性；第三，那些具有所谓的负面影响的历史事件，或者是由于政府的禁止，或者由于让人难堪而不便被公开的记忆，或者是人们强迫自己去遗忘或不去思考的记忆。在他看来，无论是历史还是传说，它们的本质都是历史记忆。[②] 王明珂认为社会记忆也可以视为一种历史记忆，强调以“记忆”的观点来看待史料，可以发掘一些隐藏在文字与口述之后的“史实”。[③] 人类学家重视对记忆的研究，特别是对“他者”、原始族群或者第三世界国家地方社会的记忆研究。对于人类学家来说，记忆不是简单的个体和主观经验，而是社会性地构建

---

① 〔法〕雅克·勒高夫：《历史与记忆》，方仁杰、倪复生译，中国人民大学出版社，2010，第57页。

② 赵世瑜：《传说·历史·历史记忆——从20世纪的新史学到后现代史学》，《中国社会科学》2003年第2期。

③ 王明珂：《历史事实、历史记忆与历史心性》，《历史研究》2001年第5期。

出来的，它以现实为导向，再次构成经验。[①] 有的人类学家对记忆进行比较研究，[②] 强调公共记忆化（public memorialization）[③] 以及族群认同与记忆的关系，[④] 有的则从功能主义的角度，将记忆、神话和口头传统之间的关系结合起来进行研究，并延伸到神话的领域。[⑤] 笔者认为，历史记忆和社会记忆与文化有关，都是文化记忆的组成部分。因此，本章将与灾害神话有关的记忆定位为文化记忆，这更符合少数民族文化的实际情况，也更容易从人类学的角度对灾害神话进行解读。

神话是人类文化的重要组成部分。神话是通过叙事方式来表达其意义的，它具有某种实用的功能，在灾害神话特别是在洪水神话、干旱神话中，不仅具有历史生态学中的景观内容，还有人类与环境关系的内容。前者可以作为解释人类和生物圈之间复杂历史关系的重要视野，[⑥] 后者可以通过早期生态人类学中新进化论和新功能主义的取向来理解。[⑦] 实际上，神话以文献和口述的方式存在，神话研究者彭兆荣认为，神话研究有七种代表性学派，分

---

① Becher, Gay, Yewoubdar Beyene, and Pauline Ken, "Memory, Trauma, and Embodied Distress: The Management of Disruption in the Stories of Cambodians in Exile," *Ethos*, Vol. 28, No. 3, 2015, pp. 320 - 345.

② Schortman, Edward and Patricia Urban, "Power, Memory, and Prehistory: Constructing and Erasing Political Landscapes in the Naco Valley, Northwestern Honduras," *American Anthropologist*, Vol. 113, No. 1, 2011, pp. 5 - 21.

③ Cole, Jennifer, "Malagasy and Western Conceptions of Memory: Implications for Postcolonial Politics and the Study of Memory," *Ethos*, Vol. 34, No. 2, 2006, pp. 211 - 243.

④ Hoffmann, Odile, "Collective Memory and Ethnic Identities in the Colombian Pacific," *The Journal of Latin American Anthropology*, Vol. 7, No. 2, 2002, pp. 118 - 139.

⑤ Harwood, Frances, "Myth, Memory, and the Oral Tradition: Cicero in the Trobriands," *American Anthropologist*, Vol. 78, No. 4, 1976, pp. 783 - 796.

⑥ Balée, William L. and Clark L. Erickson, "Time, Complexity and Historical Ecology," in Balée, William L. and Clark L. Erickson eds. *Time and Complexity in Historical Ecology: Studies in the Neotropical Lowlands.* New York: Columbia University Press, 2006, pp. 1 - 6.

⑦ Orlove, Benjamin S., "Ecological Anthropology," *Annual Review of Anthropology* 9, 1980, pp. 235 - 273.

别是：历史学派（认为神话就是历史）、自然元素学派（认为神话是自然元素演变的结果）、心理缘动学派（认为神话是人类心理积郁的投影）、道德喻教学派（认为神话是社会喻教的示范）、语言游戏学派（认为神话表现为一种语言游戏）、仪式互疏学派（认为神话和仪式相互印证，缺一不可）以及结构主义学派（主张用结构主义眼光看待神话，以结构的方法处理神话）。[①] 从上述研究学派中的历史学派、道德喻教学派、仪式互疏学派等的观点，都可以看到神话与灾害之间的各种联系。马林诺夫斯基曾经指出："神话，实际说起来，不是闲来无事的诗词，不是空中楼阁没有目的的倾吐，而是若干且极其重要的文化势力。"[②] 笔者认为，神话传说如同一种历史记忆，能够在一个民族的记忆中留下烙印，对于那些无文字民族来说，神话的传承就是历史和文化记忆的传承形式。

事实上，神话、传说与灾害有着密切的联系。神话和传说中有很多的灾害内容，研究神话的学者认为中国神话中的一个重要主题就是灾害，[③] 中国神话分类与自然灾害有关，内容包括：与洪水灾害有关的神话；与干旱灾害有关的神话；与地震灾害有关的神话，如女娲补天就是一个与地震灾害有关的神话，[④] 或者说女娲补天具有多种灾害的反应；[⑤] 还有与火灾、雷电等灾害有关的神话；等等。西南地区的少数民族神话与全国各民族的神话相似，反映出了灾害主题，其中，与洪水、干旱、地震、地陷（滑坡泥石流及崩塌）、风雨雷电、火灾等有关的神话占很大的部分。在现

---

① 彭兆荣：《神话叙事中的"历史真实"——人类学神话理论述评》，《民族研究》2003 年第 5 期。

② 〔英〕马林诺夫斯基：《巫术科学宗教与神话》，李安宅译，中国民间文艺出版社，1986，第 82 页。

③ 叶舒宪：《文学中的灾难与救世》，《文化学刊》2008 年第 4 期。

④ 王黎明：《古代大地震的记录——女娲补天新解》，《求是学刊》1991 年第 5 期；王若柏：《史前重大的环境灾链：从共工触山、女娲补天到大禹治水》，《中国人口、资源与环境》2008 年专刊。

⑤ 李少花：《近年女娲补天的本相及其文化内蕴研究综述》，《绥化学院学报》2007 年第 1 期。

实生活中，洪水、干旱、地震、泥石流等是西南少数民族地区的主要灾害。灾害神话之所以重要是因为神话总是将人们带回到远古时代，将人们的意识和价值结合在一个统一的观念之下，使族群的正统性得到增强、民族意识得到增强，因此，神话发挥着它的实践性功能。[①] 神话同时让人们记住曾经发生过的事情，在代代相传的过程中，成为社会文化记忆的一部分。正因为如此，笔者在讨论云南少数民族地区的灾害和防灾减灾经验时，就离不开讨论神话与灾害的关系，特别是神话中与洪水、干旱、地震、泥石流滑坡等灾害有关的内容。

云南少数民族族群主要分为氐羌族群、百越族群、苗瑶族群以及南亚语系族群，前三种被中国语言学家认为是汉藏语系的组成部分，[②] 最后一种属于南亚语系。笔者在本书中讨论的少数民族神话主要以藏缅语族和壮侗语族的神话为主，同时也提到苗瑶语族和南亚语系民族的神话、传说和故事，这是因为笔者的灾害调查主要是在彝族、哈尼族、傣族等地区完成的，讨论这些民族的神话、传说、故事和防灾减灾的关系与研究主题相一致。需要说明的是，神话的解释并非易事，就像结构主义的先驱者列维－斯特劳斯所认为的一样，神话具有多种符号内容，它“就像这样一个方程体系：让人永远看不清楚的符号接近所选中的具体值的平均值，这样就给人以幻想，认为基础的方程有解”。[③] 因此，研究神话、历史、文化记忆与灾害，特别是它们与防灾减灾之间的关系是一项难解的方程，本章建立在人类学意义上的灾害与文化之

---

① 〔日〕樱井龙彦：《混沌中的诞生——以〈西南彝志〉为例看彝族的创世神话》，载巴莫阿依、黄建明编《国外学者彝学研究文集》，云南教育出版社，2000，第238～262页。

② 关于中西方语言学家对于百越族群语言属性方面的争论，基本的观点是中国学者认为百越族群属于汉藏语系，而西方学者认为百越族群不属于汉藏语系，参见Matisoff，James A.，“Sino-Tibetan Linguistics：Present State and Future Prospects，” *Annual Review of Anthropology* 20，1991，pp. 469－504.

③ 〔法〕克洛德·列维－斯特劳斯（Claude Levi-Strauss）：《嫉妒的制陶女》，刘汉权译，中国人民大学出版社，2006，第138页。

关系的讨论上，分析灾害神话在当代的防灾减灾意义。

二　云南少数民族的洪水神话与洪涝灾害

洪水神话在不同的民族中也称作洪水滔天、洪水漫天、洪水泛滥等传说，在中国少数民族中广泛流传，几乎所有的南方民族都有与洪水灾害有关的神话、传说、歌谣和故事。洪水神话在中国古代史书中也有很多的记载，如《山海经》《淮南子》《尚书》《史记》等文献中都有记载，说明洪水灾害在历史上产生过广泛的影响。在云南省的少数民族中，彝族、哈尼族、纳西族、拉祜族、独龙族、苗族、布依族、景颇族、基诺族、佤族等都流传着洪水神话，这些神话大同小异，内容有洪水漫天、人类毁灭、兄妹（或者人神）成婚、人类再生等，都与洪灾有着密切的联系。

彝族是洪水神话最为丰富的民族。这是因为彝族支系繁多，不同的彝族支系都有不同的洪水神话版本和内容。在诺苏、纳苏、尼苏、撒尼、阿哲等有文字的支系中，洪水神话还在文献中有记载。例如，彝族尼苏支系的著名史诗《查姆》中就记载了洪水神话的故事。《查姆》中，人类最初分为独眼人、直眼人，但是由于这两种人良心不好，被格兹天神所收。直眼人被天神所收，就是通过洪水实现的，后来，天神创造了横眼人，一代代地传到今天。[①] 正因如此，彝族丧葬仪式中，有一个叫“踩尖刀草”的仪式，该仪式中需要念《踩尖刀草经》，经书的后半部分就记载了洪水漫天的传说，表明了尖刀草可以追溯到遥远的洪水时代。[②] 彝族洪水神话几乎都是格兹天神通过洪灾将人类湮灭的故事，日本学者西胁隆夫对流传在云南彝族地区的 30 个洪水神话进行了比较研

① 云南省民族民间文学楚雄、红河调查队搜集，郭思九、陶学良整理《查姆》，云南人民出版社，1981。

② 李永祥：《滇南彝族丧葬经书浅析》，《山茶》1991 年第 5 期。

究，发现洪水神话以口头长诗、口头故事、口头歌谣、文献史诗等载体传承下来，人物通常是兄妹、笃慕祖先、三弟等，起因几乎都是天神惩罚人类，逃生方式主要是葫芦、木桶、木船、木棺等，婚姻通常是兄妹通过大磨或者簸箕占卜后再婚或者天神派仙女下凡来配婚。生出来的孩子，有的传说有6个孩子，有的传说孩子是哑巴、血肉球、肉葫芦等，他们通过天神的帮助，变成今天各民族的祖先。①

彝族尼苏人的洪水神话不仅是灾害逃生的故事，还包括彝族祖先笃慕和“六祖分支”的故事。笃慕就是格兹天神选择的传承者，他躲在葫芦中逃生，在洪水退去之后，他的葫芦被挂在悬崖上的尖刀草丛中，无法落在地上，格兹天神安排老鹰将葫芦扒到地上，所以，彝族人至今感谢老鹰、崇拜老鹰，将自己视为老鹰的民族。笃慕从葫芦中出来，发现世界上只有自己一个人了，他非常着急，痛苦不堪，格兹天神于是就派仙女下来与他成婚，他们生下6个孩子。6个孩子长大之后，向不同的方向发展：大儿子和二儿子向滇南发展，成为今天尼苏人的祖先；三儿子和四儿子向贵州方向发展，成为今天纳苏人的祖先；五儿子和六儿子向北边发展，成为今天诺苏人的祖先。这就是彝族著名的“六祖分支”传说。彝族文献中记载的笃慕祖先实有其人，无论是汉文献还是彝文献都有记载，彝族学者张纯德认为，笃慕是公元前5世纪的人，即春秋末年战国初年的人。② 洪水神话在滇南彝族中具有重要的意义，据学者的调查和研究，滇南彝族尼苏人的先民还将洪水神话编成了一种叫“创世花鼓”的舞蹈，该舞蹈在滇南鲁奎山地区广为流传。创世花鼓舞的主要道具就是扁鼓，另外有长号、唢呐、镲、锣等。扁鼓象征着洪水漫天中笃慕祖先藏身的葫芦，舞蹈中女性持鼓，男人持锣、镲，女性击鼓时要从下面击鼓，象征

---

① 〔日〕西胁隆夫：《关于云南彝族的洪水神话》，载巴莫阿依、黄建明编《国外学者彝学研究文集》，云南教育出版社，2000，第263～271页。

② 张纯德：《彝学研究文集》，云南民族出版社，1994，第6页。

洪水泛滥时流水冲击葫芦表面的景象。[①] 据说，该创世花鼓有二十多种套路，包括尖刀草鼓、开天鼓、祭祀鼓、翻山鼓、种地鼓、收割鼓等，一些地方学者对创世花鼓舞的歌词进行了部分收集。[②]

除了彝族之外，云南省很多少数民族都有洪水神话，并且都有相似的内容和情节，如云南新平县傣族傣洒人刀先生就向笔者讲述了他们的洪水神话故事：

> 兄妹俩知道洪水要泛滥了，于是跑到葫芦里躲起来，三年之后，洪水退了，他们随着葫芦漂流到了天边，出来之后什么人也没有。天神对他们说："天下没有人了，你们必须配成夫妻。"兄妹俩说："我们是兄妹，不能配成夫妻。"天神说："这好办，我把石子丢到水里，如果水花自然分开又自然合拢，你们就可以配成夫妻。"天神一面说一面把石子丢到水里，水花自然分开又自然合拢。天神说："你们可以配成夫妻。"兄妹俩又说："我们没有人作证。"天神于是又请大青树作证，这样，兄妹俩就配成夫妻。从此，傣族人不砍大青树。后来，他们生下一个女儿，由于世间的人太少，天神让他们点树成人。于是，丈夫天天外出点树，妻子天天送饭，但由于人类越来越多了，他们也老了，女儿长大成人，他们要求女儿只嫁傣族人。

洪水神话在南方少数民族中普遍存在，如傈僳、拉祜、纳西、

---

① 方锦明：《新平县扬武镇阿者创世花鼓〈笃慕罗思则〉梗概》（打印稿），2005；李永祥：《舞蹈人类学视野中的彝族烟盒舞》，云南民族出版社，2009，第94页。

② 云南省新平彝族傣族自治县扬武镇政府收集的创世花鼓舞的部分歌词如下："斜崖外连天，赤地遍千里，洪荒落赤地，遍地是荆棘，笃慕披荆棘，笃慕走在前，笃儿紧随后，笃女跟上来，踩开荆棘路，天开地又阔，遍地亮堂堂，说威说。"参见方锦明《新平县扬武镇阿者创世花鼓〈笃慕罗思则〉梗概》（打印稿），2005；聂鲁：《从高亢的创世古歌中诞生的峨山彝族花鼓舞》，载聂滨、张洪宾主编《花鼓舞彝山：解读峨山彝族花鼓舞》，云南大学出版社，2007，第117～120页。

哈尼、基诺、佤、苗、瑶等少数民族都有相似的洪水神话。然而，洪水神话仅仅是传说还是历史上真实存在过的洪水灾害呢？换言之，规模巨大的洪水是不是在各民族的神话记忆中流传下来的呢？很多学者对此做了深入的研究，认为南方各民族具有丰富的洪水神话，苗、瑶、壮、侗、布依、毛南、仫佬、黎、彝、白、傈僳、拉祜、纳西、哈尼、基诺、佤和高山等民族都有比较完整的故事流传，这说明人类历史上真正发生过洪水灾害。[①] 有的学者认为洪水灾害在中国历史上曾经出现过，坚信传说时代的洪水灾害属历史事实。[②] 距今一万年左右，中国的南方曾出现过多种类型的洪水泛滥，这就是南方各民族"洪水滔天"传说的历史背景。这种观点的持有者是张群辉先生，他在1990年的文章中写道：

> 大量的洪灾，发生在更新世末期到全新世初期，因为这段时期，全球气候转暖，冰川不断融化，雨量随之激增，加之新构造运动的影响，我国地震频繁，高原出现泛湖期，水网地带的江河湖泊变迁急剧，山区则不断暴发滑坡、山洪、山崩，沿海又多次发生海浸，这种种大自然环境的巨大变化，给已经遍布全国各地的古代民族造成了深重的灾难。[③]

有的学者对洪水灾害的时间判断得更短，即在距今四五千年中华文明在发展初期确实遭遇过包括洪水滔天、持续严冬在内的巨大的自然灾害。[④] 这些研究说明了一种现象，即洪水灾害在中国历史上曾经出现过，并且不止一次。此外，云南少数民族中还有

---

① 刘亚虎：《伏羲女娲、楚帛书与南方民族洪水神话》，《百色学院学报》2010年第6期。

② 毛曦：《中国传说时代洪水问题新探》，《山东大学学报》（哲学社会科学版）2002年第2期。

③ 张群辉：《洪水滔天的传说与上古环境的变迁》，《贵州民族学院学报》（哲学社会科学版）1990年第4期。

④ 王若柏：《史前重大的环境灾链：从共工触山、女娲补天到大禹治水》，《中国人口·资源与环境》2008年专刊。

很多与水有关的神话和崇拜现象，这与灾害也有密切的联系。例如，生活在红河岸边的傣族人在讲述洪水神话的同时，还要到红河边上祭祀水神，澜沧江边的傣族人要祭祀澜沧江水神，他们认为水神与洪灾、暴雨等有着密切的联系，说明洪水神话在长时间的演变之后，在现实生活中就变成了对具体江河的崇拜。

笔者在总结了洪水神话与灾害的关系之后认为以下五点是值得肯定的。第一，洪水神话有洪水滔天、洪水漫天、葫芦神话、兄妹成婚神话、人类再生神话等名称，讲述的都是相同或者相似的故事。洪水灾害在古代确实发生过，但是对于洪水最早发生的时间和范围可能存在不同观点。第二，洪水神话是天神或者其他神灵降灾来惩罚人类的，当然也有没有讲明原因的洪水神话，但是大多数都与神灵有着某种关系，其中关键的原因是人类已经到了道德十分败坏的时代，天神要更换人类。第三，天神在更换人类时，是以道德为标准进行的。对于那些道德败坏的人，在洪水中并没有得到生存的机会，神灵赐给他们铁船教他们造铁船；而对于那些善良的人，天神赐给或者教授他们使用木船或者葫芦，使之能在洪水退了之后继续生存。对于有幸生存下来的人——兄妹，还得到了天神或者神灵的帮助，让他们兄妹成婚，繁衍人类。第四，洪水神话在我国南方各民族的神话中普遍存在，有的学者认为洪水神话在世界很多地方也都是存在的。它反映出一种区域性的洪水灾害。第五，洪水神话可能涉及多民族的合作和互助，彝族洪水神话中出现了藏族、汉族、哈尼族和傣族人，怒族洪水神话中出现了汉族、白族、怒族和傈僳族人，傈僳族洪水神话中出现了藏族人、汉族人及克钦族人等，普米族洪水神话中出现了藏族、纳西族人，[①] 这些内容的出现不是偶然的，它表明了洪水灾害的受害者或者受灾地区不仅仅是本民族的人，还包括了其他民族的人。

---

① 王菊：《归类自我与想象他者：族群关系的文学表述——“藏彝走廊”诸民族洪水神话的人类学解读》，《西南民族大学学报》（人文社会科学版）2008 年第 3 期。

三 云南少数民族的干旱神话与干旱灾害

云南少数民族中有很多与干旱有关的神话故事，说明各民族都遇到过干旱灾害，都发生过与干旱灾害做斗争的故事。彝族的《祭龙词》《万物的起源》《梅葛》《查姆》《西南彝志》中就有很多关于干旱灾害的记载或者传说，说明干旱在早期彝族社会中是经常发生的。如彝族长诗《万物的起源》就记载："天旱海见底，海旱底无水；鱼儿无水喝，泥鳅张嘴哭，螺蛳流眼泪；大地不栽秧，浮萍当菜用，山药当饭吃。"[①] 这说明了干旱发生的严重程度，不仅鱼儿没有水喝，就连泥鳅、螺蛳都因为干旱而流泪，并且干旱导致颗粒无收，人们用野菜充饥。彝族史诗《梅葛》记载："天上有九个太阳，天上有九个月亮，白天太阳晒，晚上月亮照，晚上过得去，白天过不去，牛骨头晒焦了，斑鸠毛晒掉了……格兹天神……留一个太阳在天上，留一个月亮在天上……"[②] "天上水门关了，四方水门关了。三年见不到闪电，三年听不到雷声，三年不刮一阵清风，三年不洒一滴甘霖。大地晒干了，草木渐渐凋零；大地晒裂了，地上烟尘滚滚；大海晒涸了，鱼虾化成泥；江河晒干了，沙石碎成灰；老虎豹子晒死，马鹿岩羊晒绝，不见雀鸟展翅，不见蛇蝎爬行；飞禽走兽绝迹，大地荒凉天昏沉。"[③]《梅葛》等中的干旱记载说明了干旱灾害发生时的实际情况和对万物的影响。

除了文献中关于干旱的记载之外，彝族民间还流传着很多的故事，如滇南彝族毕摩李才旺向笔者讲述了一个与干旱有关的美丽传说：

---

① 梁红翻译《万物的起源》，云南民族出版社，1998，第96~98页。

② 云南省民族民间文学楚雄调查队：《梅葛》，云南人民出版社，1959，第20页。

③ 云南省民族民间文学楚雄、红河调查队搜集，郭思九、陶学良整理《查姆》，云南人民出版社，1981，第31页。

古时候天上有9个太阳和9个月亮。9个太阳照得大地十分炎热，地上什么都没有了，什么庄稼也种不出来，人和动物都在挨饿，人们一直在想办法来对付9个太阳。后来，一个力大无比的彝族人就用神箭去射太阳，射下来其中的8个后，最后一个太阳被吓坏了，它跑到东方神山的裂缝里躲起来了。没有了太阳，大地上又变得寒冷了，庄稼仍然种不出来，由于人类没有庄稼，动物也没有什么可以吃的。于是，动物们就商量怎样帮助人类，把太阳喊出来。动物们商量的结果是首先请老牛出面去喊，老牛“哞哞”的叫声没有将太阳请出来；紧接着，山羊出面了，山羊“咩咩”的叫声仍然没有让太阳出来；第三个出面的动物是鸭子，但鸭子“杀杀”的叫声更是使太阳躲在山里。最后，动物们只好求公鸡了。公鸡说：“我倒是可以将太阳叫出来的，但是，我要过东海，如果没有人帮助我过海，我还是没有办法。”鸭子说：“这个我可以帮忙，我把你送过东海去。”公鸡在鸭子的帮助下渡过了东海，到了太阳躲藏的山上。公鸡优美的叫声终于把太阳请出来了。天上的“洒申”神来了，表扬了公鸡的贡献，授予了它鸡冠，并说：“天下所有人举行重要仪式时，必须要有公鸡到达和出现，方才算数。”公鸡回到家里，非常骄傲，常常炫耀自己的鸡冠和功绩。鸭子对此非常不满意，于是它跑到“洒申”神那里讲理，说如果不是自己的帮助，公鸡根本到达不了对岸，但现在好像自己一点功绩都没有似的，应该给自己一个奖励。“洒申”神说：“你帮助了鸡，那么今后就让鸡给你孵蛋吧。”从此之后，鸭子再也不用自己孵蛋，而是让鸡来完成。

这个故事说明了干旱不仅会影响到人类，还会影响到其他动物。人和动物都是生态系统的组成部分，因此，抗击干旱灾害的时候，动物也有自己的责任。尽管我们知道动物不可能有“请太阳出来”的能力，但是，动物请太阳的故事说明了生态系统的重要性。

除了彝族之外，云南各少数民族都有与干旱灾害有关的神话、传说和故事。如藏族传说有9个太阳、9个月亮，而9个太阳烧干万物，烧焦土地，所以，被射下8个太阳、8个月亮。傈僳族传说有9个太阳、7个月亮，9个太阳晒得大地上人畜难活，后来被射下8个，最后一个害怕躲了起来，然后人类请公鸡将最后一个太阳请出来，大地才恢复了光明。布朗族传说过去顾米亚造田地时，遭到9个太阳姊妹和10个月亮兄弟的破坏，放射出烈光，导致大地干裂，鱼的舌头都被晒化了，顾米亚为了拯救万物，射下8个太阳和9个月亮，剩下的1个太阳和1个月亮躲起来了，大地一片黑暗和寒冷。顾米亚在白鸟的帮助下，将太阳请出来，造福人类。[①] 普米族认为天上有9个太阳和9个月亮，造成大地冷的时候太冷，热的时候太热，人类和万物遭到劫难，有3个智慧出众的好汉，用竹箭、铁箭和钢箭射下了8个太阳，又用泥土箭射下了8个月亮，但是，剩下的一个太阳躲起来了，大地又变得黑暗冰冷，人类派公鸡把太阳请出来，拯救了地上的万物。[②]

综观云南少数民族的干旱神话，大部分都是有9个太阳和9个月亮，当然也有12个太阳和12个月亮的传说，如侗族、布依族在内的少数民族都有12个太阳造成天下大旱的说法，并且在他们的传说中，也是人类射下11个太阳之后，最后一个太阳就躲起来了，后来还是公鸡把最后一个太阳请出来的。[③]

干旱灾害在中华大地上是普遍存在过的，这为我们理解与干旱有关的神话、传说和故事提供了依据。总结干旱神话与干旱灾害的关系时，笔者认为如下几点是应该注意的。

第一，干旱神话解释了干旱灾害发生的原因和结果，干旱灾

① 本书编审委员会编《中国各民族宗教与神话大词典》，学苑出版社，2009，第31页。

② 普米族民间文学集成编委会编《普米族民间故事集成》，中国民间文艺出版社，1990，第2~3页。

③ 管新福、杨媛：《贵州少数民族神话中的灾难与救世》，《当代文坛》2014年第5期。

害的方式通常是神灵降灾于人类，主要是有多个太阳，如 9 个太阳、12 个太阳等，其结果是大地被晒干，江河被晒干，甚至大海也被晒干了。人类种不出任何作物，于是粮食减产或者完全没有收成，造成了严重饥荒。这些解释与历史上发生的干旱与大饥荒基本相似。当然有的干旱灾害并没有讲明发生原因，而只是说其导致的结果。

第二，干旱发生之后，人类开始射日，于是就出现了很多射日神话，射日神话是一种英雄神话，因为射日者几乎都有具体的人名，如普米族、藏族、彝族的传说，他们经过千辛万苦完成了射日的任务，为天下人解决了干旱的问题。由此也可以知道，干旱神话的核心是太阳太多，解决办法当然也是射下多余的太阳，因此，神话中的抗旱救灾以射日方式完成。

第三，干旱灾害之后又转入了另一种灾害——寒冷和黑暗。由于人类或者神射下 11 个太阳或者 8 个太阳，剩下的最后一个太阳因恐惧而躲起来了，这又给人类带来了问题，大地变成漆黑一片，从一个极端走向了另一个极端，人类的“射日”行动也随之变成了“请日”。然而，太阳请不出来了，于是，动物帮助了人类，如鸭子、公鸡等，最后还是在公鸡的帮助下，把太阳请了出来，这就是公鸡每天早上都要鸣叫的原因，它鸣叫了之后，太阳就冉冉升起，预示着新的一天开始。

四　云南少数民族的地震神话与地震灾害

在中国，地震神话并不像洪水神话和干旱神话那样丰富，但是对于最为出名的女娲补天神话，很多学者认为这就是地震神话，女娲补天是人类想征服自然力，这种自然力就是地震。① 云南少数民族中也流传着与地震有关的神话、传说和故事，虽然不及洪水、

① 王毅、吕屏：《汶川地震与“补天”神话原型研究》，《重庆大学学报》（社会科学版）2008 年第 6 期。

干旱神话那样多，但还是有一部分。例如，怒族就有地震的传说，人们认为地像一座平顶屋，上面是平的，下面是空的，地下由9根金柱、9根银柱支撑，上天为了让地球转动，就用一对金鸡和一对银鸡拉动地球，当金鸡和银鸡跳动的时候，地震就发生了。如今每当发生地震时，怒族老人会说“金鸡银鸡又在跳动了”。[①] 与怒族的传说不一样，哈尼族认为地震是因为海神密嵯嵯玛把支撑田地的大金鱼密乌艾希艾玛的尾巴搬来搬去的原因，因此，要停下生产，祭祀海神。哈尼族叶车妇女穿短裙就是为了镇压地震使之不发生。[②]

彝族人对于地震的看法与哈尼族人有相似也有区别，滇南彝族尼苏人认为大地由一条大鱼托着，地震就是鱼翻身造成的。[③] 大鱼翻身造成地震的传说在彝族史诗《梅葛》中有记载：

> 格兹天神说：“水里面有鱼，世间的东西要算鱼最大；公鱼三千斤，母鱼七百斤；捉公鱼去！捉母鱼去！公鱼捉来撑地角，母鱼捉来撑地边。”
>
> 公鱼不眨眼，大地不会动，母鱼不翻身，大地不会摇，地的四角撑起来，大地稳实了。[④]

《梅葛》史诗中的大地“翻身”“摇动”等，都具有地震的特征。上述彝族、怒族和哈尼族的神话传说反映了云南少数民族先民对于地震的解释。

---

① 普学旺主编《云南民族口传非物质文化遗产总目提要·神话传说卷》（下卷），云南教育出版社，2008，第254页。

② 本书编审委员会编《中国各民族宗教与神话大词典》，学苑出版社，2009，第156页。

③ 笔者对云南省新平彝族傣族自治县戛洒镇竹园村委会迪巴都村马毕摩的采访记录。

④ 云南省民族民间文学楚雄调查队搜集翻译整理《梅葛》（彝族民间史诗），云南人民出版社，1959，第9页。

五 云南少数民族的其他灾害神话与灾害记忆

云南少数民族中除了有与洪水泥石流、干旱和地震有关的灾害神话之外，还有其他很多与灾害有关的神话、传说和故事，如与火灾、虫灾、雷电、大风、大雪、冰冻等灾害有关的各种神话、传说和故事，这些神话、传说和故事与相关信仰结合在一起，形成各少数民族与防灾减灾有关的思想体系。

火灾是各民族地区经常发生的灾害，从古至今就有，与火有关的神话和解释也非常丰富。美国人类学家苏珊娜·霍夫曼还将火灾比喻成魔兽，因为魔兽意味着某种危险，是一个破坏者。魔兽，如同一次难以预料的地震或飓风，常给人们制造紧急事件。在魔兽和灾害来临时，科学探索和人类有序的理性思维全都轰然崩溃。[①] 从另外一种意义上讲，火具有驱邪去污的功效，它能烧掉一切可以导致疾病的有害成分，从而净化人和牲畜。因此，火是一种消毒剂，能毁坏一切物质的或精神的邪恶因素。[②] 各民族的火神话主题主要有三个内容：首先是人间没有火，但人类得到各种帮助，通过偷、抢等手段得到火种；其次是人类通过火来制服或者驱赶鬼神、害虫；再次是神灵或者人类用火来制服敌人。

云南各民族的火神话故事别具特色，拉祜族有先民钻木取火的故事，景颇族有先民向火神讨火的故事，独龙族也有先民取火的故事等。独龙族火来源的故事是传说两个年轻人无意中撞击石块，碰出火花，他们后来也为保护火种而牺牲。[③] 傣族人也认为火

① Hoffman, Susanna M., "The Monster and the Mother: The Symbolism of Disaster," in Susanna M. Hoffman and Anthony Oliver-Smith (eds.), *Catastrophe and Culture: The Anthropology of Disaster*, pp. 113 – 142. Santa Fe, New Mexico: School of American Research Press, 2002. 〔美〕苏珊娜·M. 霍夫曼：《魔兽与母亲——灾难的象征论》，赵玉中译，《民族学刊》2013 年第 4 期。

② 张文元：《从文献资料看西南火节的内涵和外延》，《思想战线》1994 年第 2 期。

③ 普学旺主编《云南民族口传非物质文化遗产总目提要·神话传说卷》（下卷），云南教育出版社，2008，第 309 页。

种是有一个人用两块石头撞击之后发出火星点燃的。火种的由来并不复杂，但是火种传说转变成为火崇拜之后，与火神有关的仪式和节日就变得非常丰富。[①] 彝族是一个崇拜火的民族，各支系都有与火有关的神话、宗教仪式和节日。这些故事说明火不但是人类的需求品，还能够给人类带来灾难，当然，也能成为人类使用的工具，整治妖魔鬼怪。由此可知，火有多样性的功能。

山神是云南少数民族普遍崇拜的神灵之一，有着众多的神话传说和祭祀仪式。彝族人非常崇拜山神，“山神”在彝语中称为“白泥”，人们认为每一座山都有山神，每个村都有山神庙。山神威力与山的大小密切相关，如哀牢山、圭山、乌蒙山、大黑山等山神的威力较大。山神统管一切，包括人、动植物和灵魂，求雨、打猎、叫魂、赶鬼、起名字等都要祭祀山神，大型的宗教和节日活动也都要首先祭祀山神。山神还管着猎神、生育神、庄稼神、寨神、河神等，人类需要举行与此相关的活动，祭祀山神。山神除了管着善神之外，还管着各种恶神和坏神，所以，每当举行宗教仪式，也都要先祭祀山神。哈尼族、拉祜族、基诺族、白族、纳西族、佤族等也崇拜山神，他们也有山神庙，每到节日之时都要祭祀山神。事实上，云南所有的少数民族都崇拜山神，认为山神主宰着自然界和人类社会，一切活动都与山神有关。美国人类学家 F. K. 莱曼说：“人们普遍假定，土地最早和最终的拥有者是一些鬼‘主’。”“初次开辟某一土地的定居者必须同上述鬼主订下某种契约，据此，人神之间应保持沟通，以保证双方合作的条件可以持续，鬼主的要求可以适时得到满足（如贡物、祭品、禁忌等）。更为独特的是，鬼主与定居者之间排他性的权利，将传至定居地创建者的后代和继承人，直至永远。这便是建寨始祖崇拜的核心所在。”[②] 山神崇拜与人类建

---

① 普学旺主编《云南民族口传非物质文化遗产总目提要·神话传说卷》（上卷），云南教育出版社，2008，第 424～425 页。

② 〔美〕F. K. 莱曼：《建寨始祖崇拜与东南亚北部及中国相邻地区各族的政治制度》，郭静译，载王筑生编《人类学与西南民族》，云南大学出版社，1998，第 190～216 页。

寨始祖崇拜密切相关，人类祖先在某地定居下来之时——所谓的“建寨始祖”，就是与山神达成了某种契约，即人类使用山上的土地、森林、猎物等，但是同时要祭祀山神，这样的习俗一直传至“定居地创建者的后代和继承人”①，这就是很多民族至今还在崇拜山神的原因。

风、雨、雷、电也是云南少数民族的崇拜对象，有很多的神话传说故事和信仰习俗。风、雨、雷、电同时也是灾害的制造物，它们经常能够给人类带来灾难。风的传说非常多，傣族人认为风是创世大神“英叭”吹的一口气，在吹了10万年之后，产生了风神叫叭鲁，叭鲁后来与雨神结婚生下冬天，与太阳女神结婚生下夏天，与月亮女神结婚生下秋天，与露雾神结婚生下春天。哈尼族人认为风神来自丰海，风是天神创造了让人类呼吸用的。雨神也是云南少数民族的崇拜对象，水族人将雨神称为“天鬼”，壮族人认为雨神是一种女神，彝族人认为雨就是由天上的陇塔兹控制的。雷神崇拜也在云南少数民族中广泛存在，并有各种伦理道德观念融入其中。人们认为，那些被雷电击中的人是不道德之人、做了坏事之人，他们经常被社会排斥，那些被雷击中过的树木也不能用于房屋建设。总之，风、雨、雷、电是自然物，它们都能给人间带来灾难，对于这些自然物的崇拜和神话传说，我们有充分的理由相信在历史上的某个时期，它们曾经给人类带来了灾害，并在人类社会中留下记忆。

动物神话也是少数民族灾害神话的重要内容。很多动物在神话中是神仙，它们曾经在各种灾害中拯救过人类，或者在人类碰到困难的时候帮助过人类，只是由于各种原因被天神降为动物。例如，彝族人认为谷种是狗从天上带来的，荞麦种也是狗从月亮上带来的。藏族人也有青稞种是狗从天上带来的传说。傈僳族、

① 〔美〕F. K. 莱曼：《建寨始祖崇拜与东南亚北部及中国相邻地区各族的政治制度》，郭静译，载王筑生编《人类学与西南民族》，云南大学出版社，1998，第190～216页。

独龙族人等都认为谷种是狗从天上或者天界带来的，他们都让狗先吃新米。我国民俗学家乌丙安认为狗崇拜的普遍意义就在于其很早就把狗与人类的生活密切联系在一起，使狗始终成为救助人类有功的家畜。[①] 今天的人类非常痛恨老鼠，因为它偷粮食吃，会给人类带来鼠疫，但是，德昂族、傣族人等都崇拜老鼠，因为人类的谷种是从老鼠那里讨要到的。白族人则感谢牛的救助之恩，将其列入本主崇拜内容。笔者认为狗的神话传说可能包含着人类早期与饥荒等灾害的关系。

这些神话表明的是一种思想体系，一种对过去的记录，虽然时间久远，但都可以推测出过去发生的故事。笔者认为，对神话的思想体系进行研究是必要的，因为我们今天的种种行为与过去的行为具有相似性，如不尊重自然规律、过度利用资源等，这在某种程度上讲，是今天发生灾害的原因之一。

六　灾害神话的防灾减灾功能与文化解释

对灾害神话的防灾减灾解释是从功能主义的角度进行的。马林诺夫斯基指出："神话给原始文化的最大帮助乃是与宗教仪式、道德影响、社会原则等协同进行的。"[②] 这就说明，神话的防灾减灾作用与仪式、道德等相互结合来理解和解释更切合防灾减灾的实际情况。灾害神话在一个社会中形成历史记忆，它不是作为个人的现象（虽然心理学中是个体的），而是作为一种集团的现象发挥作用。[③] 灾害神话所形成的社会记忆和历史记忆，虽然与历史之间的真实性关系还在探索过程中，但是，神话在无文字民族中的记忆是可靠的，虽然洪水神话融入了各种哲学观念，但它却表明

① 乌丙安：《中国民间信仰》，上海人民出版社，1996，第73页。

② 〔英〕马林诺夫斯基：《巫术科学宗教与神话》，李安宅译，中国民间文艺出版社，1986，第83页。

③ 〔日〕岩本通弥：《作为方法的记忆——民俗学研究中"记忆"概念的有效性》，王晓葵译，《文化遗产》2010年第4期。

了洪水泛滥的真实性，正如杜涛所认为的那样，洪水神话源于原始人类对于水灾的记忆。①

更为有意思的问题是少数民族灾害神话与现实生活中的防灾减灾之间的联系。很多学者都指出了神话与现实之间的关系问题，巴战龙就这样认为：

> 神话既不是“被编造的过去”，也不是与“当下”隔膜或无关的“遥远的过去”的产物，更不是社会科学和人文学科学者用于自我把玩的“历史垃圾箱”中的宝贝，恰恰相反，神话与人类现代社会和当下生活息息相关。②

其他学者也有类似的看法，说明神话与现实生活有着某种联系，虽然神话距离我们的时代久远，但神话的功能在今天仍然在发挥作用。灾害神话中的某些事件，如洪水、干旱等在历史上的某个时期确实发生过，并且造成重大的人员伤亡和财产损失。但是，到底造成了哪些人员伤亡和财产损失是有指向性的，那些良心不好的人在灾害中损失最大，最为典型的是彝族洪水神话中的三兄弟。大哥和二哥良心不好，在洪水中没有得到救助，老三则因为心地善良，在洪水灾害中幸免于难。这种救助活动的控制者是天神（或者其他神灵），有的洪水神话甚至说是格兹天神要更换邪恶的人类才降洪水于人间的。彝族史诗《查姆》中对“独眼人”“直眼人”的换代就说明了这一点，由于“独眼人”“直眼人”良心不好，天神要将其收回，所以只有善良的“横眼人”继续繁衍。洪水神话中的防灾减灾措施在事件叙述中得到了体现。如彝族洪水神话中的天神告诉三兄弟，洪水要来了，需要提前准备，但是，大哥和二哥的备灾措施是不当的，他们躲在铁和铜制作的船中，

① 杜涛：《灾害与文明：中西洪水神话传播比较》，《前沿》2012 年第 16 期。

② 巴战龙：《裕固族神话〈莫拉〉的灾害人类学阐释》，《民族文学研究》，2012 年第 2 期。

灾害来临时，他们在急救中失败了，只有老三的备灾措施——躲在葫芦或者木船中奏效了，才幸运地存活下来。这样的叙事方式告诉人们一个道理，那就是做人必须要讲究良心道德，灾害的出现不完全是自然作用力的结果，也受到天神的支配，以惩罚那些失去道德的人们。由此不难理解马林诺夫斯基所认为的：土著人对神话深信不疑，诚惶诚恐；神话还直接影响土著人的行为和部落生活。[①] 如此的教育方式在社会中不仅有文化基础，还有普世意义。

灾害神话进一步告诫人们，受到灾害影响的不仅仅是人类，也包括生物圈中的其他动物和植物。这进一步印证了斯图尔德关于人类是生命网络的一部分的观点。[②] 在干旱灾害中，无论是干旱还是黑暗，人类和动物都受到了损失。在抗击干旱灾害的时候，人类在当中发挥了重要作用，但是，当太阳躲进山洞时就造成了另一种灾难，大地一片黑暗和冰冷，这时，动物们发挥了作用。因此，我们可以这样认为，生物圈中的动植物，在抗击灾害的过程中都或多或少地起到了作用。或许，解释这种隐喻的最好理论就是韧性或者弹性理论（Resilience Thinking），因为所有的人都是人类和自然系统（社会 - 生态系统）的一部分，[③] 对于生态系统来说，任何一部分受到损害都将影响到整个系统的功能。因此，系统中的任何部件都是这个系统的维护者。

用一种灾害来治理另一种灾害是灾害神话中的重要内容，也可以算是防灾减灾的措施之一。最为典型的例子是格兹天神用洪灾来治理人间的道德灾害、人类用火把来治理蝗虫灾害，虽然火把与火灾不同，但是治理蝗虫的方法与火灾有着密切的联系，因

---

① 〔英〕马凌诺斯基：《西太平洋的航海者》，梁永佳、李绍明译，高丙中校，华夏出版社，2002，第260页。

② Steward, Julian Haynes, *Theory of Culture Change: the Methodology of Multilinear Evolution.* Urbana: University of Illinois Press (Ch. 2. The Concept and Method of Cultural Ecology), 1995, pp. 30 - 43.

③ Walker, Brian & David Salt. *Resilience Thinking: Sustaining Ecosystems and People in a Changing World.* Washington, Covelo & London: Island Press, 2006, p. 1.

为古代人的用火方法与今天并不一致。

神话具有防灾减灾的功能，这种功能是通过描述灾难事件和景观状况、举行仪式和遵守宗教规则、宣讲道德规范和社会传统等来实现的。神话中的重要内容通过仪式的方式流传下来，并普及到大众中。彭兆荣也认为，神话仪式中的“叙事－记忆”方式为“结构－功能”的解释方法提供了极大的可能性。[①] 虽然本章中较少涉及仪式问题，但是神话与仪式有着密切的联系。事实上，当代社会中灾害记忆的方式很多，如灾害资料的收集和公开、灾害记忆空间的构建与政治化[②]等，但作为古老的方式之一，灾害神话仍为记忆的重要途径。

灾害神话及其历史、社会和文化记忆中的防灾减灾功能和教育功能在当今社会条件下受到一定的挑战。因为如今很多少数民族年轻人不再钟爱在火塘边听故事，他们向往城市生活，大多数人在初中毕业之后就到城市打工、定居，很少回到家乡。那些仍然居住在家乡的人，由于电视、手机等现代娱乐手段和信息的发展，不再把有限的时间用来听老人讲故事，而是追求现代生活。当然，也不排除当代老者的讲故事方式存在一定问题。另外，灾害神话不一定都具有防灾减灾的功能，换言之，将所有的灾害神话都说成是为教育后代、达到防灾减灾目的而创造或者记录下来的，可能也是不切合实际的。

然而，也应该强调的是，文化在民族社会中能长久影响成员的行为，并代代相传，灾害自产生的那一刻起，就成为社会文化的一部分，灾害造成的创伤能够从基础上动摇文化、社会和政治结构。[③] 这一点，无论是在神话中的灾害还是在现实社会中的灾害

---

① 彭兆荣：《瑶汉盘抓神话——仪式叙事中的“历史记忆”》，《广西民族学院学报》（哲学社会科学版）2003 年第 1 期。

② 王晓葵：《灾害文化的中日比较——以地震灾害记忆空间构建为例》，《云南师范大学学报》（哲学社会科学版）2013 年第 6 期。

③ Bator, Joanna, “The Cultural Meaning of Disaster: Remarks on Gregory Button's Work,” *International Journal of Japanese Sociology* 21, 2012, pp. 92－97.

中都得到了有力证实。法国历史学家雅克·勒高夫（Jacques Le Goff）曾经指出："记忆滋养了历史，历史反过来又哺育了记忆，记忆力图捍卫过去以便为现在、将来服务。"[①] 这也许是我们研究灾害神话、追溯历史和文化记忆、探索它们与防灾减灾之关系的价值所在。

七　小结

本章认为，民族神话具有灾害和防灾减灾的内容，同时，神话研究可以揭示一系列与灾害文化相关的问题，如跨文化对灾害认知的影响，地震、干旱和洪水神话中有很多相同和不同的认知，它反映出灾害文化在不同民族文化背景下的演进方式，如此的文明进程在罗马、远东和东南亚地区同样存在。此外，灾害研究能推进比较神话学的发展，神话比较如果与现实结合在一起，特别是把当代灾害现状与古代灾害神话对比分析的话，更能理解不同地区灾害神话形成的历史进程和根源，为比较神话学研究提供更为丰富的实践基础。最后，灾害神话的比较研究，能够促使人类重新思考自然界的认知历史与灾害现状的关系，灾害神话是确立一种因果关系的认知模式，它以传统知识、历史和文化记忆、宇宙观为基础，形成灾害场景的解释逻辑。在很多灾害发生地区，此种建立在神话基础上的场景解释逻辑不仅普遍存在，还是灾害人类学研究的重要内容和途径。

① 〔法〕雅克·勒高夫：《历史与记忆》，方仁杰、倪复生译，中国人民大学出版社，2010，第113页。

第十章　云南少数民族的地方性知识与防灾减灾

少数民族的宗教信仰、仪式和传统知识与防灾减灾有着密切的联系。宗教思想是一个知识体系，而宗教仪式则是祈求好运、人畜平安、五谷丰登，或祈求避免灾难、天降雨水等。千百年来，各民族的文化中记录了很多灾害的传统知识和防灾减灾方式，这些传统知识以文献和口传的方式一代代传承下来，并在当代社会中继续发挥作用。应该说，避灾辟邪和祈求雨水等仪式在少数民族宗教活动中占有很大的部分。宗教思想和举行宗教仪式的目的有很多就是避免灾难，换言之，就是防灾减灾。

少数民族的传统知识与防灾减灾之间有密切的关系，宗教信仰和仪式的知识、人居环境知识、动植物生态知识、天文历法、伦理道德等都能显示出防灾减灾的价值。地质地貌及人居环境知识有防泥石流滑坡、防火等功能；动植物方面的生态知识则有防饥荒、防食品短缺和急救的功能；宗教信仰、仪式的防灾减灾功能是综合性的，有形而上的特点；而天文历法、伦理道德等都能在日常生活中起到预防灾害的作用。少数民族的传统文化与防灾减灾之间的关系还在灾害应急、急救、物资分配、恢复重建等活动中体现出来。传统知识对灾害发生原因的解释、救灾活动的开展、灾后恢复建设的完成都有作用。本章对云南少数民族的传统文化进行描述和分析，探索它们与防灾减灾之间的关系。

一 云南少数民族的宗教信仰、仪式与防灾减灾

（一）少数民族宗教信仰与防灾减灾

各民族都有与防灾减灾有关的宗教知识。对天地神灵的尊重是避免灾害的基础，天地在宇宙万物中是最大的，所以，任何祭祀活动都必须先提到天地神。天地神在所有神灵中必须受到尊重，并且有一整套的祭祀仪式，认为如果人类不尊重天地，就会受到惩罚，最突出的方式就是天地降灾于人类。事实上，彝族洪水神话就是格兹天神惩罚人类道德败坏的典型案例，彝族史诗《查姆》中从“独眼人”到“直眼人”再到“横眼人”的传说都说明了人类道德衰败与天神降灾收回人种之间的关系，天神让人类再生也是一种道德选择的结果。换言之，当人类自身伦理道德堕落到了“极度恶劣”的程度时，也就到了天神换人类的时候。例如，云南红河州开远市的彝族人就传说，远古时候的人日子过得太好了，就不敬天地，他们用白面粑粑做尿布。天神见了之后十分生气，发洪水淹死了那些人。[①]

风雨、雷电、山川、河流、树木等自然物也是受尊重的对象。最为典型的是滇西藏族的神山崇拜，他们认为人都要对神山顶礼膜拜，尊重山上的一切。云南新平县的傣雅人禁止向河流做任何不礼貌的行为，包括向河流中丢石头、在河流边随意大小便或说脏话等，认为这些都是侮辱河流的行为，对河流的不敬会引起河神和水神的不悦并降灾于人类。与傣族的情况相似，彝族、哈尼族、拉祜族等都生活在大山上，人们对于大山是非常尊重的，每年都要祭祀山神，不做不敬山神的事，不说不敬山神的话。彝族、哈尼族等还有神树崇拜，如崇拜龙树等。除了神树之外，他们认为大树、老树也都必须受到尊重，即使是在砍柴的时候，也不能

① 李子贤：《彝、汉民间文化圆融的结晶——开远市老勒村彝族“人祖庙”的解读》，《云南民族大学学报》2010 年第 4 期。

砍树龄太大的老树。对动物的尊重和保护也是宗教和伦理文化中的重要内容。动物跟人类不仅是朋友关系，还给人类很多的启发，不保护动物就维持不了生态平衡，没有基本的生态平衡，人类就会面临灾难。

祖先、父母长辈等是最重要的尊重对象。祖先是彝族人最为重要的崇拜对象，人们认为彝族人死后家人都要通过毕摩将其灵魂送回到祖先的居住地，对于祖先神灵的不敬，对父母、长辈的不孝不尊重等都会导致灾害的降临。所有的民族都有尊老爱幼的传统习俗，这些习俗中有些并没有法律上的功效，却有防灾减灾的意义。如果认为一个人对老人不尊敬，神灵就会降灾于人类。少年成长、婚恋、性行为等都涉及严重的伦理道德问题。各民族对血亲、兄妹等婚姻和性行为都有严格的伦理控制，洪水神话中的兄妹再婚具备了“世界上只有同胞二人”这一必备条件，[①] 并得到了神灵的许可，通过簸箕、筛子、石磨、隔河穿针等验证之后才能进行，因为那是人类唯一的延续方式，即便如此，兄妹俩也只是勉强答应神的旨意，但他们后来生下的还是肉团、肉坨、葫芦等怪物，这种情况使人类认识到了“近亲婚配之弊”。[②]

对宗教观念的不敬也会带来灾害。各民族都有自己的传统宗教观念和意义，例如，房屋建筑关系到家庭兴衰、子孙后代吉凶祸福、发达与否等大事，彝族建房过程就是地道的宗教活动过程。[③] 房屋的内部结构也有宗教方面的意义，如堂屋、灶房、火塘、大门、门槛等都有一整套的伦理道德，违反这些禁忌就会带来灾难。[④] 在宗教观念中，从天地万物、人类祖先到日常生活习惯都与防灾减灾联系在一起，宗教信仰的本质就是预防各种灾害，

---

① 谢国先：《中国南方少数民族神话中的洪水和同胞婚姻情节》，《长江大学学报》2010 年第 6 期。

② 王宪昭：《中国少数民族人类再生型洪水神话探析》，《民族文学研究》2007 年第 3 期。

③ 张含、谷家荣：《简论云南彝族土掌房的文化内涵：写在云南石屏县麻栗树村土掌房调研之后》，《中南民族大学学报》2004 年第 3 期。

④ 张方玉：《试论彝族的宅居文化》，《楚雄师范学院学报》2002 年第 5 期。

让人类的生活更加美好。

（二）求雨抗旱的祭龙仪式

很多少数民族都有通过宗教仪式祈雨的现象，彝族、傣族、哈尼族、纳西族等都有与干旱有关的仪式，在这些仪式中，祭龙仪式不仅普遍，还有代表性。彝族的祭龙仪式因支系和地区的不同而不同，如滇南鲁奎山彝族需要3天才能完成祭龙仪式，而且禁止妇女参与，所有村民不能外出劳动，妇女在村中做针线活或者跳舞，但不能到祭祀地点磕头，到仪式点磕头的女性必须在12岁以下，即月经之前的年龄。但是，另外一些地区的彝族祭龙仪式则让所有的人员参与，不论男女都可以到仪式举办地点磕头。“祭龙”的彝语叫“罗拉”，它包括在一个叫“米卡哈”的仪式中。“米卡哈”仪式通常需要3天才能完成：第一天的仪式叫“罗拉”，即祭龙；第二天的仪式叫“米卡哈”，这个仪式相当于“净村”；第三天的仪式叫“伯卓硕”，即祭猎神。米卡哈仪式一般都持续1~3天。为缩短时间，目前很多村寨都只举行一天，仍然称其为“米卡哈”，但翻译成汉语的时候，人们一般称之为“祭龙”。

祭龙的日子一般都在农历二月的第一个属牛日，但是，对于那些需要3天时间才能完成仪式的彝族人，就选择鼠日、牛日和虎日举行。笔者这里的例子来自云南省新平县戛洒镇竹园村委会（原老厂村委会竹园村）的祭龙仪式，这里的仪式通常情况下需要3天才能完成，男女都可以参与。由于米卡哈仪式需要3天才能完成，笔者的描写主要集中在祭龙仪式上，对于后面的“米卡哈”和“伯卓硕”仪式则不再描述。祭龙仪式中最重要的祭品是寨门、飞鸟、砍刀等，地点在村寨边的水井旁。如果一个村子有多个水井就选两个最重要的水井祭祀，如果是废弃的水井，就要把它打扫干净之后再祭祀。竹园村的大水井位于村子东边的万年青树下，至今水井仍然出水，它曾经是整个村寨最为重要的水源，全村人仍然难以忘怀。

祭龙当天，清晨起床之后，村中的年轻人会被分成两个组，一组去打灶、杀猪，然后炒菜做饭，另一组则去打扫水井卫生，他们必须将全村所有使用的水井打扫干净，毕摩则开始制作仪式中使用的祭品。毕摩们需要制作的祭品主要包括寨门中所需要的尖刀草绳子、木制砍刀等。所有这些祭品最后都要成为一道象征性的“寨门”，作为祭龙仪式完成的标志。整个仪式流程主要有四步。首先，毕摩要制作一根 20 米长的尖刀草绳，粗细适中，但必须很结实。尖刀草前一天就准备好了，毕摩只需要将其搓成绳子就行。据说，尖刀草是各种恶神鬼怪的克星，它们最怕尖刀草，一见到尖刀草就停止前进，所以，彝族丧葬中有一个踩尖刀草的仪式，在踩的过程中念《踩尖刀草经》。在祭龙仪式中，毕摩把尖刀草吊在寨门上，把恶神、坏神阻隔在寨门外，尖刀草的作用就在于此。其次，毕摩要制作 9 把桑树木砍刀，砍刀是用来砍各种鬼神的，砍刀用尖刀草绳拴起来，甩的时候会发出“嗡嗡”的响声，桑树是最容易发出响声的树木。砍刀上写着各种恶神的名字，一旦它们来到村子旁边，看到自己的名字就进不了村子，也伤害不到人了。据毕摩的解释，这 9 把刀的功能是不一样的：第一把刀是砍带来坏运气的恶神；第二把刀是砍使人生病和难过的恶神；第三把刀是砍让棺材出现的恶神；第四把刀是砍让牲畜死亡和见到死亡的恶神；第五把刀是砍让人乱淫以及让人见到乱淫事件的恶神；第六把刀是砍让人生病或见到不吉利事情以及不好东西的恶神；第七把刀是砍让人死亡的恶神；第八把刀是砍专门让人犯罪的恶神；第九把刀是砍各种流氓神、是非神、开棺神等恶神。再次，毕摩还要用竹子编三种鸟，象征鸽子、布谷鸟和者呗勒（与布谷鸟相似的鸟），三种鸟要挂在寨门中央尖刀草绳的中间，这是因为，鸽子要出去寻食，布谷鸟和者呗勒都在春天时节发出叫声，提醒人们抓紧时间耕作，三种鸟都要编成一种腾飞的状态。最后，毕摩还要准备好米、活鸡、鸡蛋、钱、香、盐巴、腊肉等。

仪式一般在下午两点半举行，如果一个寨子有好几口重要的水井，需要举行几个仪式，这些仪式通常同时举行。笔者参访的竹园村就是同时举办了两个祭龙仪式，这在其他地区是少见的。

当到了祭龙的时辰，毕摩就会拿着祭品、法器和经书包到村边的水井旁，年轻的村民助手们已经在水井边等候。祭坛被建在大青树下水井边的小坡上，毕摩用锄头把小坡铲平，以便摆放祭品。祭坛中主要使用松枝、柏树枝、桑木片和金竹，树枝插成3组，每组插3根金竹、3枝松枝（已剥皮，表示干净）、3枝柏树枝、3块桑木片，每种树枝数量都以数字9来构成，即9根金竹、9枝松枝、9枝柏树枝、9块桑木片。毕摩解释说，数字9象征9条龙。然后在祭坛上撒上松毛，献上1碗米、3杯酒、3炷香，还有腊肉、鸡蛋、钱、盐等，毕摩点燃香，跪在祭坛前磕3个头，把香插在3组树枝旁，每组插1炷香。随后要抱着公鸡磕头，并念《献牲经》，念完后就开始杀鸡，新鲜的鸡血要用刀蘸了之后洒在树枝上，同时要拔下一些鸡毛放在树枝旁的松毛上，毕摩再磕上几个头，仪式就算结束了。

祭水井的仪式结束之后就开始了“呻且都”（安寨门）的仪式，目的是把所有的恶神都赶出村寨外，念《呻且都经》，经书记载了恶神的名字和赶鬼的方法。毕摩首先要在村边建一个祭台，然后放上松毛、米、酒、鸡蛋、钱、盐巴、腊肉、香等祭品，插上松枝和桑枝。在磕头并念完《献牲经》之后，就开始杀鸡，鸡血、鸡毛都要献在祭台上，然后开始念《呻且都经》，经书很长，需念1小时。毕摩念经的同时，助手们要把安装寨门所需要的东西准备好，即用两根竹竿作为门框，顶端用尖刀草绳连接起来作为门梁，尖刀草上拴着9把树刀和竹编的小鸟。3只小鸟中，鸽子要进行装饰，即把仪式中杀死了的鸡头砍下来，穿在竹编的鸟头上，作为鸽子头；把鸡翅膀砍下来穿在鸟翅膀上作为鸽子翅膀；把鸡尾巴砍下来穿在竹编的鸟尾巴上作为鸽子尾巴，这样的装饰看起来更像鸽子。所有的事情准备完后，就等待毕摩的指示，毕摩经书念完时，助手们就可以把寨门竖起来。两根竹竿要挖洞钉稳，以防风吹雨打倒下来。整道门的高和宽都是6米左右，门框中吊着的是那些砍刀，还有展翅的竹编小鸟，象征着村民已经进行了祭龙仪式，来年一定会风调雨顺、五谷丰登、六畜兴旺。

很多村民对于祭龙有着特殊的感情和看法，人们认为，如果不举行祭龙仪式，这一年的干旱就会变得严重，干旱如果发生，丰收就没有希望，所以，祭龙是一年中必须进行的仪式。

（三）防范洪灾的江河祭祀仪式

河流常常给人类带来灾害，特别是诸如红河这样的河流更是如此，河流中的任何一段下大雨，都会给下游民众带来洪涝灾害。所以，生活在河流周边的少数民族都有与洪水做斗争的经验，也有一些民族通过举行宗教仪式的方式，来祈求河流不要发洪灾，不要在平时给人们带来灾难。傣族就是一个具有这种信仰的民族，傣族人每年都要祭祀红河，以祈求红河保佑平安。笔者曾经观看过红河岸边祭祀河流的仪式，在每年农历二月的第一个属牛日祭祀河神。祭祀仪式由专门的祭司主持，有的村寨还要请雅摩（相当于巫师）念经。祭祀河神时需要购买一头肥猪、一只鸡，还有酒、饭、锅、碗筷、柴火、香等。祭品准备好之后，就由村寨中的祭司指定青壮年小伙子将其运送到河边一个固定的地方，该地方被认为是河神的居住地，然后，支好锅庄，生火，再开始杀猪、杀鸡，并用树枝和树叶搭建神台，神台建好之后，用猪肉、鸡肉和其他祭品祭祀，雅摩要做法念经。仪式中最为重要的一个环节就是雅摩指挥村民用一个竹箩筐接河水，此举表示河水被箩筐接住了，不会冲到村里，泛滥成灾。有的村寨祭祀河神时，还要在河神居住处吹号。傣族人认为，河水由河神控制，要使河水不泛滥，就要年年祭祀河神，以保证下雨之时河水不泛滥成灾冲垮寨子。

（四）避免火灾和赶走蝗虫的祭火仪式

彝族阿细人的祭火仪式最为著名。传说阿细人最初没有火，后来是一个叫木邓的人用木棒在朽木上钻磨，在二月初三的时候钻出了火花，得到了火种。从此，阿细人结束了吃生食的蛮荒时代，木邓也因此被认为是火神。阿细人在祭祀火神的时候，就是祭祀木邓。祭祀的时候，先要送旧火，妇女们将火塘中的火灰送到门外，然后毕摩就装扮成火神木邓的样子在寨中取火，得到新火种之后，人们抬着“火神”，载歌载舞，游行村寨，随后进入密林中，毕摩则手摇法铃，口中念念有词，祈求火神保佑村民。在密林中祭祀火神之后，村民还要将“火神”抬入村中，继续周游村寨，所到之处，家家户户都必须把门打开，用松明子将新火种点燃，磕头之后将新火种引入家中火塘，只有得到新火种之后，村民才能开始做饭。把火神接到家中之后，护送火神的人会在家中用木刀进行“砍杀”，表示赶走邪气。阿细人认为，送旧火迎新火是一年中最为重要的节日祭祀活动，只有将旧火送走，才能将灾难和不幸赶出去。[①]

通过火来避邪、驱邪的另一个重要活动是火把节。火把节是彝族的传统节日，除了彝族之外，白族、哈尼族、拉祜族、傈僳族、基诺族、普米族等都有传统的火把节。火把节是火崇拜的集中体现，它有多种功能。彝族学者黄龙光、张晖认为，火把节有祈求农业生产、施行礼德教育、传承民间文艺、促进社会整合等功能。[②] 每当火把节到来之时，彝族人家家户户都要扎火把，每个村寨还要扎一个大火把。在晚上庆典之时，人们手持火把，到田间地头绕行，并将火把撒向地脚，表示驱逐害虫，保证五谷丰登。一些地区的彝族人在家中点燃火把，边舞边念：“烧呀烧，烧死吃庄稼的虫，烧死饥饿和病魔，烧死猪、牛、羊、马的瘟疫，烧出一个安乐丰收年。”[③] 新平县彝族在庆祝火把节时，人们要点燃门前的“火扎”，举火绕田，通宵达旦跳舞。据说，这是为了纪念一个彝族老者通过火把烧死庄稼上的害虫的故事。[④] 从祭火和火把节的情况可以看出，火崇拜的相关仪式和节日活动都有防灾的意义。

---

① 石连顺、石晓莉：《阿细人生礼仪》，云南民族出版社，2007，第170~175页。

② 黄龙光、张晖：《彝族传统火把节的文化意义》，载云南省民族学会彝族专业委员会、昭通市民族宗教事务局编《云南彝学研究》（第九辑），云南民族出版社，2012，第240~249页。

③ 朱文旭：《彝族火把节》，四川民族出版社，1999，第133页。

④ 新平彝族傣族自治县民族事务委员会编《新平彝族傣族自治县民族志》，云南民族出版社，1992，第53页。

（五）避免饥荒的叫谷魂仪式

很多民族都有叫庄稼魂（叫谷魂）的仪式。稻谷文化极其丰富的红河谷岸边的花腰傣人，其叫谷魂的仪式别具特色，而且经久不衰。叫谷魂仪式随傣族支系的不同而略有差异，但都需要在家里和田间进行，傣雅支系一天之内仪式就举行完成，而傣洒支系则需要两天，一天在田中进行，另一天在家中进行。

笔者对新平县漠沙镇傣雅人的叫谷魂仪式进行了调查，现在以该支系的仪式为例进行说明。傣雅人叫谷魂时需要准备如下东西。第一是要采集新鲜的谷穗，傣语叫“弘考”。必须到田中采集新鲜谷穗，谷穗是谷神的代表，叫了魂后将被放入粮仓中。傣族人每年种植两发谷子，叫魂仪式是在第二发谷子成熟的时候举行，所以，新谷穗在田间随处可见。谷穗是代表谷魂的，所以，采集谷穗时也有讲究，必须是没有被雀、老鼠等动物吃过的，谷穗长而且结得多，谷粒饱满，一般要 15～20 穗，这样挂在仓中时会非常显眼。第二是要砍一根小树枝，约 1 米长，傣语叫“酿朵考”，这种植物是用来辟邪的，它同时代表了某种神灵，谷魂会跟随它一起回到叫魂的户主家里。这种植物在傣族村寨边随处可见，在很多宗教仪式中傣族人都使用这种树枝。第三是家庭成员的衣服。一般是每个家庭成员都要有一件衣服，并按照辈分长幼排列，孙子辈的衣服放在最里面，父母辈的衣服放在中间，爷爷奶奶的衣服放在外面，用爷爷和奶奶的衣服把其他家庭成员的衣服包起来，用红线拴好。如果户主家爷爷奶奶已经去世，则用户主夫妇的衣服把小辈人的衣服包好备用。之所以用衣服是因为傣族人相信灵魂是附在衣服上的，只有衣服才能将谷魂带回来。用户主的衣服就是表明谷魂要随着户主回到相应的人家里。第四是要准备一瓶白酒，但不用倒出来，只要用瓶子装好即可。仪式中需要烧的香，也要提前准备好。

仪式由女性主持，如果家中有人会主持这个仪式，就可由家中户主直接进行，如果不会主持该仪式，就到村中请雅摩（傣族宗教仪式主持者）来主持。仪式分为两个部分，第一部分在田边进行，第二部分在家中进行。在田边，主持者拿着全部祭品，站在金黄色的稻田边，选好位置，既不下跪，也不烧香，就开始念起经来。经文大体如下："拿三成谷子献给祖先，拿九成谷子献给祖先，大仓库里的谷子献给祖先，老仓库里的谷子献给祖先。把谷种拿到坝子中间，用好田来种谷子，用好水来养鱼。谷种洒在秧田里，谷种发出小苗，秧苗栽在大田里，大田变得绿油油，秧苗栽在小田里；小田变绿油油。栽一棵变成千棵，秧尖虫不吃，秧根虫不咬，秧茎长如扁担，秧苞粗如甘蔗，谷穗遮住坝子，谷粒结得多又密，像李子一样多。"经文念完后，主持者就可以回家。回到家里，就开始了第二部分的仪式，主持者带着谷穗到了家里之后，要把谷穗、衣服和"酿朵考"拿到粮仓里，把谷穗和"酿朵考"吊在粮仓里的木头上，或者墙上。这时候的粮仓一般都有粮食，因为已经收获过一次了，所以，谷魂叫回来之后，代表得到了丰收。在确定好谷穗和"酿朵考"不会掉下来之后，主持者又开始念道："谷魂叫回三道门，谷魂叫回五道门，进到大仓库里，谷魂交给墙角，谷魂交给大粮仓，吃一小点，就饱一天。"在所有的经文念完之后，主持者就可以把主人家的衣服放回衣柜。仪式就算结束，主人家可以做饭并喝酒表示祝贺谷魂被叫回来了。

这个仪式非常简单，但是它所显示出来的意义并不简单，它事实上是一个避免挨饿的仪式，谷魂叫回来了，丰收就有了保证，只要有了丰收，人们就能远离灾荒。

（六）宗教仪式的防灾减灾意义

笔者认为，宗教仪式与防灾减灾有着密切的联系，在某种程度上甚至可以说，宗教仪式的目的有很多是减轻灾害风险。在人们看来，灾害风险无处不在，无论是自然的、人为的还是"神"为的，都会给人类带来灾难。宗教仪式中有的是针对具体的灾害，有的则不一定针对具体的灾害，而是指向更为广泛的不吉利事件。例如，祭龙习俗就是针对干旱缺水的，其目的是要得到更多的雨水，以保证来年五谷丰登和六畜兴旺；傣族人祭水和祭河流的仪式就是针对洪水灾害的，虽然也有打鱼的目的在其中，但祈求不出现洪水灾害是主要目的。而云南中部和南部地区彝族、哈尼族等的祭火把习俗主要是针对虫灾的，虽然现在由于广泛使用杀虫剂，并不需要通过火把来驱赶蝗虫，但是，杀虫剂的使用又带来了另外的问题，所以祭火的习俗也一直没有停止。叫谷魂仪式针对饥荒灾害，没有粮食，村民就没有了根本。

二 云南少数民族的传统知识与防灾减灾

（一）地质地貌、环境知识与防灾减灾

任何一个少数民族群体，无论是生活在高山还是平坝地区，都有与周边环境有关的传统知识。云南总面积的94%是山地，大部分少数民族都有与高山地质地貌结构和环境风险有关的传统知识，如生活在哀牢山的彝族、哈尼族、拉祜族、瑶族等都知道周边环境和地貌状况，知道哪座山有多陡、水土湿润度有多大、土地是否疏松、是否发生过泥石流滑坡等，知道某座山是否安全、是否适合人类居住。对于村寨周边的环境，村民也都知道哪里经常滑坡、崩塌和下陷，哪里有裂缝等，每当雨季到来的时候，人们就将这些地方列为重点观测对象。人和动物都不允许去容易塌陷的地方，这样的知识普及到每一个村民中，是传统知识的组成部分。

云南农业的特点之一就是梯田和山地，这些地区会经常发生滑坡和崩塌。当地人有阻止梯田滑坡和坍塌的传统方法，如果梯田出现滑坡的迹象，就砍竹子或者树干来在滑坡点打桩，打桩的深度与滑坡点的危险程度相一致。如果滑坡面积较大，那么打桩的数目就较多，反之则少。如果已经发生滑坡了，那么就在打桩的同时，用竹子或者树木将滑坡点铺垫起来，然后再用土填上。滑坡点太大、树桩解决不了问题时，就用石头砌墙，周围再打树

桩，最后再填土，这样，才能恢复梯田功能。与梯田相比，山地不具备良好的排水系统，所以，山地滑坡主要是由排水不畅引发的，但山地不易打桩，一般都是砌墙来防止滑坡和崩塌。对于那些危险山地，一般都放弃种植谷物，而以种植果树为主。

云南农业的另一个特点就是刀耕火种，几乎所有边境线地区的民族，如佤族、哈尼族、拉祜族、基诺族、布朗族、德昂族、独龙族等都有过刀耕火种的传统。根据学者的研究，刀耕火种与现代农业相比具有各种优势和意义，它对恢复生态环境、提高土地肥力、减少草灾和虫灾等都具有重要的意义。[①] 刀耕火种者很少对山地进行大规模的改造，也不深挖土层，或者彻底地砍掉植物，这样就不会造成水土流失，植被恢复也快。表面上，刀耕火种的耕作方式是粗放的、原始的，但恰恰是这些民族的生态环境一直处于较好的状态。笔者到边境地区调查的时候，发现这些地区的生态环境都保持得很好，相反，那些精耕细作的农业地区的环境脆弱性相当严重。由此可知，云南少数民族的刀耕火种中具有丰富的环境保护知识和防灾减灾经验，各民族将这些知识代代相传，保护了边境地区人们赖以生存的土地。如今，很多边境地区的少数民族大多实行精耕细作，先进的技术也在这些地区得到推广，特别是在一些地区进行了橡胶种植，反而导致了原来刀耕火种的地区生态系统的恶化，这些事实不得不让我们重新思考传统与现代、先进与落后之间的关系。至少，我们没有任何理由放弃这些传承了无数年的防灾减灾智慧。

烧山烧地不是简单地把树木砍倒，放火烧之，它其实蕴含着一系列的山地防火的方法，实行刀耕火种者都知道何时烧火，从哪里开始烧，怎样做才能不让火灾发生等。在烧地时，人们会选择在风不太大的日子进行，一般都不从下面往上烧，而是先在上面烧开一片，然后再从中间点燃，最后才烧底部部分，这样可以

---

① 尹绍亭：《一个充满争议的文化生态体系——云南刀耕火种研究》，云南人民出版社，1991，第19页。

避免火势太旺。即使不实行刀耕火种，很多少数民族也有烧山的习俗。据笔者的调查，烧山必须遵循一整套的规则：一是烧山须在春雨后或者在潮湿的条件下进行，尤其要避免在极度干燥的天气条件下烧山，还要避免在大风天气下烧山；二是烧山必须由有烧山经验的成年男子进行，村里在烧山之前有应急的方式，如果火势失去控制，要能够及时通知其他村民来灭火；三是要有隔离火种的道路，并且从最接近道路的区域烧火，然后再烧中段和底部，这样，火势从下而上蔓延也不会越过已经烧过的区域；四是烧火的区域不能连接成片，要烧完一片再烧一片，不能整体连片烧山；五是烧山的时间通常要在早上或者下午，避免正午时烧山；六是烧山要年年都烧，不能一年烧一年不烧，为的是避免干柴野草堆积过多。与烧山相比，烧地则容易得多。在开荒的时候，人们都会将新开垦地区的树枝、树桩等烧光，以制作肥料，但是烧地总是从上边烧到下边，避免火苗越过新开垦的山地进入森林。因此，烧山在某种程度上可以减少发生森林火灾的可能性。

云南东部、东南部的大片土地有典型的喀斯特地貌特征，即石漠化，是生态系统脆弱的地区，包括彝族、苗族、壮族、瑶族、哈尼族等都生活在这一地区，由于很多地区出现了灾害，人们无法耕作，无法放牧。但是，各民族在长期的生产过程中积累了对抗石漠化的传统知识，如苗族人就通过捡含有种子的鸟粪放入石缝中，成功地种植了很多植物，另外，他们还在石缝里植树，在石山上种植当地的传统植物，实行“树要活，不烧坡”的方法，有效地应对了石漠化。[①] 在学者们看来，苗族人应对石漠化的传统知识没有办法通过自然科学的方式来解释，却能够在实践中取得成功。[②] 在玉溪市元江县洼垤乡，彝族濮拉人和尼苏人都居住在喀斯特石漠化地区，他们通过砌墙造地等方式进行烤烟种植，硬是

① 石峰：《苗族石漠化地区生态恢复的本土社会文化支持》，《云南民族大学学报》2010 年第 2 期。

② 杨庭硕：《苗族生态知识在石漠化灾变救治中的价值》，《广西民族大学学报》2007 年第 3 期。

在石缝中种出了高质量的烤烟，改变了石缝中不能种植优质烤烟的旧观念。当然，喀斯特石漠化问题严重的还有昆明市石林彝族自治县，该县所有地区都处在石漠化的覆盖范围之内，与其他地区不同的是，石林县把石漠化当成一种地理标志产品，申请到了联合国的自然和文化遗产保护项目，使之成为经济来源。

从上述几个方面可以看出，少数民族都有与地质地貌环境有关的地方性知识，这些知识与防灾减灾有着密切的联系。

（二）少数民族生态知识与防灾减灾

云南少数民族都有丰富的传统生态知识，这些生态知识一度成为预防干旱和饥荒的重要手段。例如，生活在滇南哀牢山的彝族尼苏人，就能够从山中寻找出两百多种野生食物，如野菜、野花、野果、蘑菇、根茎等，加上狩猎和野生蜂蜜等营养品，人们在碰到干旱导致的粮食减产困难时也是可以度过的。在尼苏人看来，要在山上寻找可使用的野菜、野果等食物并不是困难的事情，仅仅野菜类就超过100种，在春季还有各种野花。彝族地区有两种花是可以当成“饭”来食用的，一种叫“莫洛朵”花，另一种叫“维呐”花。莫洛朵花被认为是特等的“饭”，而维呐花被认为是次等的“饭”。彝语谚语“莫洛朵花如同大白米饭，维呐花如同玉米饭”就说明了这一点。在彝族地区所有的花中，只有莫洛朵花和维呐花可以被当成饭来吃，其他所有的花是被当成“菜”来食用的。彝族地区的野果十分丰富，例如黄坡果、黑坡果、枇杷果、杨梅、多依果、野芭蕉果等都能够在不同的季节里找到。彝族地区的蘑菇也是十分丰富的，很多人都可以拾到50多种的食用蘑菇。彝族地区的根茎食物也十分丰富，如山药、蓑衣果等，如果加上狩猎中得到的野生肉类以及蜂蜜、蜂蛹等食品，彝族人的食物种类不仅多样，还具有丰富的营养成分，这些野生的蔬菜、水果即使在没有发生干旱和饥荒的年份也是当地彝族人的特色食物。

傣族是非常擅长打鱼的民族，傣族人不仅对水田中的谷杈鱼、泥鳅、黄鳝、鳉鱼等非常熟悉，还擅于捕捉江河里的各种鱼类，也擅于养殖鱼类。他们男女分工不同，男子下河撒网捕鱼，女子在田中用笼子捕捉泥鳅、黄鳝、鲹鱼等。在过去，傣族社会中还有“不会捕捉泥鳅黄鳝的女子很难嫁出去”的说法。他们除了在平时下河捕鱼外，每当碰到暴雨和红河涨水的时候，也会整天捕鱼，很多男子甚至晚上不睡觉，整夜捕鱼到天亮。河谷地区有各种野菜、野花和水果，特别是热带水果种类丰富，当地人能够将野菜、冬瓜等做成各种鲜美的食品，其传统饮食腌鸭蛋和干黄鳝更是让其他民族的人赞不绝口，所谓“腌鸭蛋，干黄鳝，二两小酒天天干”就是傣族传统饮食的真实写照。

云南少数民族的食物储藏方法也能够为度过干旱等灾害引起的食物短缺提供方法借鉴。高山彝族人、哈尼族人、拉祜族人等将猪肉用石板压干后，挂在通风处，制成火腿，能够保存3年以上的时间。傣族人由于气候状况无法制作火腿，他们将所有的猪肉放入土罐中，腌制成酸猪肉，傣语称为“呐木宋”，可以保存3年以上。除了猪肉之外，傣族人将鸡肉、鸭肉、鹅肉、鱼等都放入罐中保存，在炎热的坝区食用酸肉可以达到解暑效果。高山地区的彝族人、哈尼族人、拉祜族人等经常将各种蔬菜晒干保存，等到没有蔬菜或者食品较少的时候食用，这些晒干的蔬菜、豆类、竹笋等，与腌制品及腊肉、腌肉类结合在一起，可以缓解很多食品短缺难题，加上野生的蔬菜、水果等，当地人在营养来源上还是能实现多样化的。

少数民族都有常用的止血药物，这些药物具有消炎止血的作用，并且被广大人民所知晓。例如，彝族中就常用蒿枝来止血，在使用时首先用石头将其舂碎，使浆汁出现在表面，然后再涂在伤口上，起初患者会感到非常疼痛，但止血效果很好。止血的药物之所以重要是因为它涉及灾害发生时期的外伤和急救，当政府的急救医疗队尚未到达的时候，地方传统急救方法就会变得特别重要，尤其是很多的村子都没有社区医疗点，连基本的消毒都没有办法进行的时候，传统药物就能发挥重要作用。除了止血方面的药物之外，少数民族对骨科还有非常大的贡献，几乎所有的少数民族都有骨科医生，而且都认为他们能够解决西医没有办法解决的难题。笔者的家乡在 20 世纪 70 年代时有很多云南地质大队的探矿人员，他们在探矿的时候经常摔伤，从而导致身体某个部分受伤，地质大队知道彝族的骨科特别好，就把骨科伤员送到彝族村寨中，只要几个月的时间，那些受伤的人员就可以回到单位上班了。

除了彝族之外，傣族、哈尼族、拉祜族、瑶族、苗族等民族在骨科上也有丰富的传统医药知识，这些知识都能够在灾害急救中发挥作用。事实上，不论是地震还是地质灾害，政府的急救人员是不可能当时就在灾害现场的。例如，在 1976 年 7 月 28 日的唐山大地震中，第一批到达灾区最早开始抢救人的外地援救队伍——北京部队坦克某师，也是在地震发生近八个小时后才从西北方向进入已经是一片废墟的市区。其他大部分救灾队伍是在 29 日和 30 日即地震发生 24 小时之后才陆续到达的。[①] 在救灾队伍未能在第一时间到达灾害现场的时候，少数民族传统医药能够发挥作用。

三 云南少数民族的历法知识与防灾减灾

中国现行的农历是世界上最为古老的历法之一，它对云南少数民族的历法产生了深远的影响，很多少数民族的行为和文化意识都与现在的农历密切相关。然而，在云南的少数民族地区，还流传着各民族的历法，如傣历、藏历、彝历等，都对世界文明做出了重要的贡献。即使是没有历法的民族，在使用农历的过程中，也融入了本民族的文化。云南少数民族的行为、仪式、时间选择等都与他们对历法的理解有着密切的关系。彝族历法被认为是最为古老的历法之一，虽然使用仅限于今天的大、小凉山地区，但是，影响深远。彝族历法一年有 10 个月，每个月有 36 天，剩余 6 天为过节日。正因如此，大、小凉山的彝族一般都在 10 月过年，称为“彝族年”。根据彝族学者刘尧汉先生的研究，彝族还有一种

---

① 孙绍骋：《中国救灾制度研究》，商务印书馆，2005。

18月历，即每年有18个月，每月有20天，仍然留有6天作为过年日。[1] 据说这种立法与美洲的玛雅立法非常相似，但是，笔者在彝族地区没有看到具体的使用情况。当然，在多数情况下，彝族人主要还是使用汉族农历和罗马阳历，这与其他少数民族相似。

然而，无论是有自己历法的民族还是使用汉族农历的民族，其行为都受到历法的影响。在彝族人中，除了凉山彝族人之外，其他几乎都使用农历。彝族的十二生肖，有的与汉族的相同，有的则不同。彝族人认为，所有的日子都有凶吉好坏之分，即所谓的吉日和凶日，吉日就是人们举行各种重要事件的日子，如婚丧嫁娶、建房、节日、出行、举行仪式等。彝族毕摩教导人们，出行和回家的时候都要算清楚日子，尽可能避开属猪属蛇之日，所谓“蛇日不出门，猪日不归家”。

同样，红河流域的花腰傣也分吉日和凶日，他们对此非常重视，所有的重大事情都要在吉日举行，他们也认为蛇日、猪日等不是好日子，一般都会避开。傣族人也坚信做任何事情都要避开不好的日子或者与自己属相相冲突的日子，如建房、结婚、举办节日、举行仪式等，都需要看日子后决定。他们认为，日子不好会在活动中带来灾难。同时，他们也认为，属相与婚姻之间存在着某种关系，属相相冲的人不能在一起，而只有属相相配的人才能长久生活并相互有利。

此外，哈尼族、纳西族、拉祜族、苗族、基诺族、壮族等的历法概念也基本相似。历法被认为是人类文明的象征，也是一个民族悠久历史的标志。历法对人类的思想和行为产生了深远的影响，几乎所有的少数民族都认为灾害与历法有着密切的关系，人们在灾害发生时遇难都会被解释为“时候不好”“日子对其不利”等，如果能避开这些日子，就会避免灾害发生在自己身上。彝族

---

① 刘尧汉：《〈彝族文化研究丛书〉总序——弘扬中华彝族优秀文化传统》，载钟士民《彝族母石崇拜及其神话传说》（序言部分），云南人民出版社，1993，第1~41页。

毕摩对于疾病、灾害、不吉利事件的发生是从历法的角度解释的，认为如果记不清楚事件发生时的时间，就难以算出是什么原因导致灾难性事件，也不知道需要举行何种仪式。彝族毕摩丢失东西的时候，首先要确定丢失的时间和地点，那天是什么日子，这样就能确定是否可以找到失去的物品。彝族毕摩生病的时候，也要确定哪天开始生病、属相是什么，特别是得病的时辰非常重要，因为这样才能算出什么原因导致的疾病，并采取相应的仪式进行治疗。任何仪式都需要在特定的日子、特定的时段举行，如果时辰把握不好，仪式的效果就不明显。

四 小结

云南少数民族文化与灾害的关系，就是民族文化与防灾减灾之间的关系。对于文化与灾害之间的关系，笔者认为以下几点应该得到总结和强调。

第一，各民族都通过宗教仪式的方式来进行防灾减灾，具体内容包括通过宗教仪式来祈求避免灾害发生，或者祈求解决方式，如祈求降雨来解决干旱灾害、祈求天地来避免地震、祈求不发大水来减少洪灾等。

第二，少数民族传统生态和环境知识与防灾减灾之间有着密切的联系。传统生态和环境知识是各民族实践的结果，它深深地嵌入社会成员脑海中。人类学通常有重视和强调各民族文化的传统，这在灾害研究特别是防灾减灾的研究中也不例外，包括奥利弗-史密斯（Oliver-Smith）在内的多个人类学家都阐述了传统知识对于防灾减灾的重要性。

第三，通过历法的方式来实现避灾，这种方法在云南各少数民族中普遍存在，如不是吉日不举办婚礼、建房等，也不出远门、归家、访友等。人们认为，遵守了历法的相关规定，就可以避免一些灾难。

第十一章　云南少数民族地区防灾减灾的理论和实践总结

民族地区防灾减灾研究对于灾害人类学的理论具有什么样的意义呢？或者说，它在哪些方面可以为灾害人类学或者灾害的社会科学研究做出贡献呢？本章试图探讨与理论和实践有关的各种问题。主要包括如下几个方面的内容：防灾减灾理论和实践研究在灾害人类学中的意义；防灾减灾与民族文化，特别是与传统知识或者地方性知识的关系；防灾减灾的理论和解释框架，除了文化回应和变迁的理论之外，还有韧性理论、脆弱性理论、风险社会理论等，这些理论是否能够成为灾害人类学理论的组成部分呢？由于本书集中在防灾减灾研究上，因此，对于相关理论的思考也以防灾减灾为主，虽然灾害研究涉及广泛的领域，但是，防灾减灾无论在什么时候、什么国家和学科都是最为重要的研究主题，因为这个主题是国家、政府和社会所关注的。防灾减灾在全球范围内取得了重大的成就，但是，将它们进行理论化思考的则比较少，很显然，防灾减灾作为应用研究内容，在理论化的过程中碰到了困难，本书试图在此方面进行尝试，不仅是灾害人类学和其他社会科学以及灾害学应用研究的需要，也是理论研究的需要。因此，防灾减灾理论化总结在理论和实践方面都具有重要的意义。

一　防灾减灾与文化

巴特尔（Bator）在《灾害的文化含义》一文中写道："我们积累知识，不是为了将其放在心中，而是将其作为构建工具，来理解我们自己和他人；我们积累知识是为了更好、更深和更谨慎地领会我们的世界。”① 人类今天所面对的灾害，不管它们源于自然还是社会因素，都与古代的情况有很大的不同。换言之，研究今天的灾害，与政治、经济和文化深深地联系在一起。灾害是在人类社会中发生的事件，灾害的形成是文化和社会功能不能继续发挥作用的结果，② 从本质上说它们是由文化构建的。因此，灾害的分析和研究，特别是防灾减灾的研究也应在文化研究的框架之内。在这一点上，巴特尔的研究做得非常到位，他认为灾害，不管是地震和海啸的自然灾害，还是如福冈核事故的人为灾害，都是一种文化现象，因为从它们发生的瞬间开始就成为人类社会的一部分。所有的灾害都有文化的、社会的和政治的维度，灾害造成的创伤能够从基础上动摇文化、社会和政治结构。③ 从某种程度上讲，防灾减灾研究也必须从文化的角度进行，为的就是在致灾因子发生的时候，社会和文化功能还能继续发挥作用，这是从社会韧性的角度进行的研究。

从云南少数民族地区灾害的研究中可以看出，民族文化与灾害发生和防灾减灾有着千丝万缕的联系，这种联系不仅体现在神话、宗教、伦理道德、节日活动中，还体现在防灾减灾的应对和实践活动中。灾害在文化中留下记忆，并以神话、传说、故事的形式代代相传，在宗教思想、仪式和伦理道德中留下行为准则。无论是何种民族，防灾减灾的方法从根本上讲是与文化相关的，如尊重自然规律、与自然环境和谐相处、节约资源等，在今天也有实际意义。虽然这些思想和观念又随地区和民族的不同而不同，但是，我们仍然能够从文献中找出很多案例，在实际生活中也随

---

① Bator, Joanna, "The Cultural Meaning of Disaster: Remarks on Gregory Button's Work," *International Journal of Japanese Sociology* 21, 2012, pp. 92 – 97.

② Carr, L. T., "Disasters and the Sequence-Pattern Concept of Social Change," *American Journal of Sociology* 38, 1932, pp. 207 – 218.

③ Bator, Joanna, "The Cultural Meaning of Disaster: Remarks on Gregory Button's Work," *International Journal of Japanese Sociology* 21, 2012, pp. 92 – 97.

处可见。古人的防灾减灾经验，在很多方面体现出的是文化与自然的关系。

文化能够有效地应对灾害，本书中几乎所有的案例都说明了这一点，文化无论是在灾前预防、灾害急救和灾后恢复重建中都扮演着重要角色。如景谷地震说明了民间建筑文化对于地震所起的作用，一次6.6级、震源深度有5千米的大地震，只有1人死亡、331人受伤，证明了少数民族地区的文化对于防灾减灾具有重要的意义。从地震灾害的实际情况来看，防灾并不是不让地震发生，或者提前知道何时会发生地震，目前的科学技术完全没有办法做到准确实现地震预测，那么，地震防灾的关键就与房屋建筑等有着密切的关系。而在农村，我们完全没有办法建盖高标准的防灾减灾房，农村的房屋是农民自己建盖的，他们既没有专业的指导，又没有设计图纸，他们的房屋建盖方法来自经验和传统知识。各民族的房屋都有一定的防灾减灾功能，但对于不同的灾害，具体功能也不尽相同，有的民族的房屋有较大的防火功能，有的民族的房屋则主要防高温或低温，有的民族房屋则有较强的抗震功能。景谷县的当地穿斗式房屋就有很强的防震功能。这种建筑作为民族文化的代表，没有被大地震摧毁，保护了当地人民，除了灾害预防上的功能之外，文化系统也能够在灾害急救中发挥作用。灾害是一种突发的极端事件，一个社会的秩序和规则会在这种极端事件中被打乱，而新的急救系统没有办法建立起来并发挥作用的时候，文化会在这种应急中发挥非常重要的作用，傣族村寨中对于泥石流灾害的回应就表明了文化和社会关系在灾害急救中的重要作用。重建的成功与否、受灾者对重建满意与否都与文化紧密相连。即使是在恢复重建的过程中，文化体现出的重要性也尤为突出，[①] 斯里兰卡海啸的恢复重建因各方利益冲突和协调的

① 李永祥：《灾害管理过程中的矛盾和冲突及人类学思考》，《云南民族大学学报》（哲学社会科学版）2013年第1期。

失败而导致了总统下台,[1] 说明了救灾工作中最复杂、最昂贵、时间最长、最易变的阶段是恢复重建，因为这一阶段与社会组织等密切联系在一起，并长期影响灾民，包括阶级、种族、族群性、性别、援助模式、社会一致性和冲突等。[2] 在本书的个案研究中，很多例子都说明了灾后恢复重建与文化的关系，如重建中的社区文化需求、房屋建筑中的文化规则和象征意义，还有土地、生计变迁等都与文化密切联系，恢复重建受到社区灾民的关注，本质上是文化的问题，根源是文化。

灾害能够导致文化变迁。几乎所有的灾害都能够导致文化变迁，巨灾还能导致文化的深刻变化，如汶川大地震后的羌族人从海拔 2500 米的居住区搬迁到海拔 1400 米左右的平坝地区，他们的生存环境、生计模式、农耕作物、周边民族关系都发生了全面的变化。在笔者所调查的上述搬迁村寨中，虽然没有出现异地搬迁，但姚安县官屯乡黄泥塘村委会半坡村的村民需要搬迁到 30 公里之外的马游村，由于他们在马游村没有土地，所以，搬迁之后还要回到 30 公里之外的地方进行耕作，这样的困难比提供土地的羌族搬迁不知要大多少倍，他们只好又回到了原来的村寨耕作。新的搬迁点安全，但没有田地；旧的村寨有田地，但又不安全。村民们在一种矛盾中进行选择：要么居住在安全点，不耕作田地；要么居住在不安全的地方，耕作田地。

灾后恢复重建中以文化功能的恢复最为重要。很多地方都会对灾害重灾区特别是统规统建的地区进行文化重建，强行规定重建之后的新村要比原来的村寨更好，文化生活要比灾前更进一步，综合条件要比灾前有较大的改善。但对于很多村民来说，这些鲜

---

① Keenan, Alan, "Building the Conflict Back Better: The Politics of Tsunami Relief and Reconstruction in Sri Lanka," in Dennis B. McGilvray and Michele R. Gamburd (eds.), *Tsunami Recovery in Sri Lanka: Ethnic and Regional Dimensions.* London and New York: Routledge, 2010, pp. 17 – 39.

② Oliver-Smith, Anthony, "Anthropology in Disaster Research and Management," *National Association for the Practice of Anthropology Bulletin*, Vol. 20, No. 1, 2001, pp. 111 – 112.

艳的房子是用贷款和差账来实现的，表面上，村寨比以前更好了，但村民的欠账数也不小。少数民族几乎都有在统规统建地区发展旅游业的计划，不管这些地区是否具备了乡村旅游的条件。文化恢复常常是以民族特色村寨建设、乡村生态旅游发展以及民族团结示范村建设为标志，有的地方建设文化广场、地震灾害纪念馆等。社区文化功能的恢复，如因灾死亡人员配偶的再婚和家庭重组，搬迁之后亲属关系、邻居关系的分离和新关系的确立，居住地与耕作地分离的耕作模式的适应等，都是社区自我恢复的内容。对于社区村民来说，这些比建设文化广场或者发展乡村旅游更为重要。

防灾减灾可以通过文化实践和社会记忆得到实现。灾害涉及“社会如何记忆”[①] 和“记忆政治”，受灾主体、救灾群体和当地社会都会对灾害有着各种记忆。在灾害记忆和文化空间的构建方面，日本学者具有较大贡献，他们建设了与灾害有关的博物馆、图书馆、纪念碑、石像、石板等，还举办了各种纪念活动，这些都是灾害记忆的重要组成部分。[②] 当然，我国也举办了很多与灾害有关的纪念活动，如汶川地震5周年纪念活动等，让人们记住灾害给人类社会带来的灾难。从实践的角度上讲，它们对于防灾减灾具有一定的意义。

云南少数民族地区防灾减灾能力建设是灾害研究的目的，不管是自然科学的灾害研究还是社会科学的灾害研究，其问题和方向是统一的，基本目的也是一致的，这是灾害研究的生命力所在。我们需要从纷繁复杂的情况中梳理出防灾减灾的途径，并通过有力的建议为政府和社区提供服务。笔者也要强调，灾害在任何阶段都跟社会的政治、经济和文化深深地联系在一起，尽管不同的灾害类型、不同地区和民族的灾害实践与政治、经济和文化的联

---

① 纳日碧力戈：《灾难的人类学辨析》，《西南民族大学学报》（人文社会科学版）2008年第9期。

② 王晓葵：《灾害文化的中日比较——以地震灾害记忆空间构建为例》，《云南师范大学学报》（哲学社会科学版）2013年第6期。

系有较大区别，但是，灾害的发生总是深深地嵌入一个社会的政治、经济、文化和技术。例如，地震灾害不仅与家庭、地方社区、地方政府有关，还与中央政府、国家政策甚至国际社会发生联系，灾害与经济的联系贯穿整个救灾过程，不仅是因为政府的投入，其还与产业、商业机会和灾害损失有关，特别是灾后恢复重建的时候，各种利益冲突基本上都与经济有关。干旱灾害与国家和国际层面的联系并不像地震与其联系那样紧密，即使是严重的干旱灾害，就像西南大旱期间，很多的抗旱救灾是在地方层面完成的。但干旱灾害发生的根源则可以追溯到地区甚至国家的政策和发展计划中，干旱、暴雨、洪涝、泥石流等灾害常常与当地的气候和环境紧密联系，反映出的是环境脆弱性加重和韧性减弱的情况，都与地方政治、经济和文化密切相关。这些都说明了灾害深深地嵌入社会的结构和文化，不仅与外部的环境发生关系，还与社会内部的结构和文化发生关系。在很多情况下，灾害反映出的是一个社会的成熟程度。[①] 事实上，如果一个社会不具备承受一种可预测的巨灾环境压力的能力，那么，这个社会的发展将是不可持续的。[②]

灾害可能与技术和经济的发展有关。技术一旦强大，人类就要改造自然。从某种意义上说，自然是高科技的第一个实验品、牺牲品。[③] 另外，一些雄心勃勃的经济发展计划可能是未来灾害的

---

① Oliver-Smith, Anthony, "'What is a Disaster?': Anthropological Perspectives on a Persistent Question," in Anthony Oliver-Smith and Susanna M. Hoffman (eds.), *The Angry Earth: Disaster in Anthropological Perspective*, 1999, pp. 18 - 34. London: Routledge. 〔美〕安东尼·奥利弗 - 史密斯：《何为灾难？——人类学对一个持久问题的观点》，彭文斌、黄春、文军译，《西南民族大学学报》（人文社会科学版）2013 年第 12 期。

② Oliver-Smith, Anthony, "Anthropological Research on Hazards and Disasters." *Annual Review of Anthropology* 25, 1996, pp. 303 - 328；〔美〕安东尼·奥利弗 - 史密斯：《人类学对危险和灾难的研究》，彭文斌译，《西南民族大学学报》（人文社会科学版）2014 年第 1 期。

③ 彭兆荣：《灾难与人类》，《广西民族大学学报》（哲学社会科学版）2008 年第 4 期。

源头，日本大地震之后的次生灾害是核泄漏，它不单纯是一个技术问题，还是一个经济发展和商业问题。经济发展是指当地人想通过核电站促进当地经济的发展，而东京电力公司的商业利益需求使得两者结合得非常紧密。确实，两者的计划在某种程度上实现了，对于当地政府和人民来说，短暂的经济发展计划和目标是实现了。但是，对于核电站所具有的风险，无论是电力公司还是当地政府都没有充分的估计。所以，灾害还是在大地震之后发生了。对此，日本社会学家将其称为“社会鸦片”，表明了这种具有极大灾害风险的经济发展计划实质上是相当于播种了“鸦片”。[①] 由此可知，每当在进行重大项目建设的时候，需要进行更长远的考虑和评估，以避免将灾害的种子播种给下一代人。

防灾减灾可能需要考虑更为长远的问题，最可能出现的情况是，我们今天的行为导致了明天的灾害，或者说我们为后代人播下了灾害的种子，丹尼斯·S. 米勒蒂在其主编的《人为的灾害》一书中指出：未来灾害所有的根源都是过去或者今天行为造成的后果。[②] 要永远地阻止致灾因子和灾害的发生是不可能的，不管是自然灾害还是人为灾害或者技术性灾害。但是减轻未来的灾害风险是可能的，人类必须为此努力。种种迹象表明，灾害正越来越多，造成的经济损失也越来越大，涉及的影响范围和领域也越来越复杂，灾害的全球化时代已经到来。对此，人类能够做的事情无非是减少损失，或者延迟灾害的发生。事实上，灾害预警是有局限性的，因为我们不知道灾害是否即将来临，不管是自然的还是技术性的灾害，我们都不能把握。正因为我们对于自己所做的事情与灾害之间的联系出现了说不清道不明的情况，人们才将灾害的种子播种到了不应该的地方，直至到了灾害发生的时候才明

---

① Kosaka, Kenji, "'Social Opium' as a Social Mechanism—A Sociological Analysis of the Vicissitudes of the Fukushima Power Plant-based Town," *Kwansei Gakuin University Social Sciences Review* 16, 2011, pp. 1-13.

② 〔美〕丹尼斯·S. 米勒蒂主编《人为的灾害》，谭徐明等译，湖北人民出版社，2008，第7页。

白行为、事件与灾害之间的联系。

二 文化视野中的生态韧性、环境脆弱性与防灾减灾

防灾减灾是灾害研究中的核心问题，其成效如何在某种程度上与韧性和脆弱性有着密切的联系。“韧性”有多种解释，包括生态韧性和社会韧性。生态韧性是指一个生态系统能承受干扰动乱并保持其基本功能和结构的能力[①]；社会韧性与生态系统的韧性相似，不同的是它直接指向了社会系统，被定义为群体或者社区处理来自外部的作为社会、政治和环境变迁结果的压力和动乱的能力。[②] 有的学者将两种定义综合为：社会－生态系统能承受干扰并继续保持其功能的能力。[③] 脆弱性也包括了环境脆弱性和社会脆弱性。“脆弱性”被定义为个人或者群体的状况影响他们参加、处理、抗击和恢复受自然灾害（一种极端的自然事件或者过程）损害的能力。[④] 在分析韧性和脆弱性的时候只重视环境和生态这一部分显然是不够的，因为致灾因子转变成灾害的时候与人类社会有着密切的联系，这在分析云南少数民族地区的防灾减灾的时候更是如此。无论是泥石流、地震还是干旱都显示出了云南少数民族地区存在的环境脆弱性问题。

在对地震、干旱和泥石流进行了9个地方的田野调查和分析之后，笔者认为，云南少数民族地区的环境脆弱性和生态韧性及其与防灾减灾的关系有如下几个方面值得反思和总结。

---

① Walker, Brian & David Salt, *Resilience Thinking: Sustaining Ecosystems and People in a Changing World*. Washington, Covelo & London: Island Press, P. xiii, 2006.

② Adger, W. Neil, “Social and Ecological Resilience: are They Related?” *Progress in Human Geography*, Vol. 24, No. 3, 2000, pp. 347 – 364.

③ Holling, C. S., “Resilience and Stability of Ecological Systems,” *Annual Review of Ecology and Systematics* 4, 1973, pp. 1 – 23.

④ Ben Wisner, Piers Blaikie, Terry Cannon and Ian Davis, *At Risk: Natural Hazards, People's Vulnerability, and Disasters*, London: Routledge, 2004, p. 11.

第一，环境脆弱性和生态系统的韧性与人类行为有着密切的联系。有的环境脆弱性的增加和韧性的减弱是人类行为直接导致的，如东川的泥石流就是最为典型的例子。东川脆弱的环境，在某种程度上说是由于人类行为直接导致的，尽管它是一个长期的历史过程，但是，这恰恰说明了在这个过程中人类行为的作用。除了东川区的环境脆弱性和泥石流灾害之外，西南地区的干旱也与该地区的环境脆弱性有直接的联系。

第二，灾害能够导致新的环境和社会脆弱性，哀牢山区的泥石流灾害不仅导致了环境的脆弱，使生态系统经过了十多年的时间之后才得到恢复，还给当地人民带来了一系列的困难。很多人因为环境脆弱性的问题而多次搬迁，导致了建房上的多次重复投入，花去毕生积蓄还欠账。社会脆弱性在灾害恢复重建之后不但没有减弱，反而增加了。同样的情况出现在楚雄州姚安县的恢复重建中，黄泥塘村委会半坡村的彝族村民即使是在地震发生之后，也不得不居住在环境脆弱的地方，因为只有那里才有赖以生存的土地，即使属于脆弱性环境，也必须居住在那里。

第三，环境的脆弱性能够导致乡村的社会文化和生计方式的变迁，最为典型的是姚安地震搬迁中黄泥塘村委会半坡村的彝族村民，他们被迫搬迁到了30公里以外的地方，不是因为别的，而是因为当地的环境不再适合人类居住。但是，30公里以外的地方并没有太多他们赖以生存的田地和菜园，他们怎么办呢？最后的决定是：老年人居住在搬迁点，年轻人回到环境脆弱和风险很大的地方耕作。家庭中产生了“两地分居”的情况，耕作和分居现象导致了生计方式的改变。

第四，环境脆弱性条件下的防灾减灾问题并不是仅仅依靠搬迁就能够解决的，如果搬迁的条件并不成熟，如无法解决生计等问题，则只能增加社会脆弱性，使村民更加困难。事实证明，村民在环境脆弱性和生计之间，常常选择的是后者，哪怕有环境风险，生计也必须持续下去，半坡村的彝族搬迁状况说明了社区以接近自然为基础，增加了生存的机会，但靠近资源的地方也有靠近灾害的风险。[1]

从上面的分析可以看出，环境脆弱性和生态系统的韧性能够长期影响人类的生产和生活，致灾因子是否变成灾害，主要取决于生态和社会韧性，其标志是文化功能继续发挥，社会和政治结构不会动摇。在环境脆弱性和生态韧性衰落与文化选择的情况下，人们更多选择的是文化，因为文化不仅是生计的基础，还是防灾减灾的基础，没有这个基础，防灾减灾从理论上就难以深化。在强调环境脆弱性的同时，还需要强调社会脆弱性，社会脆弱性是灾前就存在的，它指的是影响个人或群体受灾概率及灾后恢复能力的特质，即灾害的适调和因应能力。[2] 毫无疑问，社会脆弱性也将成为灾害的社会学和人类学研究中的新范式。[3] 环境脆弱性和社会脆弱性的结合成为灾害的重要条件，虽然两者的结合并不一定形成灾害，但是，灾害是自然和社会致灾因子相结合而形成的。

三　防灾减灾与国家发展战略规划

无论是什么学科，在什么国度或者地区，面对的是何种灾害类型，是自然因素形成的还是人为因素形成的，灾害研究的最终目的就是防灾减灾。然而，防灾减灾在不同情况下所表现出来的理论和实践意义不尽相同。防灾是在灾害发生之前，有的是防止致灾因子的发生，有的是防止致灾因子转变为灾害。在很多情况

---

① Oliver-Smith, Anthony, " 'What is a Disaster?': Anthropological Perspectives on a Persistent Question," in Anthony Oliver-Smith and Susanna M. Hoffman (eds.), *The Angry Earth: Disaster in Anthropological Perspective*, 1999, pp. 18 – 34. London: Routledge;〔美〕安东尼·奥利弗－史密斯：《何为灾难？——人类学对一个持久问题的观点》，彭文斌、黄春、文军译，《西南民族大学学报》（人文社会科学版）2013 年第 12 期。

② 周利敏：《从自然脆弱性到社会脆弱性：灾害研究的范式转型》，《思想战线》2012 年第 2 期。

③ 周利敏：《社会脆弱性：灾害社会学研究的新范式》，《南京师大学报》（社会科学版）2012 年第 4 期。

下，要防止致灾因子的发生是很困难的，所以，后者就变得特别重要。通常情况下，减灾则是在发生灾害之后所采取的措施，用通俗的话来讲，就是将灾害损失减少到最低限度。但是，减灾也有防灾的内容，如人们所说的“工程减灾”就有防灾的内容。这就说明，减灾过程并不表示它与防灾不发生关系，事实上，灾害发生之后，还有可能发生次生灾害，或者二次灾害（或者伤害）。防灾在灾害发生之后仍然是最为重要的工作。日本大地震就是最为典型的例子，地震之后发生火灾和海啸，海啸之后发生核泄漏等，都说明了大灾之后仍然需要防灾的道理。所以，防灾、减灾两个词混合在一起使用具有其合理性，国际上很多机构通常使用“减轻灾害风险”来表示与“防灾减灾”相同的含义。

防灾减灾不可能仅仅通过技术来解决全部问题，因为灾害的发生以及防灾减灾工作涉及更为宽广的社会、文化、经济和政治问题。换言之，无论是灾害本身还是防灾减灾的问题都深深地嵌入在社会中，技术和工程上的防灾减灾能够解决很多现实问题，但灾害是由社会文化导致的，因此，综合性和长期性防灾减灾目标的制定也需要从社会文化的角度进行。文化是灾害构成的核心要素，一旦文化功能垮塌，致灾因子就转变成灾害。防灾减灾需要政府的综合投入，特别是经济上的投入。防灾减灾应纳入发展规划和城市设计中，拒绝低劣的设计和工程质量，拒绝伪劣产品和偷工减料，这样才能避免人民陷入灾难之中，这是政府的责任，也是法律应涵盖的领域。

不同地区和国家的灾害研究说明了防灾减灾与社会经济发展规划和政策有着密切的联系，这就是为什么很多学者在提出防灾减灾建议的时候，总是从顶层设计和地方规划的角度出发。笔者也认为，像云南省这样一个灾害频发、灾害种类繁多、因灾损失巨大的省份，应该根据云南省民族众多、边境线长、经济落后、94%的面积都是高山大川、地质结构复杂、生态环境脆弱的特点，将防灾减灾的内容贯穿在社会经济发展规划和政策设计中，在发展中合理使用土地，科学开发和保护生态环境。2010 年 12 月，国务院发布了《全国主体功能区规划》，根据生态环境状况，将全国的开发区分为禁止开发区、限制开发区、重点开发区和优化开发区，云南省少数民族地区多数为禁止开发区和限制开发区，如怒江州 4 个县中就有 3 个县（泸水、福贡、贡山）为禁止开发区，而兰坪县为限制开发区。禁止和限制开发当然不是限制发展，而是禁止和限制高强度、大规模的工业和城镇化建设，这对保护生态环境具有重要的意义。

云南少数民族地区的防灾减灾面临着艰巨的任务，灾害管理过程，包括预防、急救和灾后恢复重建等都需要系统的思路。同时，不同的灾害类型也需要不同的防灾减灾方法，这就使得防灾减灾的任务变得艰巨和复杂化，这也是不同类型的防灾减灾由不同的政府职能部门来完成的原因。这种方法有优点也有不足：优点是不同的灾害类型分部门管理，如林业部门负责森林火灾等森林灾害，农业部门负责农业灾害，地震局负责地震灾害，水利部门负责洪水干旱灾害，等等。不足之处是面对复杂的灾害管理过程，各部门很难协调并统一行动，或者建立类似日本的综合性防灾减灾机构，这可能是今后重要的研究课题。

在云南少数民族地区的乡村，防灾减灾与地方经济发展有着密切的联系。灾害在经济学家看来是可计量的经济损失，防灾减灾不仅需要减少经济损失，还需要通过发展经济来实现防灾减灾，同时，还要重视灾后产业恢复，减轻受灾地区经济压力。在笔者调查的案例中，村民都存在着偿还灾后贷款和恢复灾害产业的压力，虽然新房盖起来了，但由此带来的经济负担和生活压力并不小。经济上他们必须想办法偿还房屋重建欠下的账目，生活上他们必须适应新的环境或者生计，两者的结合是灾后恢复重建的主要难题。由此可知，防灾减灾的任务不是简单的房屋重建，而是包括了更为广泛的内容，如产业重建、文化重建等，这当中的每一项都会影响到防灾减灾目标的实现。

四 云南少数民族地区防灾减灾能力建设

（一）云南少数民族地区防灾减灾能力建设的成就

云南少数民族地区防灾减灾体系建设取得了很大的成就，全省所有县、市都有救灾物资储备中心，所有县辖乡镇都与当地超市签署了备灾物资储备协议，年年更新。在地震防灾减灾方面，云南省启动了抗震安居房建设项目，以新建、加固等方式提高农村房屋的抗震能力，由于很多少数民族地区的房屋抗震能力极低，抗震安居房的建设弥补了这方面的不足。与此同时，云南省地震局还积极研究和推广抗震减灾融合式发展模式，从源头上思考抗震减灾方式。在泥石流、滑坡、崩塌等地质灾害治理方面，云南少数民族地区已经建成了一整套的防灾减灾制度，如云南省新平彝族傣族自治县人民政府就按照《云南省县级地质灾害群策群防系统建设指导性意见》《玉溪市地质灾害防治规划》《新平县地质灾害调查与区划报告》的要求，编制了《新平县群策群防体系和群专结合网络建设方案》《年度地质灾害防治方案》《地质灾害隐患点预案》《突发性地质灾害应急预案》，制定了《新平县地质灾害“两卡”发放制度》《新平县地质灾害监测人员规章制度》《新平县地质灾害隐患点监测人员管理办法》《新平县地质灾害“三查”制度》《新平县地质灾害险情巡查制度》《新平县地质灾害灾情险情速报制度》《新平县地质灾害防治汛期值班制度》等。这些预案和制度在新平县泥石流灾害的防灾减灾工作中取得了很好的效果。云南省政府针对少数民族地区的防灾减灾投入了大量的资金，工程防灾项目力度不断增大，如怒江州仅新城区的泥石流滑坡治理项目就投入35278万元。

（二）云南民族地区防灾减灾能力建设的不足

1. 少数民族地区的防灾减灾意识相当薄弱

笔者在调查中发现，少数民族地区的防灾减灾意识是非常薄弱的，村民、商贩、干部、学生等的防灾减灾意识几乎没有。他们有很强的防盗意识甚至防火意识，但是，对诸如地震、泥石流滑坡、干旱等，几乎没有什么意识可言。尽管汶川大地震之后，城镇一些学校开始进行地震避灾演练，但都是做样子、走过场，农村地区的村民更是没有任何地震方面的防灾减灾意识。

抗震设防是应对地震灾害最有效的方法。然而，云南少数民族地区大多数没有进行抗震设防普查。抗震设防的薄弱点在农村，特别是少数民族地区。这些地区的建筑以土木结构为主，有的高山地区还有大量的土坯墙、毛石墙。这些地区在地震时经常出现小地震大灾害的情况。在“地震十大能力建设”中，少数民族地区的学校、医院的防灾减灾能力得到一定提升，但仍然需要组织编制相关的房屋建筑抗震设防标准图集，对工程技术人员和项目管理人员进行培训，在科学选址、合理布局、关注质量的前提下，推进民族地区的防灾减灾工作。

工程治理和避险搬迁是解决地质灾害的重要途径。据统计，云南现有28个重点县城和40个重点城镇受地质灾害威胁，在绿春县和德钦县实施了重大工程治理，搬迁了部分村庄。地质灾害工程防御任重道远，需要进一步加大投入力度，结合城镇化建设规划，重点推进地质灾害高发易发地区、地震和综合灾害高风险区、设防能力薄弱和连片贫困地区居民的避险搬迁工作。

2. 少数民族地区的基层组织能力薄弱

基层组织是防灾减灾行动的第一主体，是灾情信息的源头，是政策的最终落实者。基层组织能力薄弱直接影响救灾工作的全盘效果，主要表现在两个方面。第一是信息员的信息收集能力薄弱。当前云南有大量的气象信息员和水利报汛员。但他们的业务能力普遍偏低，民政信息员需要加强灾情的科学统计能力，其他信息员需要提升灾害风险识别能力。总体上，信息员的信息采集能力和通信装备保障需要提高。第二是防灾减灾行动的组织能力薄弱。防灾减灾政策在基层存在“裂谷断层”现象，政策执行“最后一公里”的效果大打折扣。一方面，上级指挥层级过多，政策出自多个部门，指挥还不够系统科学，加之上级对实际情况掌握不够充分等原因，导致基层业务量增大，重复劳动过多；另一方面，越到基层，越要将政策具体化，对政策执行能力要求也较高，而基层组织的人才素质、装备、财力、预案体系等都无法满足这种要求。

3. 少数民族地区财政投入不足，地方财政无力支撑所需费用

全省性投入欠账导致了少数民族地区的投入不足，有限的地方财政无力支撑防灾减灾所需要的庞大费用，特别是在怒江州等地区，防灾减灾所需要的费用几乎全部靠上级政府划拨，或者通过项目申请扶持，州县财政没有办法在防灾减灾方面进行足够投入，加上这些地区的农民收入不高，在这样的条件下进行防灾减灾工作是非常困难的。如何多方面筹集防灾资金并进行有效投入，是需要研究的重大课题。

4. 少数民族地区居民无法得到准确的灾害信息

少数民族地区由于科技、通信、教育、沟通平台、语言等障碍，大部分成员都没有办法得到与灾害有关的信息。如少数民族地区地处偏远，通信设施建设薄弱；少数民族地区的经济教育落后，即使有相关服务也没有办法普及；少数民族存在语言障碍，有的村民不会讲汉语，即使有通信技术上的服务也听不懂；当地政府也无法获得准确的信息，更不用说提供给少数民族民众。除了政府层面和科技层面的问题之外，怎样将信息传递到每个村寨、家庭和个体也是需要解决的问题。

5. 少数民族地区传统知识没有得到应有的重视

少数民族的传统知识没有得到应有的重视，事实上，少数民族的防灾减灾工作基本上是建立在其传统知识的基础上，特别是对于泥石流、暴风雨、雷电等灾害更是如此。传统知识对于防灾减灾具有重要的作用，但是，这种知识普遍没有被重视，在 2014 年 10 月的景谷地震中，与建筑有关的传统知识受到了高度重视，它们被认为是景谷 6.6 级地震灾害只死亡 1 人的原因。所以，传统知识整理和研究欠缺的情况应该得到改变。

6. 少数民族地区贫困导致防灾减灾能力的整体下降

少数民族地区的综合防灾减灾能力与经济发展状况有着密切的关系。那些经济落后的地区，当地政府没有能力在防灾减灾上进行更多的投入，农民也无足够的能力建盖较好的房屋，不仅材料上没有质量保证，整体结构上也无法达到良好的防灾减灾效果。而他们承受灾害的能力十分脆弱，他们的自救和灾后恢复能力也相应脆弱。据统计，在贫困国家中，由于建筑质量低劣、房屋抗震性能差，致使90%的死亡人员是因房屋倒塌，其中又有20%～30%是因缺乏基本的防震灾害意识和自救互救知识。[①] 因此，我们在助推少数民族地区防灾减灾能力建设的同时，还需要发展当地经济，从而避免其防灾减灾能力的整体下降。

（三）云南少数民族地区防灾减灾能力建设的建议

1. 加大云南少数民族地区防灾减灾的投入力度

政府主导是防灾减灾的主要方式，建议逐步加大云南省财政对防灾减灾的投入。国际经验证明，每投入1美元的防灾资金，就可以节约4～7美元的灾害损失或者灾后重建费用。日本政府在1995年之后将每年5%的财政预算投入到防灾减灾事业中，2011年东京大地震及海啸就减少了很多损失。而孟加拉国政府没有进行足够的备灾投入，结果不得不将40%的发展资金用于灾后重建。为了全面实现少数民族地区的防灾减灾目标，建议云南省各级政府将防灾减灾的资金投入逐步提高，将防灾减灾融入经济发展规划中，把防灾减灾工作与安全生产、环境保护、扶贫开发、地震地质、气象水利、经济开发、窗口外交、社会建设、文化建设等紧密结合，整合资源，多渠道增加投入。

2. 少数民族地区居民必须了解和掌握本地区的灾害风险

少数民族地区的城市和农村居民都要了解本地区潜在的或者经常发生的灾害风险或危险，例如，干旱、地震、洪涝、泥石流、

① 覃子建：《20世纪地震灾害概述及预测预防》，《中国减灾》2000年第4期。

滑坡、火灾、污染等。灾害不是均衡地发生在全省所有的地区，有的地区地震频发，有的地区泥石流经常发生，有的地区则经常发生洪水、风灾、雷击、冰冻等灾害。因此，需要了解本地区的环境特点和各种地形主要发生的灾害，如：云南东部冰冻雨雪灾害较多，而南部风暴水害较多；高山地区可能经常出现泥石流滑坡灾害，平坝地区洪水灾害较多；平坝地区泥石流灾害较少，但也会受到高山地区的泥石流影响；地震带上的村寨，不管是平坝还是山区，都有可能出现地震灾害；干旱灾害在全省都经常发生，在滇中地区尤多。要明白灾害与所有人都有关系，每个人都有可能成为灾害的受害者。了解和认识到本地区存在的潜在灾害风险，就能有针对性地做好防灾减灾工作，如备灾物资储备、灾害风险防范教育等。

3. 少数民族地区居民家庭应灾物资储备

所有家庭都必须有 3～5 天的应灾物资储备。少数民族地区居民必须明白，如果每个家庭都能够储备3 天的应灾物资，那么很多人就能够在灾难中存活下来，家庭应灾物资储备包括：（1）粮食类，包括不易腐烂的粮食和饮用水；（2）医药用品，如止血药、止痛药、纱布、胶布、面罩等；（3）相关工具和用品，如电筒、哨子、镜子、小锤、蜡烛、打火机、保暖衣服等；（4）电话，要一直放在身边，并保证有足够的电量。储备物品应按人计算，每人一套。很多人认为，应灾物资储备是政府的事情，与家庭无关，但政府所进行的是全局性综合救灾物资储备，无法平均分配到所有的家庭。世界各国的救灾经验证明，家庭应灾物资储备是非常必要的，如果每个家庭中有 3～5 天的物资储备，就能挽救很多人的生命。

4. 保证少数民族居民获得准确的灾害信息

准确的信息是防灾减灾的关键，广播、电视、网络、电话（信息和通话）、报纸等媒体是获得灾害信息的主要途径，但是，对于边远的农村和通信不发达的地区则需要通过政府渠道发送信息。报纸传送信息的时间会很慢，村民往往在灾害发生之后才得到信息，所以，应更多选择广播、电视、网络等快捷传播方式。新闻媒体在信息传播的过程中具有重要的作用，不仅需要采集准确的信息，还要迅速地将信息传播到居民，确保全省人民能在灾害发生之前及时准确地得到相关信息。

5. 强化少数民族居民防灾减灾演练，提高自救互救能力

组织村民进行各种灾害的自救互救培训和演练，提高其防灾意识和应急、自救互救技能。以村委会为单位每半年组织开展1次以上的防灾减灾应急演练活动，使村民熟悉应急避险的应对流程，合理利用村庄及周边的应急避险资源，在灾害发生时做到科学避险、有序撤离，最大限度地减轻灾害伤害。同时，有关部门要设立灾害报警热线电话，使其像110号码一样为广大群众耳熟能详，保证任何地区一旦出现异常自然现象，群众就可以迅速及时上报。

6. 以少数民族地区学校为重点，强化防灾减灾教育

教育的目的是让学生和村民在理性意识的指导下学会自救互救。学习和演练是两个过程，学习防灾减灾知识可以在教室内进行，但是，实践演练才是最为重要的，建议两者都要得到重视。可以将灾害知识的普及纳入学校正式课程计划中，编制符合少数民族地区灾害情况的课程体系。在教学过程中，注重可持续发展教育，创新教学方法，增加体验性、实践性教学比重，积极开展抗灾兴趣小组活动，组织学生参观灾害科普展馆和观看各种科普影片，举办校际减灾科普公开课、演练示范观摩课等；使农村中小学灾害教育教学常态化、规范化、科学化。同时，针对地震发生在课上、课间、放学回家途中等不同情形进行各种实战训练，并请防灾教育专家或消防员来校指导，总结每次训练的经验和不足之处，以便下次演练时改进。学校的演练可以预先通知学生，也可以不告知学生，进行突发性演练，这样有利于培养学生的防灾减灾意识。村民的演练可以结合学校的演练进行，也可以单独进行，根据地区特点灵活开展。在日本，上述两种防灾减灾演练是混合进行的。

7. 重视少数民族的传统知识在防灾减灾中的作用

云南少数民族具有丰富的与灾害有关的传统知识，例如，周边的环境状况、山地坡度、沟渠、气候状况等与灾害的关系，这些知识对防灾减灾具有重要的意义，很多少数民族之所以能够有效抵御灾害就是因为能够根据传统知识做出预先判断。国际经验也证明，传统知识能够挽救很多人的生命。例如，在2004年的印度尼西亚海啸中，一个泰国部落首领看到海面突然下降时，觉得危险即将来临，就立刻决定将部落的人疏散到山上，从而挽救了1800多人的生命。

8. 推进少数民族地区综合性防灾减灾能力建设

由于地震、干旱、泥石流都具有不同典型的特征，因此，三种灾害的防灾减灾方法也不一样，这可能就是三种灾害划归不同部门来管理的原因之一。地震的防灾减灾由地震局负责，干旱的防灾减灾由水务局和气象局负责，泥石流灾害的防灾减灾则由国土资源局负责，而民政厅则主管协调救灾资金和备灾物资。地震灾害的防灾方法主要在房屋建筑和逃生方式上，干旱灾害的防灾方法与蓄水和水环境保护密切相关，而泥石流灾害的防灾方式与村寨选址、建筑质量、逃生方法和环境保护都有关系。在三种灾害中，干旱灾害不存在恢复重建问题，而地震和泥石流灾害则需要大量的资金进行恢复重建，村民可能因此承受非常大的经济负担。

9. 促进少数民族地区发展，消除贫困，提高防灾减灾能力

由于缺乏经济和社会资本，重大自然灾害对当地居民的影响更大，他们不仅防灾能力有限，而且恢复重建时间漫长，更为严重的是，他们还有可能陷入贫困。因此，防灾减灾的关键是促进发展，消除贫困，促进社会公平，使人们具有更强的防灾减灾能力，为防灾减灾创造更好的社会及经济条件。

（四）云南少数民族地区防灾减灾能力建设的走向

1. 地方政府应提高防灾减灾自主性

当前，云南少数民族地区具有应对6.0~6.5级地震的能力和资源，但是，如果遇到巨灾，就要申请使用国家层面的资源，向中央申请资金、技术、人员、物资等援助。但是，云南也要增强地方政府的主导性能力，不停地检验地方政府的防灾减灾能力，特别是抵抗巨灾的能力。这些防灾减灾能力建设不仅需要写在文件上，还要落实到行动上，需要投入资金、技术、人员和物资，并进行演练。需要像对待战争一样对待巨灾问题，未雨绸缪，进行实战演练，只有这样，才能够将灾害的损失减少到最低限度。

2. 云南少数民族地区面临着地震巨灾风险

云南少数民族地区的防灾减灾能力是非常有限的，目前，7 级以上地震就已经超出其应对能力。地震巨灾问题因为间隔时间较长而被人们所忽视。在云南历史上就发生过多次的巨灾，如：1833 年的嵩明 8.0 级大地震，1887 年的石屏 7.0 级地震，1913 年的峨山 7.0 级地震，1925 年的大理 7.0 级地震，1970 年的通海—峨山 7.8 级大地震，1988 年的临沧—耿马 7.6 级地震和 1996 年的丽江 7 级地震。而 2011 ~2014 年则到了地震频发期，2014 年出现了 6 次 5 级以上的地震，仅仅在 2014 年 8 ~10 月就出现了两次 6.5 级以上的地震。地震部门根据统计规律和监测数据预测未来 10 ~15 年，云南可能发生 2 ~3 次 7 级大震、5 ~9 次 6 级以上强震，国外专家甚至预计云南会发生 8 级大地震，造成的经济损失估计超过 1000 亿元。另外，由于云南受到全球气候变化和生态环境恶化的影响，气象灾害呈现多发、频发态势，如 2003 年、2004 年、2005 年、2006 年和 2007 年的干旱灾害，属于五年连旱，2008 年出现了极端冰冻雨雪灾害，2009 ~2012 年紧接着出现了罕见的四年连旱，2013 年昆明城区出现内涝，2014 年“亚马逊”台风席卷滇南。云南省的山区地质呈现不稳定状况，加上全球气候变化、极端天气、强震活动和人工开发导致的环境恶化，滑坡和泥石流灾害呈现高发态势。巨灾风险日益突出，灾害链日益增多。这些情况说明，云南省少数民族地区的巨灾风险是存在的，必须增强巨灾风险意识，加强相关的防灾减灾能力建设，避免巨灾发生时出现低效、混乱、无序的局面。

3. 云南经济发展需要强大的防灾减灾能力

云南目前经济和社会发展处在快速发展时期，在这样的时期会出现两种情况：第一是快速的经济发展以资源消耗、环境污染和生态退化为代价，导致各种灾害风险增大，有的环境问题在将来会导致地质灾害，如环境污染、生态恶化、温室效应、气候异常、水土流失、酸雨、瘟疫等；第二是经济增长需要提升灾害风险的防范能力，换言之，在致灾因子不变的情况下，经济社会越发展，所暴露的风险问题也就越多，造成的损失也会越大。灾害对政治、经济、社会稳定的影响会越来越突出。灾害在历史上是导致政权和朝代更替的重要原因之一。在现代，灾害也能造成社会动荡，威胁社会和谐。因此，强大的防灾减灾能力建设是云南和谐发展、科学发展、跨越发展的“安全气囊”，是云南民族团结进步、边疆繁荣稳定示范区建设的重要内容。云南省的经济发展需要避免本身的致害性风险，这是经济发展中的必要保障，它建立在全省性的防灾减灾能力建设之上。没有这种保障，云南的经济发展会变得危险和不具有可持续性，这已经被西方发达国家的实践所证明。因此，经济发展需要更大的防灾减灾能力。

4. 云南生态文明建设的新要求与抗灾式发展的新理念

抗灾式发展是联合国减灾署提出的新的发展思路，主要思想是将防灾减灾纳入国家和地方发展的规划中，提倡抗灾式发展。在我国，国家地震局也提出了抗震减灾融合式发展的理念，该理念将在很长时间内指导中国的抗震减灾行动，特别是与新型城镇化建设相结合能够产生良好的效果。在联合国所提倡的抗灾式发展理念中，生态文明建设和环境保护占有极其重要的地位。我国政府非常重视生态文明建设，党的十八大之后生态文明建设得到加强，把生态文明作为“关系人民福祉、关乎民族未来的长远大计”，提出把“生态文明建设放在突出地位，融入经济建设、政治建设、文化建设、社会建设各方面和全过程，努力建设美丽中国，实现中华民族永续发展”。云南省委省政府在中央精神的指导下，全力推进“七彩云南”建设，于2013年7月发布了《云南省人民政府关于开展城乡人居环境提升行动的意见》（云政发〔2013〕102 号），提出要加强生态功能区和绿色经济试验区建设，加强生物多样性和环境保护，在全国争当生态文明建设排头兵等。云南是野生动植物最为丰富的地方，生物多样性和生态环境是云南的优势，保护环境和耕地、退耕还林、减少水土流失等成为抗灾式发展的重要组成部分。然而，云南省的环境也存在严重的问题，怎样在保护环境中推进防灾减灾能力建设是云南省面临的一项艰巨任务。

总之，自然灾害形势、国家改革形势、云南发展形势、当前绿色发展理念和人民对于环境安全的需求共同促使云南省进一步推进防灾减灾体系建设，实现全社会的防灾减灾意识及社会经济的协调和跨越式发展。

五 云南少数民族地区防灾减灾的研究展望

（一）防灾减灾的基础研究与应用研究相结合

防灾减灾研究属于应用研究的组成部分，但是，应用研究要以坚实的理论研究为基础，防灾减灾的研究也是这样，没有灾害人类学的基础理论研究，防灾减灾的研究不可能取得成效。因此，我们提倡防灾减灾的基础研究和应用研究相结合的方法，即首先对防灾减灾进行基础理论研究，然后再进行应用研究。防灾减灾基础理论和应用研究在全球范围内都取得了很大的成就，但这些研究具有两种情况：基础研究以学院派为主，而应用研究以非政府组织为主，特别是国际发展组织在应用研究方面取得了很大的成就。学院派在基础研究方面的成就有目共睹，但他们在实践方面则比较薄弱；而国际发展组织在应用研究方面取得了成就，但在基础研究方面也比较薄弱。所以，如果能够在基础研究和应用研究方面同时取得进步，那么对于全球性的防灾减灾无疑是非常重要的。

云南省的防灾减灾研究就需要基础理论研究和应用研究并重的方法。防灾减灾需要有坚实的理论研究作为基础，没有基础理论的支撑，应用研究就像空中楼阁，经不起实践的检验，防灾减灾工作也不可能取得成就。同样，防灾减灾研究的目的是应用于实践，基础研究需要为实践应用服务，所以，在进行基础研究的同时，还要为当下的防灾减灾提出针对性建议。但重视理论化的研究与防灾减灾的政策实践同等重要，我们不仅需要通过实践来丰富学科的理论，还需要在实践中来检验理论，更为重要的是，研究最终目的是实现防灾减灾效果。

防灾减灾的基础研究和应用研究相结合的方法不仅是学科发展的需要，也是云南灾害管理实践工作的需要，是把政府的实践工作与学者的研究工作相结合、改变理论与实践相分离的方法。为此，我们的研究可以邀请职能部门的参与，特别是省委政策研究室、省政府研究室、备灾中心、减灾委等单位的参与，这样才能将理论和实践结合起来，既有实践中的经验，又有理论上的支撑，从而使防灾减灾的研究和实践取得成效。

（二）国内外防灾减灾研究的交流合作

防灾减灾的自然科学和社会科学研究在国际、国内都取得了丰硕的成果。在国际上，联合国国际减灾战略（UNISDR）等组织每年都有研究报告发表，有的是年度报告，有的是专题报告。除了综合性的防灾减灾报告之外，还有针对不同国家、不同灾害类型的研究报告，特别是国际上的一些最新的防灾减灾经验、跨国跨区域合作经验等，都能够为不同国家、不同地区、不同文化背景和不同灾害类型的防灾减灾提供有益的经验。国内的防灾减灾研究也已经取得了丰硕的成果，但是，国内外的防灾减灾合作研究并不充分，特别是社会科学领域的中外合作研究明显不足。众所周知，美国、日本等发达国家在防灾减灾方面已经取得了很大成就，很多经验都值得我们借鉴，即使是发展中国家，包括非洲的抗旱经验和南亚的防洪经验都值得我们参考，因此，应倡导更多的国内外防灾减灾研究的交流和合作，促进不同学科、不同地区的灾害合作研究，使之相互补充和吸收经验，为我国的防灾减灾工作服务。当然，强调与国外合作的同时也要加强本土的研究，本土实践是中国防灾减灾的关键。①

（三）不同专业和学科背景的研究者相互合作

中国国内的防灾减灾研究力量以自然科学学者为主，他们来自不同的学科，涉及不同的单位和研究及教学机构，如中国科学院、中国地质科学院、中国林业科学研究院、国家地震局、国家气象局等。在云南，也有很多科研和教学机构进行灾害研究，在防灾减灾方面也取得了很多研究成果，如王景来、扬子汉编著的《云南自然灾害与减灾研究——献给国际减灾十年》（云南大学出版社，1998 年版），以及程建刚、王建彬主编的《云南气象与防灾减灾》（云南科技出版社，2009 年版）等，都对云南的防灾减灾进行了深入的研究。然而，中国国内的防灾减灾研究大多是各自为政，即自然科学的研究者与社会科学的研究者通常不会进行合作。但事实上，自然科学与社会科学的合作是很重要的，社会科学中历史学、社会学、政治学、人类学、经济学等学科之间的合作也非常重要，需要提倡多学科的合作方式，特别是针对决策咨询和政策研究的需要，自然科学家与社会科学家的合作能够发挥各自优势，不同学科殊途同归，为最终的目的——防灾减灾服务。笔者认为，应改变减灾委中没有社会科学家参与的情况，全球性的灾害研究证明，灾害在本质上是由社会文化导致的，防灾减灾应当要有社会科学家的参与，人类学家、社会学家、历史学家、经济学家、管理学家、法学家等都应该参与到防灾减灾的研究中来。

（四）民族的传统文化与现代科学技术相结合

防灾减灾研究，特别是民族地区的防灾减灾研究总是与民族

---

① 庄孔韶、张庆宁：《人类学灾难研究的面向与本土实践思考》，《西南民族大学学报》（人文社会科学版）2009 年第 5 期。

文化有着密切的联系。人们已经发现，传统知识对于防灾减灾具有重要的意义。很多国家的研究者，特别是人类学家、地理学家等都重视研究当地的传统知识。云南省作为少数民族文化较为丰富的地区，有必要对民族传统文化的防灾减灾知识进行深入挖掘，从文化上为云南的防灾减灾注入活力。事实上，少数民族传统文化的防灾减灾研究已经有一些成果，如高建国的《具有抗震性能的云南省农村穿斗式木结构住房》、[1] 李永祥的《泥石流灾害的传统知识及其文化象征意义》[2] 等，都探讨了民族传统文化对于防灾减灾的作用。然而，与云南丰富的民族文化相比，这样的研究还远远不够，除了地震、泥石流等灾害，对于干旱、饥荒、火灾、冰冻、洪涝、雷电、流行病等灾害，各民族也都有相关的传统知识，能够对防灾减灾起到很好的预防作用。由此可知，在防灾减灾研究上，民族传统文化与现代科学知识之间并不排斥，相反，它们能够相辅相成，这就是很多自然科学家同时重视民族文化研究的原因之一，上述所提到的高建国教授对于穿斗式木结构住房的研究就是其中一例。

（五）不同灾害类型的防灾减灾方式相互结合

云南省是一个灾害多发的地区，地震、泥石流滑坡、干旱、饥荒、冰冻、雨雪、洪涝、台风、雷电、火灾、流行病、生物灾害等在云南都很普遍。因此，云南省的防灾减灾是一个综合的问题，而不仅仅集中在地震、泥石流、干旱等灾害上。本书由于篇幅等原因，只能集中在地震、干旱和泥石流滑坡三种灾害上，对于其他灾害则没有关注。不同类型的灾害既相互联系又相互区别，具有普遍性的问题又有特殊性的问题。综合地思考不同类型灾害的防灾减灾问题，对于云南省备灾工作很有益处。虽然目前灾害

---

① 高建国：《具有抗震性能的云南省农村穿斗式木结构住房》，载周琼、高建国主编《中国西南地区灾荒与社会变迁——第七届中国灾害史国际学术研讨会论文集》，云南大学出版社，2010，第13~19页。

② 李永祥：《泥石流灾害的传统知识及其文化象征意义》，《贵州民族研究》2011年第4期。

管理也是复杂的，涉及不同的单位和人员，如地震灾害由地震局负责、干旱灾害由气象局和水利局负责、泥石流滑坡等地质灾害由国土局负责、森林火灾由林业局负责等，但是，这些单位之间的合作是可能的，并且是必要的。

（六）防灾减灾与社会经济融合式发展的新思路

如果生态环境问题是以系统的方式呈现出来，那么灾害管理和防灾减灾工作也应是系统性的。最重要的做法就是将防灾减灾作为云南省发展的重要内容纳入经济发展规划中，在发展的顶层设计中就体现防灾减灾的内容。国家地震局正在进行“防震减灾融合式发展暨服务新型城市化建设”的项目研究，这是自然科学家和社会科学家共同参与的项目，能为我国的城市化及防灾减灾提出建议。当然，地震只是灾害类型中的一种，干旱、泥石流滑坡、冰冻雨雪、低温等灾害的防灾减灾，也应纳入国民经济和社会发展规划中。要重绿色产业，轻工业；重绿色 GDP，轻高耗能、高污染产业；重长期的可持续发展，轻短期的项目利益；重整体的发展计划，轻局部的利益……只有这样，云南省未来的防灾减灾工作才能从根本上取得成效。

六 小结

本章对防灾减灾进行了理论反思，认为防灾减灾的应用研究不能仅仅停留在咨询报告上，还需要系统地思考相关的理论，并且，从实践中总结出来的理论更具有意义。理论不仅要应用于实践，还需要在实践中进行修正。本书的防灾减灾研究，是从人类学的角度进行的，但应用人类学的灾害研究，不论是在理论还是在实践层面，都仅仅是一个初步的思考。如果说，本书能够在理论方面有一些总结，在实践和应用中具有一定的参考价值，那么，笔者的目的也就达到了。

防灾减灾应回归到文化上来，包括组织机构对于灾害预防也应建立在文化基础之上。因此，回归文化在防灾减灾中是一个复杂的范畴。在以往的人类学研究中，灾害与文化的关系主要是以文化回应和变迁为中心来讨论的。文化回应与文化变迁实际上涉及两个方面的命题，即灾害在发生之前或者之后，文化会以什么样的方式回应。在灾害发生之前，一般都是以防灾方式进行讨论；而在灾害发生之后，则以减灾方式进行讨论。换言之，文化在灾害发生之前和之后所表现出来的应对方式并不一致。

然而，如同前文所指出的一样，文化之于灾害不仅是应对和变迁，还包括了更为广泛的内容。文化记录了灾害与人类关系的历史，并以神话、传说、故事、宗教信仰、仪式、伦理道德等方式留在人类社会的思想和记忆中，指导人类尊重自然，与自然和谐共处，在发展的过程中合理规划和使用土地，节约资源和保护环境。灾害不仅由文化构建，还反映出社会的成熟程度；灾害需要由文化来防范，需要从文化根基中寻找防灾减灾的答案。

参考文献

〔美〕安东尼·奥利弗－史密斯：《何为灾难？——人类学对一个持久问题的观点》，彭文斌、黄春、文军译，《西南民族大学学报》（人文社会科学版）2013年第12期。

巴战龙：《裕固族神话〈莫拉〉的灾害人类学阐释》，《民族文学研究》2012年第6期。

〔日〕寶馨、戸田圭一、橋本学编《自然災害と防災の事典》，丸善出版，2011。

陈颙、史培军：《自然灾害》，北京师范大学出版社，2007。

付广华：《气候灾变与乡土应对：龙脊壮族的传统生态知识》，《广西民族研究》2010年第2期。

郭家骥：《发展的反思——澜沧江流域少数民族变迁的人类学研究》，云南人民出版社，2008。

何爱平：《区域灾害经济研究》，中国社会科学出版社，2006。

胡俊峰、李仪、张宝军、杨佩国、关妍、王志强编著《亚洲自然灾害管理体制机制研究》，科学出版社，2014。

李永强、王景来主编《云南地震灾害与地震应急》，云南科技出版社，2007。

李永祥、彭文斌：《中国灾害人类学研究述评》，《西南民族大学学报》（人文社会科学版）2013年第8期。

李永祥：《灾害的人类学研究述评》，《民族研究》2010年第3期。

梁红翻译：《万物的起源》，云南民族出版社，1998。

刘建华主编《中国气象灾害大典》（云南卷），气象出版社，2006。

〔英〕马林诺夫斯基：《巫术科学宗教与神话》，李安宅译，中国民间文艺出版社，1986。
〔英〕马凌诺斯基：《西太平洋的航海者》，梁永佳、李绍明译，高丙中校，华夏出版社，2002。
马宗晋、张业成、高庆华、高建国：《灾害学导论》，湖南人民出版社，1998。
〔美〕迈克·莫斯利：《安第斯的久旱、并发性自然灾害及人类的反馈模式》，申晓虎译，彭文斌校，《云南民族大学学报》（哲学社会科学版）2013 年第 2 期。
纳日碧力戈：《灾难的人类学辨析》，《西南民族大学学报》（人文社会科学版）2008 年第 9 期。
彭兆荣：《灾难与人类》，《广西民族大学学报》（哲学社会科学版）2008 年第 4 期。
普学旺主编《云南民族口传非物质文化遗产总目提要·神话传说卷》（上卷），云南出版集团、云南教育出版社，2008。
普学旺主编《云南民族口传非物质文化遗产总目提要·神话传说卷》（下卷），云南出版集团、云南教育出版社，2008。
社会科学文献出版社救护部编著《日本大地震启示录》，社会科学文献出版社，2011。
孙绍骋：《中国救灾制度研究》，商务印书馆，2005。
唐川、朱静等：《云南滑坡泥石流研究》，商务印书馆，2003。
唐彦东：《灾害经济学》，清华大学出版社，2011。
王景来、扬子汉编著《云南自然灾害与减灾研究——献给国际减灾十年》，云南大学出版社，1998。
王子平：《灾害社会学》，湖南人民出版社，1998。
〔德〕乌尔里希·贝克：《风险社会：指向一种新现代性》，何博闻译，译林出版社，2004。
夏明方：《民国时期自然灾害与乡村社会》，中华书局，2000。
徐新建主编《灾难与人文关怀》，四川大学出版社，2009。
尹绍亭：《一个充满争议的文化生态体系——云南刀耕火种研究》，云南人民出版社，1991。

云南省地震局编《地震资料汇编》，地震出版社，1988。

云南省民族民间文学楚雄、红河调查队搜集，郭思九、陶学良整理《查姆》，云南人民出版社，1981。

曾少聪：《生态人类学视野中的西南干旱——以云南旱灾为例》，《贵州社会科学》2010 年第 11 期。

张曦：《灾害的表象与灾害民族志》，《云南民族大学学报》（哲学社会科学版）2014 年第 1 期。

张原、汤芸：《面向生活世界的灾难研究——人类学的灾难研究及其学术定位》，《西南民族大学学报》（人文社会科学版）2011 年第 7 期。

赵俊臣主编《云南灾害与防灾报告》，云南大学出版社，2006。

郑功成：《灾害经济学》，商务印书馆，2010。

郑功成：《中国灾情论》，中国劳动社会保障出版社，2009。

周大鸣、夏少琼：《国外灾难研究百年：十大转变》，《西南民族大学学报》（人文社会科学版）2012 年第 4 期。

周琼、高建国主编《中国西南地区灾荒与社会变迁》，云南大学出版社，2010。

Beck, Ulrich, *Risk Society: Towards a New Modernity*. London: Sage Publications, 1992.

Fleuret, Anne, "Indigenous Responses to Drought in Sub-Saharan Africa," *Disasters*, Vol. 10, No. 3, 1986, pp. 224 – 229.

Hewitt, K., *Interpretations of Calamity*. New York: Allen & Unwin.

Hoffiman, Susanna and Anthony Oliver – Smith (eds.), *Catastrophe and Culture: The Anthropology of Disaster*. Santa Fe. New Mexico: School of American Research Research Press, 2002.

Holling, C. S., "Resilience and Stability of Ecological Systems," *Annual Review of Ecology and Systematics* 4, 1973, pp. 1 – 23.

Homer-Dixon, Thomas, *Environment, Scarcity, and Violence*. Princeton, N. J.: Princeton University Press, 1999.

McMabe, J. Terrence, "Success and Failure: The Breakdown of Traditional Drought Coping Institutions Among the Pastoral Turkana of Kenya," *Journal of Asian and African Studies* XXV, 3-4, 1990, pp. 146-160.

Oliver-Smith, Anthony and Susanna Hoffman (eds.), *The Angry Earth: Disaster in Anthropological Perspective.* London: Routledge, 1999.

Oliver-Smith, Anthony, "Anthropological Research on Hazards and Disasters," *Annual Review of Anthropology* 25, 1996, pp. 303-328.

Oliver-Smith, Anthony, "Communities after Catastrophe: Reconstructing the Material, Reconstituting the Social," in Stanley E. Hyland (ed.), *Community Building in the Twenty-First Century*, pp. 45-70. Santa Fe, New Mexico: School of American Research Press, 2005.

Quarantelli, E. L., "What is a Disaster? (Editor's Introduction)," *International Journal of Mass Emergencies and Disasters*, Vol. 13, No. 3, 1995, pp. 221-229.

Torry, William I., "Anthropological Studies in Hazardous Environments: Past Trends and New Horizons," *Current Anthropology*, Vol. 20, No. 3, 1979, pp. 517-540.

Torry, William I., "Anthropology and Disaster Research," *Disasters*, Vol. 3, No. 1, 1979, pp. 43-52.

Wisner, Ben; Piers Blaikie, Terry Cannon and Ian Davis, *At Risk: Natural Hazards, People's Vulnerability, and Disasters.* London: Routledge, 2004.

图书在版编目(CIP)数据

云南少数民族地方性知识与灾害应对 / 李永祥著
. -- 北京：社会科学文献出版社，2023.4
（云南大学西南边疆少数民族研究中心文库. 生态人类学研究系列）
ISBN 978-7-5228-0611-2

Ⅰ.①云… Ⅱ.①李… Ⅲ.①少数民族-民族地区-灾害防治-云南 Ⅳ.①X4

中国版本图书馆CIP数据核字（2022）第160372号

云南大学西南边疆少数民族研究中心文库·生态人类学研究系列
云南少数民族地方性知识与灾害应对

著　　者 / 李永祥

出 版 人 / 王利民
责任编辑 / 胡庆英
责任印制 / 王京美

出　　版 / 社会科学文献出版社·群学出版分社（010）59367002
地址：北京市北三环中路甲29号院华龙大厦　邮编：100029
网址：www.ssap.com.cn
发　　行 / 社会科学文献出版社（010）59367028
印　　装 / 三河市尚艺印装有限公司

规　　格 / 开 本：787mm×1092mm　1/16
印 张：20.75　字 数：287千字
版　　次 / 2023年4月第1版　2023年4月第1次印刷
书　　号 / ISBN 978-7-5228-0611-2
定　　价 / 128.00元

读者服务电话：4008918866